预祝第10届世界草莓大会成功召开

草莓育苗的
基本原理及关键技术

张运涛　雷家军　钟传飞　常琳琳　主编

中国农业出版社
北　京

图书在版编目（CIP）数据

草莓育苗的基本原理及关键技术／张运涛等主编
. —北京：中国农业出版社，2023.11
ISBN 978 - 7 - 109 - 31326 - 2

Ⅰ.①草…　Ⅱ.①张…　Ⅲ.①草莓—育苗　Ⅳ.
①S668.43

中国国家版本馆 CIP 数据核字（2023）第 209752 号

中国农业出版社出版

地址：北京市朝阳区麦子店街 18 号楼
邮编：100125
责任编辑：陈沛宏　阎莎莎　张　利
版式设计：杨　婧　责任校对：史鑫宇
印刷：北京通州皇家印刷厂
版次：2023 年 11 月第 1 版
印次：2023 年 11 月北京第 1 次印刷
发行：新华书店北京发行所
开本：787mm×1092mm　1/16
印张：14.5　插页：6
字数：326 千字
定价：98.00 元

预 祝

"第20届中国（山东·邹城）草莓文化旅游节"

（2023年12月20—23日）

成功召开！

鸣 谢

感谢山东省邹城市人民政府对本次大会的支持！

感谢　河北禽塔实业有限公司
　　　　威海南海新区万和七彩农业科技有限公司
　　　　北京万德园农业科技发展有限公司
　　　　安徽艳九天智慧农业有限公司
　　　　长丰县恒进农业有限公司
　　　　昆明库森农业开发有限公司
对本书出版的支持！

编　委　会

前　言 ● ○ ○

　　据中国园艺学会草莓分会统计，2018 年中国草莓种植总面积 173 333 hm²，总产量 500 万 t，产值近 1 000 亿元。目前全国各地均有草莓种植，山东、辽宁、安徽和江苏各省种植面积均超 2 万 hm²，云南、贵州、新疆、西藏、青海、内蒙古等地草莓产业发展迅猛，形成了辽宁东港、安徽长丰、山东历城、北京昌平、江苏东海和句容及云南会泽等知名草莓产区。红颜、甜查理和章姬为主栽品种，国产品种京藏香、京泉香、白雪公主、粉玉、宁玉、妙香 7 号、越秀和艳丽也已成为许多地区的主栽品种。近几年，在黑龙江、云南、河北及青海等地已实现四季草莓生产，总面积约 0.7 万 hm²，产量 20 余万 t。云南会泽海拔 2 000 m 的高山上，夏季气候冷凉，非常适合四季草莓生产，目前种植面积约 0.5 万 hm²，采用了"一栽多收制"，一次种植可以收获 3～4 年，既降低了每年苗木的费用，同时也降低了整地和栽苗的人工费用，主栽品种为蒙特瑞，主要用于烘焙。台湾省草莓种植面积 600 hm²，其中苗栗县大湖乡 500 hm²，为主产区，在休闲观光采摘方面很有特色，为世界知名的草莓小镇。

　　我国草莓生产 95% 以上为保护地栽培，北方以日光温室为主，南方以塑料大棚为主，露地草莓面积很小。随着草莓观光采摘业的发展，在城郊和旅游点周边草莓的立体栽培逐步增加。2017 年我国出口速冻草莓 7.8 万 t、草莓罐头 1.38 万 t、鲜草莓 0.23 万 t，鲜草莓主要出口到俄罗斯和越南。我国已成为世界第一草莓生产大国和第一草莓消费大国。

　　2012 年 2 月 18—22 日"第 7 届世界草莓大会"在北京的成功举办，促进了我国草莓科技和产业的快速发展，加快了我国草莓产业的全面升级，在草莓新品种选育、无毒苗培育、果品绿色生产、品牌打造及深加工等方面发生了显著变化。在专业化育苗方面尤为突出，国外先进的育苗技术和理念传入我国，专业化育苗企业越来越多，苗木质量得到了提升，育苗方式由单一的露地育苗向露地和基质育苗多元化发展，人们开始尝试和改良扦插育苗、引插育苗、穴盘育苗、基质槽育苗、营养钵育苗、立体育苗和南繁北育等各种新型的基质育苗方式。随着专业化和高原化苗圃的发展，育苗环境得到了改善，但优质种苗供不应求成为限制产业升级的首要问题，亟需建立以草莓脱毒—检测—繁育为核心的三级育苗体系。

2021年5月1—5日，我们成功举办了"第9届世界草莓大会（中国·盐城分会场）"，并获得"第10届世界草莓大会（中国·盐城）（2025年3月26—31日）"的举办权，我国草莓产业又获得了一次难得的发展机遇，我们要借助世界草莓大会的东风，乘势而上，加快我国由草莓大国向草莓强国迈进的步伐。"第7届世界草莓大会"召开后，为了学习国外先进的草莓技术和经验，中国园艺学会草莓分会组织相关专家翻译出版了19部《第7届世界草莓大会系列译文集》，内容包括草莓育种、栽培技术、育苗、立体栽培、病虫害综合治理、采后加工等方面，对于促进我国草莓产业的健康发展发挥了积极作用。

为了及时总结我国各地的育苗经验，迎接"第20届中国草莓文化旅游节（山东·邹城）（2023年12月20—23日）"胜利召开，我们组织了来自全国各地的知名专家和一线的育苗高手60余人，编写了《草莓育苗的基本原理及关键技术》，全书共十二章，第一、二章介绍了草莓各器官的特性、匍匐茎发生的规律和花芽分化调控技术，第三章至第八章按照我国气候和区域划分论述了京津冀地区、东北地区、黄河下游流域、长江中下游流域、云贵高原和西部地区各地的育苗特点和关键技术，并以成功案例分析的形式介绍了各地的育苗关键技术，第九章至第十二章详细介绍了日本、韩国、欧洲和美国等先进国家和地区的育苗特点和关键技术。本书内容丰富，具有新颖性、实用性，也是"第7届世界草莓大会"召开以来，中国草莓育苗成就的集中体现。

在此书出版之际，非常感谢邹城市人民政府的大力支持！

张运涛博士

中国园艺学会草莓分会理事长

第10届世界草莓大会执行主席

国际园艺学会草莓工作委员会主席

2023年8月28日　北京

目 录 ● ○ ○

第一章
凤梨草莓的诞生和传入中国的历史

第一节　凤梨草莓的诞生

　　草莓属蔷薇科（Rosaceae）草莓属（*Fragaria*），自然界中已知约有25个种，大多分布在亚洲、欧洲以及美洲大陆等，染色体的基本数量是7的2倍、4倍、6倍、8倍、10倍。我国自然分布14个种，包括9个二倍体种：森林草莓（*F. vesca*）、黄毛草莓（*F. nilgerrensis*）、五叶草莓（*F. pentaphylla*）、西藏草莓（*F. nubicola*）、中国草莓（*F. chinensis*）、绿色草莓（*F. viridis*）、裂萼草莓（*F. daltoniana*）、东北草莓（*F. mandschurica*）、台湾草莓（*F. hayatai*），5个四倍体种：东方草莓（*F. orientalis*）、西南草莓（*F. moupinensis*）、伞房草莓（*F. corymbosa*）、纤细草莓（*F. gracilis*）、高原草莓（*F. tibetica*）。此外，在我国东北地区分布有自然五倍体野生草莓。我们现在食用的凤梨草莓（*F. ×ananassa*）是八倍体种，起源于两个美洲草莓野生种弗吉尼亚草莓（即弗州草莓，*F. virginiana*）和智利草莓（*F. chiloensis*）的偶然杂交（图1-1）。

图1-1　智利草莓（*F. chiloensis* Duch）（左）和弗州草莓（*F. virginiana* Duch）（右）

　　在哥伦布第一次发现美洲大陆之后，欧洲人开始了探索新大陆之旅，并将各种植物带回到欧洲大陆，草莓就是众多植物中的一种，1629年从北美大陆引进了弗州草莓，1714年从南美大陆引进了智利草莓。弗州草莓引入欧洲后，欧洲人直接食用并流传至今，然而引入的智利草莓单独不能结出果实。18世纪中期，这两个种种在一起，通过杂交产生了凤梨草莓。该杂交种的外形和香味都与菠萝相近，所以命名为 ananassa（菠萝之意）。再之后，杂交草莓引种到英国、荷兰等欧洲国家栽培，随后逐步传播到全世界。

第二节　凤梨草莓传入中国的历史和普及

中国野生草莓资源很丰富，大果凤梨草莓传入我国前，各地会采食野生草莓。目前，老百姓还保留着采食野生草莓的习惯，或加工成各种糕点和美食，也会将野生草莓放在竹篮里，拿到市场销售。据记载，1915 年俄罗斯侨民从莫斯科将草莓品种维多利亚（别名胜利）引入中国，栽种到黑龙江的亮子坡，这是中国文字记载最早的草莓栽种史。1918 年，法国神父从法国引入草莓品种在河北正定栽培。上海也有一些传教士把凤梨草莓引种到现今的宝山区张建浜村一带栽培。约在 19 世纪末至 20 世纪初，西方国家的传教士以及旅居山东青岛的日本人带来了一些草莓品种在青岛栽培。后来，全国各地通过教堂、教会学校、大使馆等渠道也有少量引入。总体来说，在新中国成立前，草莓仅在城市附近零星栽培，没有得到重视，也没有形成商品化规模，草莓作为一种奢侈品，以高价运至城市繁华街头出售。

20 世纪 50 年代开始，草莓在上海、南京、杭州、青岛、保定、沈阳等城市近郊开始经济栽培，栽培形式为露地栽培，面积小、产量较低。栽培品种以国外引进品种为主。这期间，沈阳农业大学（原沈阳农学院）和中国科学院植物研究所等单位先后从苏联及东欧一些国家引种，包括斯帕克、巴黎、诺宾卡等品种。在品种引进和试栽的同时，一些研究机构也启动了品种选育工作，江苏省农业科学院（原华东地区农业科学研究所）通过实生选种于 1953 年推出了产量、外形、品质较优的 3 个草莓品种，即耐贮性较好的紫晶、成熟期较早的金红玛和五月香，在南京、上海、武汉等地进行生产栽培。沈阳农业大学通过实生选种和杂交育种于 1959—1960 年间推出绿色种子、沈农 101、沈农 102、大四季 4 个品种在沈阳市郊区推广栽培。20 世纪 60 年代中期以后，刚刚有所发展的草莓产业开始萎靡，全国的草莓栽培面积迅速减少，到 70 年代中后期，我国草莓生产降到了最低谷，全国草莓栽培面积仅 300 hm² 左右，总产量不足 2 000 t。

20 世纪 80 年代，随着我国改革开放政策的实施和农村经济体制的改革，草莓作为"短、平、快"的种植项目在各地迅速发展，栽培面积逐步扩大，栽培品种和栽培形式日益丰富，效益也大大提高，成为我国果树生产中发展速度最快的树种之一。

据中国园艺学会草莓分会统计，1980 年，全国草莓栽培面积约 666 hm²，总产量约 3 000 t。1985 年，全国草莓栽培面积约 3 300 hm²，总产量约 2.5 万 t。1995 年，全国草莓栽培面积约 3.67 万 hm²，总产量约 37.5 万 t。2003 年，全国草莓栽培面积约 7.6 万 hm²，总产量约 134 万 t。到 2018 年，全国草莓栽培面积 17.3 万 hm²，总产量约 500 万 t。全国各地均有草莓种植，山东、辽宁、安徽和江苏各省栽培面积均超 2 万 hm²。我国已成为世界草莓生产和消费第一大国，占世界草莓总产量的 50% 以上。

随着草莓栽培面积的逐年增加，栽培品种也多样化。20 世纪 80 年代以来，我国从欧美、日本引进了几十个新品种，并在生产上迅速取代了过去的老品种，成为主栽品种，得到较广泛应用。80年代中后期，全明星成为华北、西北地区草莓生产中的主栽品种，东北地区以戈雷拉、全明星、宝交早生为主，中南部地区以宝交早生、春香、丽红、硕丰为主。90年代，华北、华东及西北产区，露地及半促成栽培仍以全明星、宝交早生为主，而促成栽培则以丰香为主；华东、华中地区则是以丰香为主，占生产栽培面积的70%～90%。2000年以后，达赛莱克特、卡姆罗莎、栃乙女、章姬等品种的生产面积不断扩大。日本品种红颜于1999年引入我国，由于红颜品质优良、早熟性好、适应性广、产量高，适合促成栽培，在我国栽培面积不断扩大，目前已成为我国第一大主栽品种，占总生产面积的25%。

草莓生产初期和缓慢发展阶段严重依赖国外品种，但在飞速发展阶段发生了转变，我国草莓育种单位从最初的2家，发展到20余家，截至2018年，已培育出112个国产品种，这些品种类型丰富，包括短日品种和四季品种，早熟性好包括宁玉、京藏香等，果色丰富包括白雪公主、粉玉等，品质优良包括京桃香、越秀等，四季草莓中的英红、京滇红等，此外，还有既可观赏又可鲜食的红花品种粉佳人、小桃红等。部分品种栽培面积不断扩大，正在改变我国草莓品种组成。

我国南北气候条件差异较大，栽培形式也多样化。20世纪80年代以前，我国的基本栽培形式为露地栽培。80年代初期，生产上开始推广地膜覆盖栽培，80年代中期开始推广小拱棚栽培，80年代末至90年代初南方推广塑料大棚，北方推广塑料日光温室。从简单的地膜覆盖、小拱棚、中拱棚、大拱棚，到金属材料组装的塑料大棚、竹木或钢筋骨架的日光温室，应有尽有。在我国保护地栽培形式中，北方地区以日光温室及中、大拱棚为主，南方地区以塑料大棚及小、中拱棚为主。在保护地栽培模式下，鲜果从12月上市一直可持续至翌年6月，再配合超早熟栽培技术，鲜果供应期可提前到10—11月，拉长了供应期。

草莓产业的快速、高质量发展，极大地推动了农业增效、农民增收和乡村振兴。各产地因地制宜，按照规模化、特色化、绿色化、品牌化的发展思路，通过打造农文旅融合产业链，将草莓与文化创意、休闲旅游产业相结合，延长产业链，提高附加值。通过打造品牌效应，开拓营销渠道等，推进产业高质量发展，如双流冬草莓、昌平草莓、东港草莓、长丰草莓等获批国家地理标志农产品。"小草莓"通过多产融合，走出致富路，撬动乡村振兴"大产业"。

第二章
草莓各器官组成及特性

草莓是多年生的常绿草本植物。植株矮小，株高一般 20～30 cm，呈半匍匐或直立丛状生长。一个完整的草莓植株由根、茎、叶、花、果实、种子等器官组成（图 2-1）。其中茎由新茎、根状茎和匍匐茎组成。

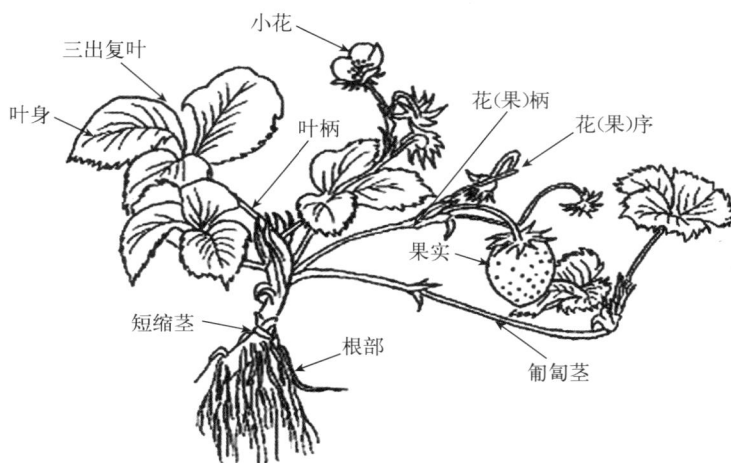

图 2-1　草莓植物体的器官名称

第一节　草莓各器官组成

一、根

草莓根系是由不定根组成的须根系，着生在短缩茎上，主要分布在表层土壤中，具有固定草莓植株、从土壤中吸收水分和养分供植株生长利用的功能，根系生长的好坏直接关系到草莓的产量和品质。

1. 根的组成和分布　草莓植株的根系属茎源根系，由短缩茎上发生的初生根及初生根上发出的侧生根组成。一般健壮的植株可发出 20～50 条初生根，多的可达 100 条以上。初生根直径为 1～1.5 mm，初生根上生长无数条侧生根。据山东农业大学研究人员观察，草莓根的构造由表皮、皮层和维管柱三部分组成。表皮仅由一层细胞组成，排列紧密，主要对根起保护作用。皮层由薄壁细胞组成，其细胞排列疏松，细胞壁薄。皮层内的结构为维管柱，由中柱鞘、木质部和韧皮部三部分组成，中柱鞘是维管柱的外围组织，紧接着内皮层，由两层薄壁细胞组成，这两层细胞具有潜在的分生能力，细侧根则由该层组织发生；初生木质部居于中心部位，在横切面上，整个木质部的轮廓呈芒状，有 5 个棱角，即有 5 个木质部束；初生韧皮部位于两个木质部中间，较不发达。草莓根的维管柱中没有髓的构造，草莓根的木质部与韧皮部之间的形成层极不发达，次生根生长不明显。所以初生根的加粗生长很小。初生根中柱鞘薄壁细胞具有潜在分生能力，可产生许多侧生根，侧生根上密生根毛。草莓依靠这一庞大的须根系吸收水分和养分供地上部分生长。

草莓的根系在土壤中分布很浅，一般分布在距地表 20 cm 深的表土层内。草莓的新根为白色，随着根的老化，颜色由白转为褐色，最后变黑枯死。草莓初生根的寿命一般为一年左右，初生根变褐时，尚能发出一些侧根，当初生根变黑时，就不能发出侧根了。

2. 根系的生长动态 草莓植株根系一年内有 2～3 次生长高峰。早春当气温上升到 2～5 ℃或 10 cm 深的土层地温稳定在 1～2 ℃时，根系开始生长，此时主要是上一年秋季发出的白色越冬根进行延长生长。根系生长要比地上部生长早 10 d 左右。以后随着气温的回升，地上部分花序开始显露，地下部分逐渐发出新根，越冬根的延长生长渐止。当 10 cm 地温稳定在 13～15 ℃时，根系的生长达到第一次高峰。随着草莓植株开花和幼果膨大，根的生长缓慢，有些新根从顶部开始枯萎，变成褐色，甚至死亡。直到 7 月上中旬，正值高温和长日照，此时有利于草莓的营养生长，在草莓的腋芽处会萌发大量的匍匐茎，新茎基部也会产生许多新根系，根系生长进入第二次高峰。9 月下旬至越冬前，由于叶片养分回流运转及土温降低，营养大量积累并贮藏于根状茎内，根系生长形成第三次高峰。有些地区由于 7—8 月地温过高，根系只有 4—6 月和 9—10 月两次生长高峰。

3. 根系生长与地上部的关系 根系生长高峰与地上部生长高峰大致呈相反趋势。萌芽至初花期，地上部分生长缓慢，地下部分越冬根的延长生长迅速，新根大量发生。随着地上部分的展叶、开花与坐果，地上部分对水分和养分的需求增加，根系生长缓慢。到果实膨大期，部分根会枯竭死亡。秋季至初冬，由于叶片养分的回流运转，地下部分生长缓慢，根系生长再度出现高峰。据试验观察，根系发育与植株坐果数密切相关，植株上坐果越多，根量越少。根系与果实之间存在着养分的竞争。

二、茎

草莓的茎分新茎、根状茎、匍匐茎三种。

1. 新茎 草莓植株的中心生长轴为短缩茎。当年萌发的短缩茎叫新茎。呈弓背形，花序均发生在弓背方向，栽植时根据这一特性确定定植方向。新茎上密生多节，节间较短，其加长生长缓慢，每年只生长 0.5～2 cm，加粗生长旺盛。从新茎的解剖结构来看，其表皮细胞排列整齐，输导组织发达，射线和导管相间排列，纤维细胞多，髓部大，有多层大的薄壁细胞。这些特点有利于营养物质的纵向和横向输导以及营养物质的贮藏。草莓新茎上轮生着具有叶柄的叶片，叶腋处有腋芽。腋芽具有早熟性，温度高时萌发成匍匐茎，温度较低时，萌发成新茎分枝。有的不萌发则成为隐芽。当地上部分受损伤时，隐芽萌发成新茎分枝或匍匐茎。新茎的顶芽到秋季可形成混合花芽，成为主茎上的第一花序。

新茎分枝的形态与新茎相同（图 2-2），茎短缩，上部轮生叶片，基部发生不定根，新茎分枝的多少，品种间差别很大。新茎分枝可用作繁殖材料繁殖幼苗，但由于其生活力弱，根系不发达，一般只在秧苗短缺及匍匐茎少的品种上应用。

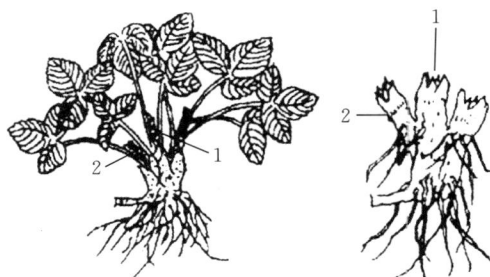

图 2-2　草莓的新茎及分枝

1. 新茎　2. 新茎分枝

2. 根状茎　草莓多年生的短缩茎叫根状茎。在第二年，当新茎上的叶全部枯死脱落后，变成形似根的根状茎，它是一种具有节和年轮的地下茎，是贮藏营养物质的器官。二年生的根状茎常在新茎基部发生大量不定根。三年以上的根状茎分生组织不发达，极少发生不定根，并从下部向上逐渐衰亡。从外观形态上看，先变褐色，再转变为黑色，其上根系随着死亡。因此，根状茎越老，其地上部及根系生长越差。

3. 匍匐茎　草莓匍匐茎是由新茎的腋芽萌发形成的特殊的地上茎，茎细，节间长，具有繁殖能力。草莓的匍匐茎一般在坐果后期开始抽生，在花序下部的新茎叶腋处先产生叶片，然后出现第一个匍匐茎，开始向上生长，长到叶面高度时，逐渐垂向株丛少而光照充足的地方，沿着地面匍匐生长。多数品种的匍匐茎，首先在第二节处向上发出新叶，向下形成不定根。如果土壤湿润，不定根向下扎入土中后，即长成一株匍匐茎苗。一般在 2～3 周子苗即可独立成活，随后在第 4、6、8……等偶数节上发出匍匐茎苗。

三、叶

草莓的叶为三出复叶，叶柄细长，一般 10～25 cm，叶柄上多生茸毛，叶柄基部与新茎相连的部分有对生的两片托叶，有些品种叶柄中下部有两个耳叶。叶柄顶端着生 3 个小叶，两边小叶对称，中间小叶形状规则，有圆形（长宽基本相等）、椭圆形（长大于宽）、长椭圆形（长明显大于宽）、菱形（叶边缘中部有明显的角，尖部叶缘直）等形状，颜色由黄绿色到蓝绿色，叶缘有锯齿，缺刻数为 12～24。一般从坐果到采果前叶片形状比较典型，能充分反映其品种特性。

从叶的解剖结构看，叶柄组织的纵向输导组织发达，木质部导管多于韧皮部导管，有利于水分输导。叶片由上表皮、下表皮及叶肉组成。表皮上有表皮毛和气孔。叶肉上表皮处有栅栏组织，有许多叶绿体分布其中，栅栏组织下为海绵组织，细胞间隙较大，在气孔内有较大的孔下室。叶片具有三大作用，即蒸腾作用、呼吸作用和光合作用。蒸腾作用可以调节占植物体 90% 的水分，在身体内保持平稳和运转。

草莓的叶片呈螺旋状排列在节间极短的新茎上，为 2/5 叶序，新叶开始由 3 片卷叠在一起。一般一年长出 20～30 个复叶。在 20 ℃条件下，大约每隔 8～10 d 长出一片新叶，新叶展开后约2周达到成龄叶，约30 d达到最大叶面积，其寿命平均60～80 d，其中有效叶龄为30～60 d。秋季长出的叶片，有些寿命可维持200 d左右。生长期间，每株草莓有6～8片功能叶，从心叶向外数到第三至第五片叶光合效率最高。第七片以外的叶，叶龄超过60 d，光合效率明显下降。生产上，在开花结果期要维持一定数量的功能叶，并定期摘除老叶、病叶，以减少养分消耗和病害的传播。

四、花

1. 草莓花及花序构造 大多数草莓品种的花为完全花，自花能结实。草莓的完全花由花柄、花托、萼片、花瓣、雄蕊和雌蕊组成。花托是花柄顶端的膨大部分，呈圆锥形，肉质化，其上着生萼片、花瓣、雄蕊、雌蕊。花瓣白色（也培育出红花品种），5～6枚，萼片10枚以上，依品种不同萼片有向内或向外翻卷的特性。雄蕊30～40个，花药纵裂，雌蕊有200～400个，离生，呈螺旋状整齐地排列在凸起的花托上（图2-3）。

草莓的花多为二歧聚伞花序（图2-4）。花轴顶端发育成花后停止生长，为一级花序；在这朵花苞间生出两个等长的花柄，形成二级花序。依次类推，形成三级花序、四级花序。

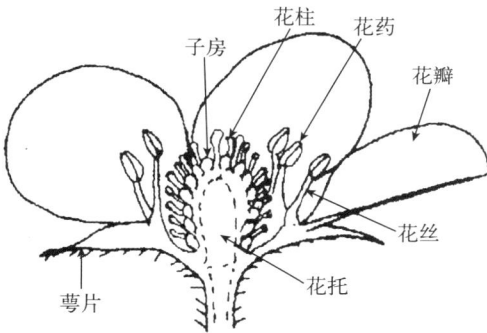

图2-3 草莓花的构造

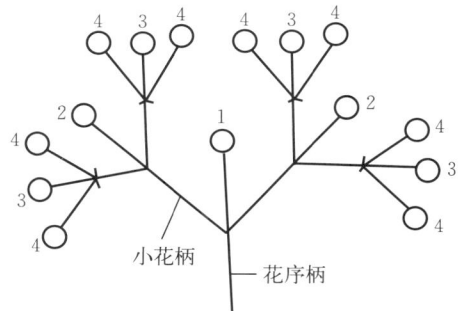

图2-4 草莓各级花序示意图
1. 一级花序 2. 二级花序 3. 三级花序 4. 四级花序

2. 开花授粉 当外界温度达10 ℃以上时，草莓开始开花。开花时首先是萼片绽开，花瓣同时展开，然后花粉开裂落在雌蕊柱头上。花药开裂的适宜温度13.8～20.6 ℃，花粉发芽适宜温度25～30 ℃，花期湿度40%左右有利于花粉发芽。花粉在开花后2～3 d内生命力最强。

五、果实

草莓的果实是由花托膨大形成的，在植物学上叫聚合果，栽培上叫浆果。果实由外部的皮层和内部的肉质髓组成。髓部有维管束与嵌在皮层中的种子相连。成熟的草莓果实颜色由橙红到深红，果肉颜色多为白色、橙红或红色。果实的形状为球形、扁球形、短圆锥形、圆锥形、长圆锥形、短楔形、楔形、长楔形、纺锤形等。

六、种子

草莓的种子呈螺旋状排列在果肉上，在植物学上称为瘦果。种子长圆形，为黄色或黄绿色。不同品种种子在浆果表面上嵌生深度也不一样，或与果面平，或凸出果面，种子凸出果面的品种一般耐贮运。一般而言，浆果上种子越多，分布越均匀，果实发育越好。如果浆果某一侧种子发育不良，就会导致浆果畸形。

草莓种子的发芽力一般为 2～3 年。生产上一般不用种子繁殖，主要是由于种子繁殖成苗率低，后代性状分离严重，难以保持母株原有的优良性状，仅用于杂交育种、远距离引种或某些难于获得营养苗的品种。

第二节　匍匐茎的发生和花芽分化

一、匍匐茎的发生

通常，匍匐茎的发生是在休眠期结束后的 4—5 月开始的，一直持续到秋季。越冬后分化的腋芽发育成匍匐茎，但是，不是所有越冬后分化的腋芽都能成为匍匐茎，也会形成侧茎或者休眠叶芽。腋芽变成匍匐茎、侧茎或者休眠叶芽的条件不明确，但在长日条件下营养成分足生长旺盛的植株，叶腋部分会长出更多的匍匐茎。当季产生的匍匐茎数量为 10～20 条/株。通过增加叶腋数量可以产生更多的匍匐茎，同时，为了增加叶腋还需要增加侧茎（分枝）。也就是说，为了增加匍匐茎的数量，选择较大的种苗最有效。

匍匐茎与花序的生长属于同方向。也就是说，匍匐茎向右伸长时，定植母株时将老匍匐茎轴（剪留下的 3 cm 左右的老匍匐茎轴）放在左侧的话，匍匐茎一般会向右侧伸长。但是，由于受风力的影响，为了避免匍匐茎重叠在一起，需要将匍匐茎向同一方向牵引固定。

二、子株的形成

匍匐茎由两个节组成，第一节着生休眠芽或发出匍匐茎的分枝，第二节形成子株。子株的第一片叶是鳞片叶，之后发育成短缩茎。短缩茎的第一片叶的叶腋再次发生出匍匐茎，在顶端形成了第二株子株。之后也以同样的形式长出匍匐茎，形成子株（图 2-5）。

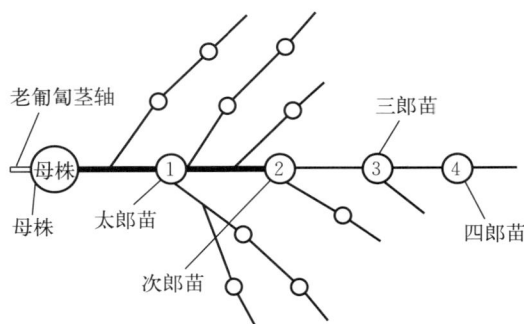

图 2-5　从母株发生的匍匐茎

从靠近母株一侧的顺序称子株为太郎苗、次郎苗、三郎苗、四郎苗。当季一株母株上繁殖出来的子株的数量因品种和栽培条件而不同，大概有 30～150 株。一般情况下，太郎苗容易老化，所以很少用在生产上。主要利用的是次郎苗、三郎苗。

　　土壤湿润时子株 2～3 d 便扎根，干燥状态下无法生根。生根后如果持续干燥，由于土壤硬化使得根部停止伸长。发生子株的数量达到预定目标时，持续灌溉一周，确保全部生根，可以集中采苗。近年来使用这一采苗方法的生产者在不断增加。

三、匍匐茎的产生与日长及温度的关系

　　匍匐茎的发生从春季到秋季大约半年时间。4 月上旬开始，到了 6—7 月梅雨时节快速发生。Went（1959）在人工气候室进行了试验，匍匐茎在 10 ℃条件下，日长 16 h 不会发生（表 2-1）。同时，日长 8 h，温度 20 ℃也不会生长出来。长日和高温条件适合匍匐茎的发生，试验中发生数量最多的条件是 16 h 日长、20 ℃的高温。

　　匍匐茎开始发生是在 4 月上旬，日长达到 13 h，气温大约 12 ℃，此时对于匍匐茎发生还不太适合。到 7 月采苗期会产生大量的匍匐茎，很少会出现种苗不足的情况。但是，为了提早抽生匍匐茎，同时预防炭疽病，采用大棚内育苗的事例不断增多。

表 2-1　温度和日长对匍匐茎发生数量的影响（Went，1959）

温度（℃）	日长（h）		
	8	12	16
20	0	2.6	12.0
17	0	3.2	
14	0	0	9.4
10	0	0	0

四、匍匐茎的发生和低温需求量

　　草莓在冬季进入休眠，通过低温可以打破休眠。低温量不足就不能完全打破休眠，匍匐茎的发生就会变得迟钝。一般促成大棚中栽培的种苗比起露地栽培苗，春季的匍匐茎发生量要少一些。原因在于促成栽培属于覆盖栽培，低温量不足没有完全打破休眠。

　　Piringer（1964）采用不同的低温处理后，调查了 3 个品种的匍匐茎发生数量（表 2-2）。调查显示低温处理时间较短时，匍匐茎的数量较少，时间较长时，数量变多。同时，经受低温影响后，在自然日长下放置的和在光照中断（晚 11 时至翌日凌晨 2 时照光）条件下，光照中断处理使得匍匐茎的发生更加茂盛一些。甚至美国北部、中部栽培的火花（Sparkle），田纳西美人（Tennessee Beauty）比起南部品种传教士（Missionary）生长数量较少。也就是说低温需求量因品种不同而存在差异，北方品种比起南方品种低温要求量更多，同时光照中断也可以弥补经受低温不足的影响。

　　现在的促成栽培专用品种都是低温需求量较少，很少产生匍匐茎不足的情况。通常，低温需求量较大的品种不用于促成栽培。

表 2 - 2　低温处理期限的长短对三种草莓的匍匐茎发生数量的影响（Piringer，1964）

低温处理时间（周）	火花		田纳西美人		传教士	
	自然光照	光照中断	自然光照	光照中断	自然光照	光照中断
0	0.0	0.5	0.0	1.5	0.0	8.8
4	0.0	0.2	0.0	0.2	0.0	4.3
8	0.0	0.2	0.0	0.2	0.0	5.3
12	0.5	0.0	0.0	1.0	2.0	6.8
16	0.3	2.7	0.0	3.3	5.7	8.8
20	3.2	6.7	5.5	9.7	12.0	12.3

注：处理后第 15 周进行观察，光照中断时间为 3 h（晚 11 时至翌日凌晨 2 时）。

五、育苗

一般情况下，一季性品种在 7 月采苗，9—10 月定植。育苗的目的在于为生产培育健壮且大小均匀的定植苗，采苗时期因栽种模式的不同而不同，促成栽培在 7 月上旬，半促成和露地栽培在 8 月下旬采苗，到定植时均能培育出短缩茎直径大约 10 mm 粗的定植苗。

但是，大苗也未必产量就高。育苗期过长的话，种苗自然会变大，但容易使褐色根增加，白色根减少。这种苗被称为老化苗。老化苗在第二个果序之后产量缩减，断档期逐渐变长，因此必须防止培育成老化苗。

草莓是多年生营养繁殖性植物，可以反复多年收获果实。早期的草莓栽培就是这样，但产量和品质会逐渐降低。这就需要每年更新种苗并培育壮苗。

育苗时使用展开叶 2～3 片、株重 8 g 左右、白根较多的子株。育苗在高温条件下进行，所以定植后要迅速进行遮光和浇水等精细管理，以保证成活。子株生长 2～3 d 就能成活，之后的生长情况视天气、水分、肥料的施用状况决定。

通常情况下，定植一周出叶 1 片，按照这个速度，整个过程会长出 10 片叶左右，但施肥量较多时出叶速度加快，很快长成大苗。对各个展开叶追溯调查叶柄伸长的状况显示，出叶后几天内叶柄会按照每天 1～2 cm 的长度伸长，之后变得缓慢，大约 2 周内完成伸长。前一片叶伸长减速时，就会长出下一片叶，反复重复这一模式，到了夏末时节，渐渐具备花芽分化的状态。

六、花芽分化的主要因素

1. 花芽分化　收获期的早晚是由花芽分化时间决定的，如果想要提早收获，就必须想办法提早促进花芽分化。

草莓的花芽在短缩茎顶部形成。在短缩茎的顶端（生长点），春天至夏天长出叶芽（叶基），晚夏至初秋生长点渐渐变成花芽。此后，从外侧向内侧依次形成萼片、花瓣、雄蕊、雌蕊、花托等器官，到现蕾前完成形态分化。

叶芽到花芽的变化与成花物质有关。成花物质是受日长和温度等环境因素的刺激在植物体内生成的，目前还没有实现成花物质的提取以及种类的确定，但花芽形成过程可以通过显微镜详细观察到并记录下来。

2. 花芽分化期 草莓的花芽在自然条件下 9—10 月进行分化，此时是顶花花序（一级花）的分化期。草莓的花序由很多小花构成，顶花分化后接着第二花序（二级花）及第三花序（三级花），连续分化，没有逆转。

一般情况下人们调查花芽分化期时，通过显微镜观察花序中最早开花的顶花（一级花）的分化状况，由于生长点非常小，很难捕捉到细微形态变化，看清花芽是否分化需要操作经验。

花芽分化时生长点开始变得肥厚，之后肥厚部分产生裂沟，这个阶段称为二分期或花序分化期。通常，花序分化期就是花芽分化期，但也有将肥厚期作为花芽分化期的情况。肥厚早期的个体其中 40%～50% 都未分化。肥厚早期和未分化期的形态差异较小，很可能导致判断错误，因此将肥厚中期至花序分化期作为花芽分化的开始更合理。

促成栽培一旦确定出现花芽分化就要及时定植。花芽分化后植株越是延迟定植越会出现花朵数减少、果实变小的情况。反之，花芽分化开始后定植越早花朵数就会越多，果实也就更大。肥厚期定植，花数更多，果实更大。在未分化期定植，易产生开花不整齐，应该引起注意。

3. 花芽分化与温度和日长的关系 花芽分化在高纬度地区会早一些，低纬度地区比较迟。同纬度地区海拔越高，花芽分化越早。

在人工气象室就日长和温度对花芽分化的影响进行的试验表明，除了日长为 0 以外，8 h、16 h 以及 24 h 日长条件下，9 ℃的处理 10 d 能达到花芽分化，显示出在此温度下，日长反应是中性的。另一方面在 17 ℃ 和 24 ℃ 处理条件下，日长不同，达到分化的天数也不同，显示出日长越短，处理天数越少的短日性反应。在 30 ℃ 下处理，每个日长条件下都不分化。草莓的花芽分化是在高温条件下显示为短日性，低温条件下与日长无关的相对性短日植物。Went（1957）的试验结果与 Ito 和 Saito 的几乎相同。香川（1971）整理各种研究结果得出，草莓的花芽分化在 5～10 ℃ 条件下与日长无关，但在 10～25 ℃ 条件下日长将左右花芽分化，25 ℃ 以上与日长无关且不进行分化。

Ito 和 Saito 又进行了更加有趣的试验。他们设定了 9 ℃ 和 24 ℃ 两大温度处理区，观察了 1 d 中高温（24 ℃）时数对花芽分化的影响，得出：24 h 日长条件下高温维持在 8 h 以下则进行分化，超过 12 h 就不分化。也就是说，9 ℃ 条件下形成的开花物质在 24 ℃ 条件下要被抵消的现象。另一方面，在花芽分化的 0、4 h 以及 8 h 高温区，花芽分化所需的 9 ℃ 的累计小时数分别是 240 h、240 h 和 256 h，基本相等，体现出成花效果具有累积性。

草莓的花芽分化在形态发生变化之前，被认为存在积累开花物质的过程。可以假定花芽分化是开花物质在短日和低温条件下产生出来，累积量达到一定阈值时，生长点开始发生形态变化，前者称为生理分化，后者是形态分化。如果每个温度、日长条件下单位小时内产生的开花物质能够定量的话，有助于预测花芽分化期。从这一理论出发，20 世纪 80

年代基于 Ito 和 Saito 的数据进行了一些定量方面的研究。

Ito 和 Saito 的试验中最小限定处理天数是 9 d，最大限定处理天数是 14～16 d，而 Went 的日数为 8～15 d 的结果来看，限定处理天数的上限应为 16 d 左右，如果超过 16 d 的环境条件的话就不会诱导成花，按照以下操作顺序，算出 1 h 的诱导成花的效果，从而推算出生理性花芽分化期。也就是通过日长和温度求得限定处理天数（y），当处理天数在 16 d 以下时，y 轴数字乘以 24，其倒数 [1/(y×24)] 就是每小时的诱导成花效应量。然后累加每小时的诱导成花效应量，当累加到其倒数值为 1 时，就到了生理性花芽分化期。

4. 氮肥对开花的影响 一般情况下，越是生长旺盛的植株其花芽分化就会越迟。松本等（1983）利用宝交早生进行常规育苗管理，8 月 17 日之后分为施氮肥区和无肥料区自然条件下育苗。然后在 9 月 7 日之后每隔 3 d 将 4 株秧苗移植到非成花诱导的长日和高温条件的玻璃温室中，11 月 9 日全部解剖调查花芽分化状态。由此得出，无氮肥区 9 月 22 日，施氮肥区 9 月 28 日进行了分化，表明氮肥的使用对成花诱导产生影响。

同时，古谷等（1988）调查了低温黑暗处理后的叶柄中硝态氮浓度和处理温度对开花的影响。结果表明体内氮浓度越低，低温感应能力越强，15 ℃左右较高的温度条件下也会花芽分化，但氮浓度较高时低温感应能力较弱，需要在温度更低的环境中处理。由此得出，氮肥通过作用于日长和温度的感受能力达到较强程度地影响成花诱导。

5. 苗龄对花芽分化的影响 匍匐茎通常在 5 月至 9 月生长出来，早期生长的匍匐茎子株与晚期产生的匍匐茎子株之间的苗龄，大小存在差异。江口（1935）从 6 月 22 日开始每隔 7 d 取带有三片成叶的匍匐茎子株进行育苗，到 9 月 1 日之后每隔 2 周利用显微镜观察花芽分化状况（表 2-3）。结果表明，所有苗的花芽分化期都是在 10 月 13 日，采苗时期和花芽分化时期之间看不到相关性。同时，短缩茎直径与花芽分化期之间也没有直接的关系。草莓的花芽分化受到苗龄影响较小，受气候因素影响较大。

表 2-3 采苗时期对花芽分化期的影响（江口，1935）

采苗期	所需天数（d）		材料采集日					
	未分化	分化	9月1日	9月15日	9月29日	10月13日	10月27日	11月17日
6月22日	—	113	—	—	—	○	○	—
6月29日	92	106	×	×	×	○	○	—
7月6日	85	99	×	×	×	○	○	○
7月13日	78	92	×	×	×	○	○	○
7月20日	71	99	×	—	×	—	○	○
8月3日	—	76	—	—	—	○	○	○
8月10日	—	64	—	—	—	○	○	○
8月17日	43	57	×	×	×	○	○	—
8月24日	36	50	×	×	×	○	○	○
8月31日	29	43	×	—	×	○	○	○

（续）

采苗期	所需天数（d）		材料采集日					
	未分化	分化	9月1日	9月15日	9月29日	10月13日	10月27日	11月17日
9月7日	22	36	—	—	×	○	○	○
9月14日	15	29	—	×	×	○	○	○
9月21日	8	22	—	—	×	○	○	○
9月28日	1	15	—	—	×	○	○	○
10月5日		22	—	—	—	—	○	○

品种：新俄勒冈 ×：未分化 ○：分化 —：无数据

以上是匍匐茎苗的试验，同时也对实生苗进行了同样的研究。改变播种日期，育成6种实生苗群，8月10日开始实施夜冷短日处理（夜晚温度12 ℃，日长8 h），调查实生苗的大小（播种后出叶数量，短缩茎）对成花的影响得出，出叶数为9片以下，短缩茎直接小于2.5 mm时，实生苗的成花诱导率非常低，暗示存在童性（内部发育未成熟）。另一方面，出叶数量较多，短缩茎较粗的实生苗的成花诱导率较高，随着实生苗的生长，对日长、温度的感受性增大，暗示在向容易被诱导成花的状态转变。

七、营养元素与草莓生长

1. 氮肥对草莓生长结果的作用 氮是组成各种氨基酸和蛋白质必需的元素，而氨基酸又是构成植物体中核酸、叶绿素、生物碱、维生素等物质的基础。对草莓植株来说，氮肥可促使株叶繁茂光合作用增强，并能使果实膨大，对花芽的分化及产量、品质的提高均起到重要作用。氮素易分解，在土壤（特别是沙土）中易流失，因此必须分期追施。

氮肥不足时，草莓植株瘦弱，叶片小而薄呈黄绿色，花序少而小，果实小且品质差，香味淡。

2. 钾肥对草莓生长结果的作用 钾并不参与植物体内重要有机体的组成，但对碳水化合物的合成、运动、转化等起着重要作用。钾以离子状态存在于生命活动最活跃的幼嫩部分。适当施用钾肥对促进根系生长，增强植株的抗寒抗旱能力，提高果实的含糖量、风味、色泽等有积极的作用。草莓是需钾比较多的作物，它的整个生长过程中都需要大量的钾，尤其在果实成熟期间需要量更大。

草莓缺钾时，因叶片内的碳水化合物不能充分制造，使过量的硝态氮积累而引起叶梢、叶缘呈黄褐色并逐渐向中间发展，果实失去光泽且糖度降低，根系发育受到抑制，器官组织不充实，抗旱抗寒能力减弱。

3. 钙肥对草莓生长结果的作用 钙是草莓需要的大量元素之一，草莓对钙的吸收量仅次于钾和氮。它主要以果胶酸钙的形态存在于细胞壁中，它是细胞膜和液胞膜的黏结剂，保持细胞膜的强固性，使细胞膜保持稳定，增强抗病虫害的能力。钙可促使土壤中硝态氮的转化和吸收，使土壤中的不溶性磷、钾变为可溶性养分。钙还能中和植株体内的有机酸，调节酸碱度增强植株抵抗力。钙对叶绿素的形成和促进根系的发育有重要作用。还有很重要的一点就是，钙对糖形成的作用远大于钾和磷，对生成芳香物质也起着直接和间接的作用，对草莓果实的硬度起着关键的作用。

草莓缺钙时，可导致果实变软，新生叶片皱缩不能展开，叶缘焦枯，根尖生长受阻。由于钙在植物体内移动少，大部分存在于老叶中而不能转移到新生叶片和果实中。因此，草莓在整个生长过程中都应重视叶面和地下补钙。

4. 磷肥对草莓生长结果的作用 磷是细胞核和原生质的重要组成部分，积极参与植物的呼吸作用、光合作用和碳水化合物的转化过程。磷肥充足能促进细胞分裂、花芽分化及组织成熟，并能促进根系的发育和可溶性糖类的贮藏。磷能促进浆果成熟，提高含糖量、色素和芳香物质并使含酸量减少，还可增强抗寒抗旱的能力。

草莓缺磷时，植株生长弱，发育缓慢，叶片小，果实也小。叶片逐渐失去光泽，由暗绿色变成暗紫色，叶尖和叶缘发生叶烧、叶片向上卷起，叶片变厚变脆，花梗细长，有的果实会出现白化现象。

5. 铁对草莓生长结果的作用 铁与叶绿素的生成有关，同时又是某些呼吸酶的组成成分。草莓对缺铁反应极为敏感，特别是红颜品种。虽然铁对草莓来说只是微量元素，但对草莓的产量和品质也影响极大。即使不表现缺铁症状，适度补铁也会明显增产。

草莓缺铁时，叶片出现黄化，新生的幼叶最先表现症状，幼嫩叶的叶肉呈淡绿色或黄色，仅叶脉两侧残留一些绿色。严重时黄化会发展成黄白，叶片边缘坏死，叶片干枯脱落。碱性土壤在整地起垄之前每亩*撒施 50 kg 硫酸亚铁，对调整土壤的酸碱度也有明显的效果。生长中期每亩用 10 kg 硫酸亚铁随水冲施或用螯合铁叶面喷施，但质量差的螯合铁会影响草莓的色泽使其变得暗红。在春季 3、4 月气温升高，缺铁的症状表现得更快更明显，所以补铁应在春季以前补，不能让症状出现。

6. 镁对草莓生长结果的作用 镁是叶绿素和植物体内某些酶的重要组成部分，与植物的光合作用有直接关系。它能促进植物对磷的吸收和输送，对花青素和果胶物质的形成也有一定作用。

草莓缺镁时，叶绿素不能生成，植株停止生长，老叶叶脉间失绿，然后发展成为棕色枯斑。枯焦加重时基部叶片呈淡绿色，枯焦现象随叶龄和缺镁加重而发展。缺镁的草莓果实比正常果红色较淡、质地较软、有白化现象。

7. 锌对草莓生长结果的作用 锌在碳水化合物合成过程中具有重要的催化作用，能促进氮、磷、钾、钙转化成可移动和易被植物吸收的物质。草莓对锌的需求量很少，但若不足必然会影响草莓的品质和产量。锌对叶绿素和生长素的生成也都有一定的影响，同时还可以增强植株对某些真菌病害和病毒病害的抵抗能力。

草莓缺锌时，叶片小而萎黄，果实小而畸形，叶片喷施含锌的叶面肥，可恢草莓的细

---

* 亩为非法定计量单位，1 亩＝1/15 公顷≈667 米²。——编者注

胞分裂旺盛，提高光合效能，从而提高产量，改善草莓品质。

8. 硼对草莓生长结果的作用 硼主要存在于植物体幼嫩部分的细胞壁中，与细胞的分裂和生长、组织的分化和细胞壁的生成有密切关系。能促进花粉粒的萌发和受精作用，提高坐果率，减少畸形果，提高产量。有利于芳香物质的生成，提高糖度改善浆果品质。能提高光合作用的强度，促进光合产物的运转，增加叶绿素的含量，加速形成层的细胞分裂使导管数目增多，并有利于根的生长和愈伤组织的生成。

草莓缺硼时，花小，授粉和结实率降低，果小，果实畸形，老叶的叶脉间失绿，有的叶片向上卷起，根粗短、色暗。

硼肥不建议叶面使用，浓度过高和连续使用会烧伤草莓的花和叶，可地下冲施。

第三节 草莓种苗繁育

草莓繁殖的方法有多种，可以匍匐茎繁殖、实生繁殖、组织培养繁殖、母株分株繁殖等，生产中常用的是匍匐茎繁殖。生产上为了脱毒复壮并提高繁殖系数，采取茎尖培养、继代培养、匍匐茎繁殖相结合的方式，繁殖生产苗。

1. 匍匐茎繁殖法 草莓繁殖的主要器官是匍匐茎，从母株上抽生出的细长的茎上长出子苗，压住幼苗茎部，促使节上幼苗生根。从母株上繁育出的匍匐茎直接诱引到地面或营养钵等进行育苗的叫引插育苗；从母株上剪下匍匐茎插到穴盘或营养钵进行育苗的叫扦插育苗。匍匐茎的发生能力和品种、母株健壮与否、栽培管理、环境条件等因素有关。此法简便易行，产苗量大，繁殖系数较高，是草莓生产中普遍采用的繁殖方法。

2. 母株分株法 将带有新根的新茎、新茎分枝和带有黄白色不定根的二年生根状茎与母株分离，成为单株进行栽培。分株繁殖系数较低，对于匍匐茎萌发较少的草莓品种，或者急需更新换地的草莓园，可以采用此法繁殖。

3. 组织培养法 在实验室无菌条件下，将草莓茎尖或其他组织接种到试管里进行人工培养，诱导出幼芽，经过萌发增殖、生根培养等，使之长成完整植株。通过组织培养法繁育的苗叫组培苗。组织培养繁殖速度快，可以在短期内生产出大量品种纯正的幼苗，实现迅速更新品种的目的。组织培养繁殖也是脱去病毒的一种方式，彻底脱除病毒后可以得到草莓脱毒种苗，后代生长势强，整齐一致，能更好地保持品种特性。为了防止组培苗的后继育苗过程中再次感染病毒，其继代繁苗需要在没有蚜虫等病毒媒介发生的封闭式设施内生产。即便是在封闭式设施内生产的种苗，称其为脱毒苗也是相对概念，不能理解为无毒苗，更不能理解为无病苗、无菌苗或无微生物苗。因此种苗生产者要以生产健康苗为目标，但也无法保证能生产无毒苗、无病苗、无菌苗或无微生物草莓苗。

4. 实生繁殖法 利用播种草莓种子繁殖草莓苗。实生繁殖出苗率低，性状出现分离，不能完全保持品种原性状，生产上一般不采用，主要用于杂交育种、远距离引种或难以获得植株的品种保留。

根据育苗的产品使用目的，可以分为种苗和生产苗的繁育。生产苗就是利用种苗来繁

草莓育苗的基本原理及关键技术

育以开花结果为目的，进行果实生产的苗木。要求苗木健壮，开花结果能力强并能生产出高产优质的果实，一般多在秋季定植。种苗就是用于繁育生产苗的母株，要求苗木健壮的同时特别强调发苗能力强、性状优良等。

　　草莓的产量是由花序数、花朵数、坐果率、果实大小和单位面积总株数等因素构成，这些因素与植株的营养状况和生长发育状态密切相关，培育优质壮苗是提高产量和果实品质的关键，因此，育苗是草莓栽培中的重要环节。

第三章
京津冀地区草莓育苗特点及关键技术

第一节　草莓育苗现状

京津冀地区草莓产业规模约 1 万 hm²，每年生产苗约 10 亿株以上，生产品种以红颜、甜查理为主。近年来，白雪公主、粉玉、圣诞红、香野等新品种发展迅速。

随着我国草莓产业规模的扩大和国际交往的深入，产业对于病虫害少、花芽分化早的高质量苗木的需求日益迫切，华北地区不同经纬度和海拔的立体气候，为打造与国际接轨的"三级"育苗体系提供了得天独厚的环境条件，尤其是北部中高海拔地区培育的草莓苗花芽分化早、病虫害少。京津冀地区已初步形成了以北京市草莓工程技术研究中心等科研单位为原原种中心、京冀北部中海拔（500~800 m）地区为核心原种基地、京冀北部—坝上中高海拔地区（500~1 500 m）为生产苗繁育基地的三级育苗体系（图 3-1），带动了北京绿富隆、北京拉森、北京万德园等一批龙头企业和育苗大户的苗圃西移、北移。2022年北京市政府建立草莓种苗质量监管体系，将进一步推动北京草莓种苗高质量发展。

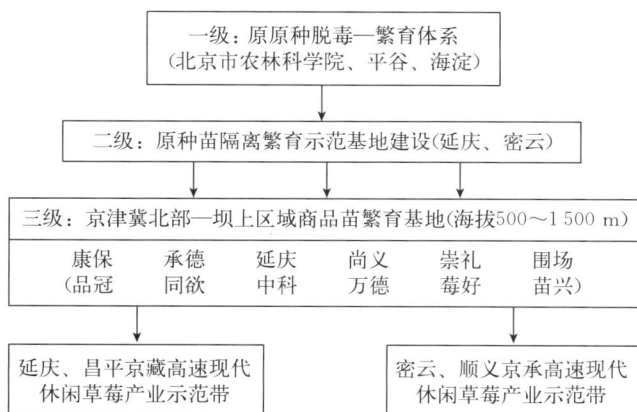

```
┌─────────────────────────────────┐
│ 一级：原原种脱毒—繁育体系        │
│ (北京市农林科学院、平谷、海淀)   │
└─────────────────────────────────┘
          ↓
┌─────────────────────────────────┐
│ 二级：原种苗隔离繁育示范基地建设(延庆、密云) │
└─────────────────────────────────┘
          ↓
┌──────────────────────────────────────────────┐
│ 三级：京津冀北部—坝上区域商品苗繁育基地(海拔500~1 500 m) │
│  康保    承德    延庆    尚义    崇礼    围场   │
│ (品冠)   (同欲)  (中科)  (万德)  (莓好)  (苗兴)  │
└──────────────────────────────────────────────┘
     ↓                              ↓
┌──────────────────┐      ┌──────────────────┐
│ 延庆、昌平京藏高速现代 │      │ 密云、顺义京承高速现代 │
│ 休闲草莓产业示范带    │      │ 休闲草莓产业示范带    │
└──────────────────┘      └──────────────────┘
```

图 3-1　京津冀三级育苗体系

京北—坝上区域是京津冀地区最大的集约化育苗区域，也是我国最优的高质量苗木繁育基地之一，冬季严寒有效地控制了病虫害，夏季冷凉、少雨，草莓苗木花芽分化早。该区域集约化育苗达到了生产苗1亿株以上、原种苗1 000万株以上的产业规模，并保持逐年增长的趋势，其中，延庆已经成为北京地区最大的草莓集约化育苗区域，年产生产苗3 500万株以上，近3年增长率在15%以上。京冀北部苗圃除了供应本地生产外，还向全国各地供应原种苗和生产苗，是全国最大的蒙特瑞和甜查理原种苗繁育基地。

育苗方式：按照设施类型可分为拱棚和露地两种方式，红颜等亚洲品种以前者为主，甜查理等欧美品种以后者为主；按照苗木类型可分为基质苗和裸根苗，亚洲品种以前者为主，欧美品种以后者为主；近年来，集约化育苗以基质苗为主，又分为穴盘苗和槽苗、扦插和引插。

总体上，经过多年、多点区域试验、示范和调查对比，穴盘苗扦插总体效率最高，适合京津冀地区大规模集约化生产。然而，京冀北部高海拔地区春季低温导致的繁殖系数低，扦插所需的匍匐茎小苗严重供不应求，为此，北京市农林科学院在国内率先研发了"穴盘苗南繁北育"技术［发明专利公开（公告）号：CN108464202A］，并形成了技术规程，即在北方日光温室或南方拱棚春季温暖的环境下繁殖草莓匍匐茎小苗，再剪下来运至京冀北部冷凉区域利用拱棚扦插。该技术有效利用了高纬度高海拔地区的夏季冷凉、相对少雨的气候，促进花芽分化、控制病虫害，虽已被北京绿福隆、拉森、万德园和神农天地等京津冀龙头企业改进和大规模应用，但仍有很大的优化空间。例如，繁殖匍匐茎小苗的母苗还可以开展先繁苗后结果或先结果后繁苗的周年生产模式，在北京顺义等多个基地实践证明，在植株营养和病虫害防控到位的条件下，繁苗和结果相结合的模式能够有效提高单位面积土地的产出效益。

第二节　草莓穴盘苗南繁北育技术规程

一、草莓南繁技术体系

1. 草莓南繁关键技术参数

（1）"南繁"的概念。本项目所谓的"南繁"是指在冬春季气候温暖条件下的草莓匍匐茎繁殖，因此包括南方拱棚种植和北方日光温室种植两种类型。要求3月初温度15～30℃。区域试验结果表明，云南低海拔干热河谷地区是理想的"南繁"区域。

（2）种植模式要求。高架栽培的繁殖模式（图3-2），基质为草炭、珍珠岩、蛭石混配，高架不低于1.6 m，基质深度0.4 m（如有施肥机精准灌溉可适当降低）。

（3）避雨保温设施类型和定植时间。

图3-2　高架栽培的繁殖模式

南方采用拱棚，定植时间为 3 月 15 日、4 月 15 日和 5 月 15 日；北方采用日光温室，定植时间分别是 9 月 1 日和 3 月 15 日。

（4）拱棚要求。高度 3.5 m 以上，避雨，有上下放风口通风。

（5）定植与管理。母株定植株距 0.2 m，每亩定植母苗 6 000～7 000 株，及时去除老叶、病叶以及果实。5 月初根据母株植株长势酌情喷施赤霉素调节。

（6）肥水管理。定植 10 d 左右，氮、磷、钾平衡性水溶肥滴灌，每亩 3 kg，每 7 d 通过滴灌施一次。每天灌溉清水 2 次，每次 5～10 min，保持基质湿度 70% 左右。

（7）病虫害防控。主要防控白粉病、炭疽病、二斑叶螨和蚜虫等病虫害。阿米西达与噁霉灵灌根 10 d 一次。常见病虫害预防为主，主要用药有：代森锰锌、代森联、甲基硫菌灵、丙森锌、嘧菌酯、咪鲜胺、春雷霉素、中生菌素、甲霉灵等。针对二斑叶螨采用联苯肼酯、乙螨唑、螺虫乙酯。针对蚜虫采用氟啶虫胺腈、啶虫脒、吡虫啉。针对夜蛾采用甲维盐、氯虫苯甲酰胺、茚虫威。

（8）匍匐茎小苗采收。采收时间：6 月下旬、7 月中旬、8 月上旬先后采收 3 批茎尖。

采收标准：每条匍匐茎上有 4 株小苗时即采收，匍匐茎苗规格分大小两种，离母株较近的 2 株为大苗，较远的 2 株为小苗，分别扦插在不同区域。

（9）预冷、运输与冷藏。茎尖采收 2 h 内入冷库，库温 −2～2 ℃（设置 0 ℃），装在黑色标准胶筐，每筐大茎尖装 3 000 棵，小茎尖 3 500 棵，预冷至胶筐中心苗 0 ℃ 出库运输。从匍匐茎被剪下到被扦插，全程冷链，0～3 ℃ 冷藏车运输（车内安装远程温度监控设备），最长冷藏时间 10 d。冷藏保存时间越长，成活率越低：预冷 24 h 即扦插，可保证定植成活率 98% 以上；间隔 10 d 成活率 92%；若间隔 15 d 成活率降至 85% 以下。

2. "南繁"定植、采收时期和设施类型 南方匍匐茎繁殖系数高，投入成本低，但是对冷链运输要求较高，因此，本项目尝试开发了适合在北方的草莓匍匐茎繁殖模式。表 3-1 和图 3-3 对比了在北京地区拱棚和日光温室两种条件下不同时期定植草莓匍匐茎的繁殖系数，可以看出日光温室条件下 3 月中旬定植的草莓母株，在 6 月中旬时的繁殖系数与云南开远的繁殖系数相当。该研究结果表明，在有日光温室且种植茬口允许的北方地区也可开展草莓"南繁"工作。

表 3-1　6 月 12 日北京拱棚和日光温室栽培条件下的草莓匍匐茎繁殖系数

设施类型	定植时期		
	3 月 15 日	4 月 15 日	5 月 15 日
拱棚	7	4	2
日光温室	22	11	5

注：采苗均为一次采收。

相比之下，北方拱棚条件下，3 月地温气温偏低，前期的繁殖系数都不高，不足日光温室条件的 50%。

图 3-3　6 月初北方拱棚（左）和日光温室（右）的匍匐茎繁育情况对比

二、草莓北育技术体系

1. 草莓北育关键技术参数　将南繁获得的匍匐茎小苗利用穴盘扦插方式（图 3-4），在夏季冷凉的高海拔地区进行扦插，从而获得花芽分化早、病虫害少、苗龄适合的草莓穴盘苗，用于草莓鲜果生产。

图 3-4　草莓匍匐茎小苗穴盘扦插培育方式

（1）"北育"的概念。是指在具备夏季气候冷凉条件的区域进行草莓穴盘苗培育，因此主要指我国高海拔区域，包括北方高原和南方高原。区域试验示范结果表明，京冀北部海拔 500～1 500 m 的区域适宜"北育"。

（2）种植模式要求。匍匐茎小苗扦插，采用 32 穴的林木专用穴盘，基质为草炭、珍珠岩、蛭石混配。

（3）设施类型。以拱棚避雨育苗为主，棚高 1.5 m 以上，地面铺地布，有上下出风口，白天气温控制在 30 ℃ 以下，气温越低越有利于花芽分化。夏季雨水少的地区可以考虑露天培育。

（4）育苗时间。定植时间为 6 月中下旬、7 月中旬和 8 月上旬 3 次定植；培育时间为 6 月中旬至 9 月下旬。

（5）匍匐茎小苗前处理。茎尖全程冷链运输到北育基地后，取出茎尖用阿米西达与噁霉灵、代森锰锌、氨基酸、腐殖酸类水溶液浸泡 30 min 左右，即可扦插。

（6）扦插生根与驯化。

扦插：扦插前需要将拱棚上覆盖遮阳网，透光率为 30%；再将穴盘浇透水，保证穴盘湿度不小于 90%；最后，将匍匐茎小苗根部插入穴盘固定，扦插深度不能埋心，扦插完毕后大量补水浇透为止。

驯化：采用喷雾法，扦插后根据天气情况，定期喷雾，要求雾化效果较高，提高空气湿度，但不会导致基质涝害，驯化时间 10 d 左右，匍匐茎生新根、长新叶，即可撤除遮阳网。

（7）肥水管理。定植 7 d 后水溶性平衡肥滴灌，每亩 3 kg，2 周一次；苗龄 35 d 以后，控制氮肥，叶面喷施磷酸二氢钾。

（8）病虫害防控。高原育苗主要病虫害是白粉病和二斑叶螨，同时也要做好炭疽病、青枯病等其他病虫害的预防工作。叶面喷施阿米西达与噁霉灵，10 d 喷 1 次。常见病虫害预防为主，主要用药有：代森锰锌、代森联、甲基硫菌灵、丙森锌、嘧菌酯、咪鲜胺、春雷霉素、中生菌素、甲霉灵等。针对螨虫采用联苯肼酯、乙螨唑、螺虫乙酯。针对蚜虫采用氟啶虫胺腈、啶虫脒、吡虫啉。针对夜蛾采用甲维盐、氯虫苯甲酰胺、茚虫威。

白粉病是高原育苗的防控重点：预防采用硫磺悬浮剂 500～800 倍液。发病严重间隔 3 d 连续喷 2 次，再 5～7 d 喷 1 次；若不重可降低频率，硫磺会使叶片老化，要注意用量。白粉病发病严重时，采用氟菌·肟菌酯 2 000 倍液、施贝尔 750 倍液＋25% 乙嘧酚磺酸酯 1 200 倍液，间隔 3～5 d，连续 2 次喷透，第 2 次后再间隔 7 d；用腈菌唑＋宁南霉素、苯醚菌酯＋多抗霉素，喷 2 次，直到没有为止。

（9）采收。扦插的大苗培养 45 d 以上成苗，小苗 55 d 以上成苗。

2. 花芽分化检测方法　草莓花芽分化是影响草莓早期产量的重要因素之一，采用基于体视显微镜鉴定草莓花芽分化的方法，彩图 3-1 所示为不同时期草莓的花芽分化形态，分为 9 个时期：未分化期、分化初始期、花序原基分化期、萼片原基分化期、花瓣原基分化期、雄蕊原基分化期、雌蕊原基分化期、大量雌蕊原基形成期和花芽形成。

通过每周对不同海拔种植的红颜和京藏香进行 1～2 次茎尖形态观察，发现不同海拔培育的草莓苗花芽分化存在差异，云南寻甸培育的红颜穴盘苗 9 月 6 日花芽分化已达到初始期，而北京地区的草莓苗 9 月 20 日才开始分化。

第三节　北京草莓育苗特点及关键技术

一、北京地区草莓育苗特点

北京地区利用其区位和气候优势，初步形成了集约化、区域化、基质化、省力化和总部化的发展特点，大部分种植户购买商业苗圃的苗木进行生产，80%以上为基质苗，自繁自育较少，苗圃逐渐向长城以北转移，随着南繁北育技术的应用，长城以南逐渐转向以匍匐茎繁殖为主。

二、延庆冷凉山区草莓育苗

1. 北京延庆冷凉山区草莓育苗产业概况　依托延庆地区海拔高、无霜期长等独特气候优势，发挥北京绿富隆农业科技公司龙头企业示范带动效应，实施工厂化育苗、技术输出和示范推广，2023年辐射带动7个乡镇进行草莓育苗，面积约46.7 hm²，其中设施育苗面积约44.7 hm²，露地2 hm²。主栽品种红颜，育苗面积达42.7 hm²，圣诞红、香野、章姬、粉玉等品种4 hm²。年总产出约3 800万株商品苗，总效益达3 800万元左右。

现已形成全区草莓特色主导产业。推广基质槽育苗、高架立体育苗、穴盘扦插育苗等现代繁育体系和草莓超高垄栽培种植高效模式，联合各级专家开展四季草莓联合育种、绿色植保综合防控、机械化起垄、草莓套种生菜、甘薯、小型西瓜等技术攻关项目，集成配套种植技术规范，推动草莓品种更新换代。以育苗延伸草莓产业链条，发展以观光采摘、礼盒供应为主要销售渠道的草莓鲜果种植产业。

（1）技术攻关取得突破。种苗繁育是草莓生产中的关键环节，针对露地育苗产苗量少、病虫害严重、受气候因素影响大等问题，开展塑料大棚避雨基质育苗模式下环境调控技术为核心的优质种苗繁育，重点包括种苗秋植、育苗环境调控、脱毒种苗应用、病虫害防控技术等，解决生产瓶颈，有效减少种苗苗期病害，提高单株繁苗系数和种苗质量，保障草莓果品安全。

通过避雨基质育苗模式和种苗秋植技术的应用，结合脱毒原种苗＋资材环境调控＋定期防控的病虫害防治措施，草莓单株繁苗系数较露地育苗平均提高45%以上，种苗炭疽病发生率由53%降低到12%，降低了41个百分点，定植成活率达到98%，较露地育苗提高13个百分点，壮苗率达到95%。使用基质苗比使用裸根苗产量可提高10%，亩效益增加1万元以上。

建立了以灌溉施肥和节水群体为核心的草莓节水轻简高效技术体系。由最初露地繁苗大水漫灌为主转变成以春秋棚基质槽育苗滴灌为主的育苗方式；引进起垄机，开展滴灌施肥技术攻关；通过新品种、新技术、新模式的技术攻关和集成示范，进一步提高草莓的土地产出率、资源利用率和劳动生产率，提高农民收入，促进产业健康发展；作为鲜食农产品，从良种选育、轻简化栽培、病虫害生物防治到产品保鲜及加工各个环节都有章可循。重点围绕病虫害绿色防控技术研究与示范，草莓以灰霉病、白粉病、根腐病、红蜘蛛为主；生物防治技术有一定的应用基础，草莓上释放捕食螨防治红蜘蛛技术在企业和合作社有应用。草莓高垄栽培、地膜覆盖、水肥一体化、环境调控、病虫害绿色防控和蜜蜂授粉技术应用普遍，草莓套种技术应用率 44.5%。

（2）满足市民需求，拓宽多功能性的需要。满足市民生活需要，草莓突出"鲜"字，优质安全的本地农产品，丰富市民菜篮子。生产、生活和生态功能的统一。特别是观光休闲农业的开发能够促进农业产供销的链接，提高农业有形产品价值，拓宽农业增效、农民增收的空间。延庆草莓圣诞红曾在 2016—2022 年北京市"草莓之星"评选活动中荣获过 4 次五星最高奖，1 次四星奖。延庆草莓在中国园艺学会草莓分会主办的第 12、13 届中国草莓文化节暨全国精品草莓擂台赛先后荣获银奖和金奖；第 18 届中国草莓文化节，龙海源种植专业合作社董事长徐博洋荣获"中国草莓十大种植能手"奖，间接体现了延庆草莓产业技术水平的上升趋势。

（3）产业主要问题与技术需求。

品种单一：草莓以红颜单一品种为主，应选育和筛选新品种，满足市场多元化的需求。对已选定的替代品种加大推广应用力度。

灌溉水浪费：草莓全生育期灌水 30～40 次，每次每亩灌水量 10～25 m³，总亩用水量 150～400 m³，不同种植户之间差异较大。今后应推广应用节水灌溉，提高节水技术覆盖率；开展水分需求规律的研究，制定科学灌水制度。

土壤连作问题突出：草莓农户大多连年种植同一类型作物，连作障碍严重，80% 以上农户反映急需解决草莓连作倒茬的问题。要加强研究开发专用缓控释肥料、探索一次底施技术；研发生物有机肥料，调理土壤。

存在农药残留现象：草莓用药缺乏科学指导，尤其是目前新农药品种在草莓上的安全间隔期尚需要科学验证。应大力开展绿色防控技术研究；筛选低毒低残留、防治效果好、简单易操作、成本低的防治药剂；明确药剂用量和防治时期；提高生物防治的比重。

（4）下一步产业目标与任务。

品种更新和四季草莓产业的孵化：依托北京市农林科学院的技术支撑，筛选出符合市场和区域产业发展需求的新品种 3～6 个，推动品种更新换代，尤其通过鲜食四季草莓品种的选育和推广，孵化"京郊冷凉山区草莓夏秋观光采摘"新业态。

资源利用率提升：建立精细灌溉制度；研发筛选专用缓控释肥 2～3 种；改良连作障碍严重的土壤，有机质增加 0～15%，EC 值降低 5%～10%；示范区水肥高效利用技术覆盖率达到 80% 以上，水肥用量减少 10% 以上，水肥利用效率提高 15%。植保方面：筛选高效低毒药剂 3～5 种；制定一套绿色安全防控技术体系；示范区全程绿色防控技术覆盖率达到 100%；化学农药用量减少 10%。

种苗更新换代：依托北京市农林科学院和龙头企业，建立主栽草莓品种的种苗脱毒繁育体系，推广应用脱毒原原种与原种苗，推动延庆区草莓种苗更新换代。

2. 延庆区周琦的育苗经验 周琦，北京绿富隆公司带动的本地育苗大户，曾就职于中国农业科学院蔬菜花卉研究所蔬菜病害综合防控课题组，任科研助理。2015 年初一次偶然的机会，跟随课题组下乡调研中发现，北京市草莓育苗产业发展态势较好，商品苗来源虽广但质量参差不齐，农户反响较为强烈，于是便萌生了进军草莓育苗行业的想法。

延庆区属于大陆性季风气候，属温带与中温带、半干旱与半湿润带的过渡地带，气候

草莓育苗的基本原理及关键技术

冬冷夏凉，早晚温差较大，非常适合做育苗产业，这更坚定了周琦的决心，于是在2016年他便找到了延庆区属国企北京绿富隆农业科技发展有限公司基地经理，商讨租棚事宜。从最初的5个棚到10个棚到25个棚，从最初年产10万株商品苗到现在年产260万株，从最初的农用喷雾器施药到现在的大中型机械施药、弥粉剂施药，从最初的一窍不通到现在小有名气的育苗能手，不断发展壮大。起初技术知识缺乏，导致匍匐茎抽生较少，病虫害防治不及时、田间肥水管理不当导致商品苗质量参差不齐，加上用工难用工贵，总体利润低，入不敷出。好在经过不断地学习、吸取经验教训，以及在爱人（植物保护专业硕士研究生）的帮助下，慢慢地总结出来一套自有的技术要点（图3-5至图3-9）。

图3-5　参加草莓育苗植保技能培训

图3-6　基质槽育苗引插匍匐茎

图3-7　基质槽育苗控旺

图3-8　基质槽育苗防寒

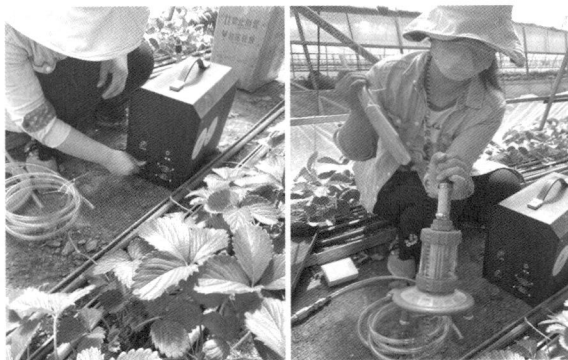

图3-9　延庆土肥部门配发精量电动施肥器

经过 7 年的摸爬滚打，育苗管理技术不断优化更新，关键技术如下：

（1）土壤和棚室消毒。育苗场选择土地平整、土壤肥沃疏松、排水条件好、背面向阳、土壤为黄土或沙土的地块，用辣根素进行土壤消毒，用弥粉剂喷施粉剂对棚室内的空间进行消毒，减少来年的初侵染源。

（2）育苗前田间准备。育苗采用匍匐茎繁殖，母苗两侧平行铺设育苗槽（图 3-10），而后灌装专用育苗基质（图 3-11），待匍匐茎抽出后进行压条（图 3-12），而后长成一株合格的草莓商品苗（图 3-13）。

图 3-10 母苗两侧铺育苗槽

图 3-11 育苗槽内填充基质土

图 3-12 用卡子进行压条处理

图 3-13 草莓商品苗根系

（3）苗期防护设备。冬季育苗时间在 10 月初至 11 月中旬，用地膜覆盖育苗，有利于保温，在第二年 3 月底至 4 月初破膜（图 3-14）；夏季用遮阳网覆盖（图 3-15），外部用无人机喷施大棚降温剂（图 3-16），降低棚内温度以避免苗子徒长和病害的发生。

草莓育苗的基本原理及关键技术

图 3-14　初春揭膜处理

图 3-15　夏季遮阳网覆盖以降低棚室温度

（4）植株管理。及时将母株和匍匐茎子苗的老叶、枯叶摘除，确保行间通风透光，避免高温高湿病害的发生；及时掐除草莓花，确保育苗时期处于营养生长期而非生殖生长期；7月下旬割除上部老叶，促进植株根系发育，确保出苗时苗齐苗壮（图3-17）。

图 3-16　大疆 T40 植保无人机喷施大棚降温剂

图 3-17　割除上部老叶，促进根系发育，苗齐苗壮

（5）肥水管理。种苗定植后必须浇足定根水，在定植后3 d内早晚必须浇足2次水，小水勤浇，种苗成活后每周必须浇2次水，每次浇水必须浇透，高温季节在傍晚（17:00以后）气温下降时浇水。6月底以后进行叶面追肥，8月要控制氮肥使用。

（6）病虫害防控。

①总体原则。预防为主、防治结合。

②具体做法。每天安排专人进行草莓病虫害发生情况巡查（表3-2）。采用一看、二摸、三查找的办法，一看是观察种苗叶片、茎等部位是否有虫咬痕、是否有病斑等，二摸是用手轻轻触碰种苗植株，察看是否有害虫，植株生长是否健壮，三查找是发现种苗有咬痕或病害时（表3-3），查找咬痕来源、病害发生规律等以便向专业人员详细描述病虫发生情况，由植保专业人士给予防控方案后（表3-4），严格按照防控方案执行（图3-18）。

表3-2 草莓主要病虫害及发生发展的适宜环境条件

病虫害名称	最适宜的生存条件		能够生存的条件环境	
	温度（℃）	相对湿度（%）	温度（℃）	相对湿度（%）
炭疽病	26～30	80以上		
白粉病	16～25	25～80	10～30	
根腐病	26～30	60以上	8～35	
蓟马	15～30		10～30	
二斑叶螨	24～25	30～40	10～35	10～70
截形叶螨	29～31	35～55	8～35	10～70
桃蚜	16～24		5～29	
瓜蚜	13～27	40～60	5～30	20～70

表3-3 草莓苗期白粉病、炭疽病、根腐病分级标准

病害等级	1	2	3	4
分级标准	整棚可见1～3株的叶片或果实发病	整棚可见4～10株有病叶或果实	整棚可见10～20株以上整株叶片或果实受害	整棚可见20株以上严重被害

注：所有病害均需在1～2级采取控制措施。

表3-4 草莓病虫害防控措施优先选择顺序列表

序号	病虫种类名称	第一选择（有机生产）	第二选择（绿色生产）	第三选择（无公害绿色生产）
1	红蜘蛛	智利小植绥螨、藜芦碱、胡瓜钝绥螨、加州新小绥螨、巴氏钝绥螨	30%乙唑螨腈悬浮剂、联苯肼酯	联苯肼酯、呋虫·哒螨灵、阿维菌素、螺螨酯、螺虫乙酯
2	蓟马	剑毛帕厉螨、小花蝽、烟盲蝽、巴氏钝绥螨、蓝板、加州新小绥螨、鱼藤酮	乙基多杀菌素	甲维盐等
3	蚜虫	烟盲蝽、小花蝽、桉油精可溶性液剂、除虫菊素水乳剂、苦参碱水剂、黄板	氟啶虫胺腈	啶虫脒、吡虫啉、吡蚜异丙威等
4	根腐病（也叫沤根）	寡雄腐霉、枯草芽孢杆菌		氢氧化铜、甲霜·噁霉灵、烯酰吗啉、腐霉利、异菌脲等
5	炭疽病		苯甲·嘧菌酯悬浮剂	炭疽·福美、咪鲜胺、吡唑醚菌酯、啶氧菌酯等
6	白粉病	枯草芽孢杆菌、嘧啶核苷类抗菌素水剂	大黄素甲醚水剂	己唑醇悬浮剂、醚菌酯、乙嘧酚磺酸酯等

图 3-18　使用大中型植保器械进行棚室施药

三、昌平草莓集约化育苗

草莓是昌平区重点发展和扶持的农业产业，优越的地理环境和优厚的政府补贴，大大调动了本地农户的积极性，昌平草莓已经成为北京农业的一张靓丽名片。

昌平区每年草莓种植面积稳定在 200 hm² 左右，涉及 13 个镇、79 个村、近 1 500 户种植户。产量约为 600 万 kg，产值 3 亿元。

在种植红颜主栽品种的基础上，同时引进种植香野、圣诞红、光点等优新品种，白雪公主、粉玉等特色品种 20 多个。同时区农业推广部门全程对草莓生产工作进行服务指导，为昌平草莓保驾护航。

昌平草莓育苗以避雨基质（槽式）育苗为主，母苗来源主要为与科研院校合作研发和自有苗，如万德园与中国农业大学共建脱毒组培实验室合作研发、拉森母苗来源于美国拉森自有苗等。

2018 年落实昌平区区委区政府京津冀协同发展和对口支援河北省尚义县的产业扶贫精神，昌平区内草莓育苗企业在河北省尚义县建设并运营尚义草莓育苗基地，主要进行草莓的育苗、夏冬季鲜果种植、科普展示等，带动了红土梁镇、小蒜沟镇、下马圈乡、甲石河乡 4 个乡镇、46 个村、2 982 户贫困户实现增收，年人均增收 6 000 元左右。

在内蒙古自治区锡林郭勒盟太仆寺旗宝昌镇边墙村，有昌平区 4 家育苗场进行草莓育苗工作，建设用于优质草莓生产苗繁育的 180 栋春秋大棚，面积 10 hm²，可年产优质生产苗 400 万株。主要进行避雨基质穴盘育苗。

2022 年落实昌平区区委区政府京津冀协同发展和对口支援内蒙古赤峰市阿鲁科尔沁旗的产业扶贫精神，昌平区草莓育苗企业在赤峰市阿鲁科尔沁旗双胜镇建立"昌平—阿旗现代高效草莓产业园"基地，进行草莓的育苗、夏冬季鲜果种植、科普展示等。截至 2022 年年底，已在当地雇用员工 20 余名，培养 2 名当地的草莓种植技术人员，人均年收入增加 4 万余元。

近几年随着育苗技术的提升和用工成本的增加，大型育苗场更多地应用避雨架式栽培模式繁育匍匐茎再剪下后进行扦插，或采用京苗北育模式进行扦插。

1. 从结果株采苗的低成本体系 北京地区有些企业为了降低生产成本及防止外购植株的变异，对传统的认为理所当然的使用专用母株的草莓育苗方法进行了改进，开发出了一种降低采苗成本的方法——从结果株采苗的低成本体系。本技术不是从专用母株采苗，而是从结果后的植株采苗，不需要培育专用母株，所以有很多优点。首先可以降低成本，可以降低母株育苗地的占地费，节约了土壤消毒费和耕耘费等，可以大幅度消减劳力。另外，在防雨状态下采苗，可以降低炭疽病的患病率，用药量和次数也随之降低。利用结果苗进行育苗时，前提条件是没有发生过枯萎病、炭疽病等病害，将结果苗的老叶及花果全部清除，对蚜虫、螨、白粉病等要进行彻底防治。

北京市神农天地农业科技有限公司在每年的5月上旬，把立体棚的结果母株第4批花去掉，同时把母株上的老叶全部割除，并加强肥水管理，等长出匍匐茎后，把装满基质的穴盘放到架子上，把茎尖引插到穴盘内（彩图3-2），每亩大棚可以出合格的穴盘苗2万余株，仅此一项技术革新每亩可增收2万余元。

北京汇源康民有机农业有限公司利用悬挂式草莓结果母株进行采苗（彩图3-3），共采集茎尖200余万个，其中100多万个茎尖在海拔800 m的高山上进行了扦插（彩图3-4），100万株在山下避雨棚内扦插，培育合格的苗木200余万株，获得效益近300万元。

该体系既可以直接将子苗剪下扦插于营养钵，也可以不剪断，将子苗压入营养钵。扦插法的要领是首先摘除母株上的果穗，保留匍匐茎，加强肥水管理，剪取有2片小叶并开始发根的子苗，用杀菌剂浸泡，然后扦插，马上浇透水，并盖遮阳网，频繁灌水，保持叶片湿润。用于作业的剪刀也要用药剂或酒精消毒后再用。引插子苗时，按子苗从母株生成的顺序，用匍匐茎夹子固定，或者子苗生出3节左右后，一次性引到钵中，如果不固定，会因为风或防治病虫害，造成匍匐茎缠绕在一起，当引插完所有子苗后，从定植前60～70 d开始灌水，使苗木生成根系，苗龄才能接近。引插完所有子苗后，清除母株的叶片，确保子苗通风透光良好，以防止子苗徒长，也可以减轻白粉病和螨的危害。

2. 草莓京苗北育避雨基质育苗技术 草莓京苗北育避雨基质育苗技术是在传统引插和扦插育苗的基础上创新研发的一种高效、优质的繁育草莓生产苗技术（图3-19）。此生产技术具有操作简单、省工省时、繁苗系数高等特点，繁育出的生产苗具有整齐一致、病虫害发生少、花芽分化早等优势，尤其适合育苗场集约化管理。该技术要点是结合内蒙古地区气候优势，在北京地区提早进行母苗种植、匍匐茎高架悬挂繁殖，提高繁殖系数，待倒推计算苗龄后可分批次、分时段剪下后运送至北方冷凉地区进行避雨穴盘扦插，只要匍匐茎子苗具有两片以上正常叶片，都可进行扦插。运输过程中保持草莓匍匐茎的温度在0～4 ℃，空气相对湿度在80%～90%，3 d内完成穴盘扦插即可。扦插的成活率在98%以上，出苗率在95%以上，每亩可繁殖优质生产苗8万株，是引插方式繁殖系数的2～3倍，有效提升了劳动生产率，达到集约化管理的目的。

图 3-19 育苗情况

3. 北京万德园农业科技发展有限公司育苗特点 北京万德园农业科技发展有限公司成立于 2009 年，总部位于昌平区小汤山镇农业科技园内，是北京科技城小汤山现代化农业科技示范园的入园企业。2011 年 7 月获得农业部优质农产品开发服务中心颁发的"中国良好农业规范认证"证书；2014 年 10 月获得中国绿色食品中心颁发的"绿色食品"证书。2023 年在"第九届北京草莓之星"评选活动中荣获五星奖、最受市民喜爱奖和新品种奖三项大奖。

公司建有现代化智能连栋温室 2 栋、育苗温室大棚 70 栋、日光温室 23 栋、种苗恒温库 1 座。全部采用避雨基质育苗方法，与裸根苗相比，具有成活率高、提前上市、增加产量与改善品质等优势。又创新示范应用高架草莓繁殖匍匐茎，在冷凉地区扦插育苗模式，扦插的成活率在 98% 以上，出苗率在 95% 以上，每亩可繁殖优质生产苗 12 万株，是引插方式繁殖系数的 2～3 倍，有效提升了劳动生产率，达到集约化管理的目的。北京地区基地每年向国内市场提供高品质草莓原原种苗、原种苗和生产种苗 600 万株，且全部为基质苗。其中 80% 在昌平本地销售支持昌平本地区的草莓产业，15% 销往京外全国各地，5% 用于园区自己生产。园区销售的草莓生产苗具有良好的生产信用，有自有品牌且有一定影响力，产销记录、合同管理、人员管理资料齐全，有主要作物育苗技术规范，收支管理有专人负责。

公司十分重视科学技术与实际生产相结合，每年均投入一定比例的资金用于科技研发、基础设施升级改造等项目。公司已经建立了温室全自动控制、物联网监控、可视农业、产品溯源、水肥一体化和病虫害防治系统，并且成立了一支优秀稳定的技术管理团队。多年来一直与中国农业科学院、中国农业大学、北京市农林科学院等科研单位、院校保持良好的合作，2019 年公司还与中国农业大学共同挂牌成立了草莓教授工作站和北京科技小院，获得了更多草莓专家的科技支持，连续攻克了多项草莓栽培技术难题，获得草莓育苗专利 4 项。

4. 北京拉森峡谷农业发展有限公司育苗特点 北京拉森峡谷农业发展有限公司位于北京市昌平区南邵镇张各庄村东，是一家集草莓种苗培育、自产自销水果、农业示范和技术支持为一体的现代化农业科技型企业。公司从 2008 年开始在张各庄村东建立基地并开始繁育草莓苗，至今已经有十多年的历史。公司拥有先进的设施和技术，致力于提高草莓苗的品质和产量，并为客户提供优质的售后服务。除了草莓种苗培育外，公司还自产自销草莓。同时，作为农业示范基地，积极推广科学种植方法和环保理念。

在繁殖草莓苗方面，采用多种设施方式及穴盘苗繁殖，主要的育苗类型为穴盘基质苗。穴盘苗繁殖有3种方式，包括利用高架繁殖茎尖剪下扦插育苗法、引插育苗法以及春季扦插冷冻苗繁殖法。采用高架繁殖茎尖剪下进行扦插育苗繁育数量150万株左右；引插育苗繁育数量50万株左右；此外，春季扦插冷冻苗繁育是公司的特色之一，繁育数量120万株左右。公司生产的品种主要有红颜和圣诞红两种，其中圣诞红是拥有合法授权的繁殖企业，大部分销售给北京市企业和种植户。并且公司所用种苗全部为进口脱毒种苗。

为了确保良好的生长环境和产品质量安全性，基地灌溉方式全部采用水肥一体机浇灌，并配备了多种检测设备，在节约用水资源的同时也能够有效控制土壤湿度、EC值和pH等关键指标。此外，基地配备了多种检测设备对光照、空气温湿度以及土壤条件进行监测与调整。备有病虫害防治预案，并聘请技术专家定期指导，有效防治病虫害的发生。为确保产品质量安全性，公司还配备了专门的检测设备并定期对养护区内环境进行监控与维护工作。此外，在原原种方面也非常重视自我检测能力与设施建设，拥有自我检测病菌的试剂和能力且在专门设置的草莓脱毒室中进行原始材料消毒处理工作。

四、北京顺义日光温室升降式草莓繁苗—生产两用体系

北京神农天地草莓园建立了国内首个适合日光温室的升降式草莓繁苗—生产两用的栽培技术系统。该系统针对草莓植株低矮、地面种植不适于观光采摘等问题，以及地面种植工人操作管理需长时间弯腰，易疲劳等难题，结合草莓葡匐茎苗生长特点，研发升降式立体栽培系统，通过机械传动，自由调控栽培槽升降。冬季草莓种植期，白天种植槽处于设施内光温条件最佳的上部。管理或采摘期间，种植槽控制处于操作者肌肉最舒适状态，避免抬臂、曲腿、弯腰等费力操作，最大限度降低劳动强度，提高用工效率。

夏季草莓种苗繁育期，种植槽内葡匐茎大量生发，垂挂生长，便于整体管理和分级控制，可以短期内生产大量优质茎尖，经过扦插培育，满足生产用种苗的需求（图3-20）。此外，升降式立体栽培系统实现种植槽错位升降，无需增加操作过道面积，栽培密度显著

图 3-20　高架育苗

提高；地面的土壤可布置栽培畦种植喜阴蔬菜作物，也可建设移动式苗床，种植芽苗蔬菜或食用菌，实现草莓果实、种苗及蔬菜的立体化垂直种植。这种栽培方式设施利用率高，增加产出效益，节约土地，节约空间，节省劳动力。该技术操作方便，便于自动化生产和集约化生产。

第四节　河北省草莓育苗特点及关键技术

河北省各地均有草莓种植，继满城、顺平草莓主产区之后，又陆续发展了成安、正定、辛集、栾城、行唐、滦南、昌黎、沙河、怀来、沽源等草莓生产基地及多家加工企业，目前草莓总面积 0.93 万 hm² 以上，总产量 35 万 t。满城草莓栽培历史悠久，深受国家、省、市农业和科技部门的重视。

河北省环绕京津地区，具有独特的地理优势，果品主要销往京津及东北、西北、华南、华中等地区。除黑龙港地区外，无论土壤还是气候条件均是草莓生长适宜区，可多种栽培形式并存，从南到北有露地栽培、塑料大小拱棚栽培、日光温室促成与半促成栽培，特别是坝上地区夏季凉爽的气候正好弥补省内平原草莓生产空白，形成了冀南、冀中南、冀中和冀东北及坝上草莓生产区域。通过不同的栽培形式及保温时间调节草莓成熟期，从11 月底到翌年 6 月均有鲜草莓上市，高海拔冷凉区（张承坝上地区、保定涞源、石家庄驼梁等）草莓可在 7—10 月供应上市，基本实现了周年供应。

河北省各级政府农业主管部门积极支持草莓产业的发展，举办草莓文化旅游节，宣传草莓产业和品牌。河北农业大学、河北省农林科学院石家庄果树研究所、保定市草莓研究所等部门有专人多年从事草莓育种、栽培技术研究工作，促进了河北省草莓产业健康、平稳的发展与进步。

一、河北省草莓育苗的特点

1. 传统露天育苗向冷凉区育苗转化　传统的草莓露天育苗（图 3-21）易感染炭

疬、根腐、黄萎等多种土传病害，种苗质量无法保证；裸根苗在运输和移栽中根系和叶片脱水严重，导致定植后成活率低、长势弱、成花晚、上市迟。为解决上述问题，避雨设施育苗、穴盘育苗、高海拔冷凉区育苗应运而生，尤其是高海拔冷凉区培育的草莓苗，因其病虫害少、花芽分化早、无断档、高产优质，广受草莓种植者欢迎。目前在张承坝上、保定涞源、石家庄驼梁冷凉区已有多家企业和公司开展草莓育苗业务。

图 3-21　鹿泉露地植树袋育苗和顺平露地育苗

2. 育苗设施现代化　现代草莓育苗主要应用现代化温室等设施，可根据草莓品种、气候条件、基质类型等参数对育苗环境智能控制，为草莓种苗提供一个良好的生态环境，满足了草莓幼苗生长所需的温度、湿度、光照、通风、水肥等环境条件，草莓幼苗的数量和质量得到了保证（图 3-22 至图 3-24）。近年来，现代设备在草莓育苗过程中的应用越来越普遍，主要有草莓自走式喷灌系统、基质搅拌机、灌溉与施肥系统、温控系统（湿帘—风机、喷雾、环流风机、热风炉等）、补光设备、环境自动监控系统等。

3. 育苗技术标准化　生产技术的标准化是现代草莓育苗的主要趋势，所有的操作技术都是在对种苗生长发育规律和生理生态的研究基础之上建立的。发达国家已在育苗、施肥、介质等多方面提供了完全标准化的参考数据和依据，制定了《草莓育苗基质》《草莓穴盘育苗》农业技术标准。

4. 育苗数量规模化　现代园艺设施设备的应用、产业链分工的细化以及生产的系统化，使草莓育苗规模化生产得以实现。草莓集约化或工厂化培育的幼苗可以在可控的环境下，科学进行农事操作，如统一打药、施肥、温控等，在大量培育高质量种苗的同时降低了生产成本。

5. 育苗工艺流程化　根据草莓幼苗期生物学特性及所需环境条件，各育苗企业或育苗场均制定了不同种苗生产的工艺流程。各个生产环节均严格按照工艺流程有序进行，结合温室环境智能控制系统、自走式喷灌系统、自动喷雾系统等设施设备的应用，实现了草

图 3 - 22　涞源柔性日光温室引插育苗、拱棚高架繁殖匍匐茎和扦插育苗

图 3 - 23　康保连栋玻璃温室引插育苗　　　　图 3 - 24　顺平连栋塑料大棚高架育苗

莓育苗生产的系统化、流程化，如根据各地草莓定植时期确定具体育苗时间、根据环境条件确定适宜灌水时间和灌溉量，根据幼苗长势确定施肥喷药适宜时期、根据培育的草莓品种规定各项环境调控措施。

6. 种苗质量优质化 生产中各项生产操作都有具体严格的规定，环境条件的智能控制、育苗基质的专业化、肥水管理的精量化，可为草莓幼苗生长提供最优的条件，确保生产的种苗达到优质壮苗标准，且适宜远距离运输。

7. 育苗成本合理化 随着现代设施和草莓育苗技术相结合，大大缩短了育苗时间，降低了低温、高温等自然不良环境条件对幼苗的伤害，减少了育苗场地面积；穴盘等育苗容器的循环使用等流程，育苗设备的应用减少了人力资源消耗，实现了草莓育苗的规模化、标准化生产，大大降低了草莓育苗生产成本，进一步促进了草莓育苗企业的壮大和发展，实现了草莓育苗行业的健康可持续发展。

二、草莓育苗技术

1. 露地栽培育苗技术

（1）生产田疏行育苗法。在生产田的母株采果后，立即疏行疏株。一般每隔 1 行去掉 1 行，在所留行内，再每隔 1 株去掉 1～2 株，使行株间留出空地，为匍匐茎的抽生和幼苗的生长创造良好条件。疏行疏株后，清除所留母株基部的老叶，并在行间铺施有机肥和少量化肥。施肥后中耕松土，使肥土混合，然后浇一次透水。当母株抽生出大量匍匐茎后，将各条茎在空地上摆布均匀，并用土压在抽生匍匐茎苗的节位上，以利于幼苗扎根生长。早期和中期抽生的匍匐茎，每条可留苗 2～3 个，过晚抽生的茎，不易培养成壮苗，应及早摘除。育苗期间正值夏季，注意及时浇水。一般每 7 d 浇水 1 次，既可及时补水，又可降低地温，有利于根系生长。雨后要及时排水，防止沤根。接近定植前要适当控水蹲苗，促进根系生长，有利于幼苗定植后成活。育苗期间为促进幼苗健壮生长，可追施氮素化肥 1～2 次，用量不要过大，每亩 10～15 kg 即可。此外，赤霉素有促进匍匐茎抽生和幼苗生长的作用，可及早在 6 月喷施 1～2 次，浓度为 50～100 mg/L。

按上述方法，每亩生产田留用育苗的母株，可培育出 3 万～4 万株合格的生产用苗。

（2）母株稀栽去蕾育苗法。此法是在生产田之外，建立专门用来培育壮苗的育苗圃，是比较理想的育苗方法，应大力推广应用。

这种育苗方法的优点是，建立专门育苗圃，把育苗和生产分开，母本株可集中力量培育壮苗。母本在育苗圃中稀栽，为匍匐茎抽生和幼苗生长提供优越的营养面积和空间条件。同时母本株现蕾后，摘除全部花蕾，不使其结果，集中营养主攻秧苗，繁出的秧苗多而苗壮。

① 母本株的选择。一个优良品种，经几年生产应用，往往表现长势减弱，株间大小不一，产量和品质降低等现象，这就是所谓的品种退化。退化的原因包括品种混杂、天然杂交株的混入、突然变异和不良栽培条件等。因此，在生产中要保持和提高品种的优良特性，必须注意育苗中母本株的选择。

　　母本株的选择包括两方面内容：其一是品种要纯正，即母本株要符合原品种的优良特性，这可以从母株的株型、长势、分枝力、叶形、开花结果情况、果实特征、产量和品质等方面来鉴定；其二是母本株要健壮、无病虫害，短缩茎粗度在 1 cm 以上，有 4～5 片叶，根系发达。母本株可从育苗的假植圃中选取，也可由生产田结果时通过鉴定、做好标记的植株所繁苗中选取。

　　② 母本圃。母本圃是专门培育健壮的、育苗用的母本株的。母本株要在 8 月定植于母本圃。母本圃的栽植密度要比生产田小，行距 40 cm，株距 30 cm，每亩 5 000 余株。需要栽植多少母株，要看第二年生产田需要的秧苗数来决定。一般第二年春育苗圃每亩栽植母株 700 株左右，至秋季可生产出秧苗 4 万～5 万株，供生产田 0.3～0.4 hm² 用苗。

　　③ 育苗圃。育苗圃要选择地势较高，便于排水，土地平整、肥沃和灌溉方便并离生产田较近的地块，早春土壤化冻后要及时整地，每亩施入优质圈粪 2 000～3 000 kg、过磷酸钙 30～40 kg。深翻整平后作成 2 m 宽的平畦。

　　从母本圃取来母本株，再经一次选择，于 3 月下旬至 4 月上旬定植。定植时要稀栽，2 m 宽的畦只在中间栽 1 行，株距 50 cm。这样，不但母株有足够的营养面积，也为大量形成的匍匐茎苗，提供了适宜的生长条件。母株现蕾后，要及早分批去掉全部花蕾，不使其开花结果以减少养分消耗，促进及早抽生大量匍匐茎。

　　育苗圃要加强管理。天旱时每 5～7 d 浇一次水，要浇小水，不可大水漫灌，浇后浅中耕。一般可不再追肥，如果底肥不足，可在小苗大量生出后，补施一次氮肥，注意用量不可过大，以免在高温条件下烧根，每亩 10～15 kg 即可。为促进早抽生和多抽生匍匐茎，在母株摘除花蕾后可喷施赤霉素，浓度为 50 mg/L，每株用量 10 mL。由于母株稀栽后，空地面积较大，加之育苗期间正是高温季节，杂草大量繁生，严重影响幼苗生长，必须随时清除。人工除草要及早在母株大量抽生匍匐茎之前，否则，匍匐茎已布满畦面，除草就无法进行了，只有人工拔除。大量匍匐茎发生后，将各条茎在母株两侧摆布均匀并在生苗的节位上培土压蔓，以免各茎重叠、交叉，影响幼苗均匀生长。一般每条匍匐茎留苗 2～3 个。每个母株繁殖的苗数，因品种的抽枝能力有所不同，一般 30～50 株，多的可达 50～100 株。

　　④ 假植圃。假植育苗，就是把育苗圃中繁殖的幼苗，在栽植到生产田之前，先经过一段移栽培育时间。这样做的好处是：幼苗集中管理方便，幼苗经选择后大小均匀、整齐，提高秧苗素质。幼苗假植培育时期，北方地区在 7 月下旬、南方地区在 8 月下旬开始。假植圃的畦宽以 1.5 m 为宜。从育苗圃选择已大量扎根，有 3～4 片叶的子株，在靠子株一侧带 2 cm 蔓剪下，随即栽到假植畦中。栽植的株行距为 12 cm×15 cm。栽时可从畦的一头开始，横向开沟，浇满沟水，将子苗按株距摆放沟内，水渗后培土，注意做到上不埋心、下不露根。栽完一沟再按行距栽下一沟。一畦栽完后，再从畦面浇一次透水，3～4 d 内最好每天浇一次小水，苗成活后，见干浇水即可，保持土壤湿润。幼苗成活后，于 8 月中旬追施一次肥料，每亩追施尿素 8～10 kg。幼苗假植时，正是夏季日照最强的季

节，为防止太阳暴晒，幼苗栽完后，可在畦面上搭起 0.5～1 m 高的阴棚，缓苗后再及时撤除。在生长期间，要及时摘除幼苗抽生的匍匐茎，剪掉苗基部的老叶，及时除草并防治病虫。如此培育的幼苗可在 9 月上旬定植于生产田。

2. 促成栽培育苗技术 促成栽培对秧苗的要求是花芽分化早、发育充实并能连续开花结果。利用三级育苗繁育体系，采用穴盘育苗和避雨育苗的方式培育健壮的草莓苗已成为趋势。

定植时的秧苗标准，应该有 5～6 片展开的叶片，根茎粗 1.3～1.5 cm，苗重 25～30 g，叶柄短粗，须根多且色白。

（1）母株的选择与培育。培育壮苗首先要选用优良的母本植株。母株要通过生产实践的考验来选择，即从促成栽培田中选取长势强、各花序都能正常结果、果实整齐、畸形果少、根系发达、无病虫害的植株为母本。但是，由于这种植株未经受过低温的影响，春季定植后产生的匍匐茎苗很少。同时，由于已经大量结果，植株的生活力已明显减退，至秋季培养出的合格秧苗也不会太多。因此，春季从促成栽培田中选取母株，培育出秧苗后，当年秋冬就用来进行促成栽培，从技术角度讲，不甚适宜。最好是当年从促成栽培田中选取的植株作为母株的母株，即原原种，经夏秋繁殖出匍匐茎苗后，再从中选取优良匍匐茎苗为母株（原种），秋季定植于母本圃培育，第二年春作为母株进行育苗。

经繁殖和培育出的母株（原种），于春季 4 月定植于育苗圃，进一步繁殖生产用苗。

（2）假植育苗。在育苗圃中繁殖出大量匍匐茎苗以后，便可采苗栽到假植圃中进一步培育。与露地栽培苗的假植相比，促成栽培苗的假植育苗有所不同：一是假植期要早，以 6 月下旬至 7 月上旬为宜；二是假植育苗地不要选择过肥的地块，而且基肥用量也可适当减少，一般每亩施优质圈肥 1 500～2 000 kg 即可，再补施些速效性肥料。

假植时挖取有 2～3 片展开叶、根白而多、健壮的匍匐茎苗，株行距 12 cm×15 m，栽后加强水分管理，促进早日成活，要保持土壤湿润。

草莓促成栽培用苗的培育，总目标是：既要提早花芽分化，以便早日结果，同时又要使秧苗生育旺盛，以期达到高产的目的。因此，秧苗不能生长过大过壮或过小过弱，以掌握生育较缓慢稳健为好。这就要求在肥料管理上，特别是氮肥的施用上，要掌握促、控结合的原则，即前期促，后期控。自秧苗开始假植至 8 月上旬，可根据苗情追施速效性化肥 1～2 次，每次每亩可追尿素 8～10 kg 或磷酸二铵 10～15 kg，以促进秧苗根系发达，生长健壮。此后，至秧苗花芽分化以前（北方寒冷地区顶花序分化在 9 月中下旬），就要控制氮肥的施用，可施些磷钾肥。

为使花芽提早分化，除采用上述控肥的办法以外，还可配合其他措施。

① 遮光育苗。遮光育苗就是用透光差的冷纱把育苗畦遮盖起来，以降低温度，促进花芽分化。一般用黑色遮阳网，遮在苗畦上 1～1.5 m 高处。遮光时间自 8 月中旬开始，至日平均气温降至 20℃ 以下为止，即 9 月中旬左右结束。遮光率在 50%～60%，降低气温 2～3℃，降低地温 5～6℃。但要注意，遮光对秧苗生长不利，故一旦花芽分化，应立即撤去遮阳网，使苗多接受阳光。另外还可采用短日照处理。在秧苗花芽分化前 15～20 d

（8月下旬开始），用 0.05 mm 厚的银色或黑色薄膜，把育苗畦盖严。每日处理时间，从 16 时至翌日早 8 时，连续处理 15 d 以上才有效。

② 断根和摘除老叶。断根可控制秧苗根系对氮素的吸收，以促进花芽分化，并使花芽分化整齐。断根的时期，在秧苗定植前 7～10 d，过早效果不好。断根的方法是，用小铲刀在离植株 5 cm 的四周，向土内切下 10 cm 深，并把土坨稍向上松动。也可用铁锹在株间插入根下。断根前要充分浇水。断根后不能浇大水，如浇水过多或遇雨，会丧失断根效果。断根后叶片稍有萎蔫是正常现象，可于每日早晚喷水。

草莓的老叶，不但光合作用减弱，消耗水分和养分，而且能产生一种抑制花芽分化的物质。因此，除去老叶能促进花芽分化。从秧苗顶部往下数第 6 片叶以下即开始衰老，应及时摘除。一般每株保持 4～5 片健壮的展开叶，最多不超过 6 片。

③ 低温处理。把苗放进 10℃ 的冷库里，进行 10～15 d 的低温处理。低温处理的先决条件是苗必须充实健壮。低温处理的时期，可由定植期向前推算，一般在 8 月下旬开始。在处理前和处理后 1 d，必须使秧苗处在外温与库温之间的环境中进行适应性锻炼，以防伤苗。

④ 高山育苗。就海拔高度来讲，每升高 100 m 气温降低 0.6℃，把草莓苗移到 1 000 m 的高山上去培育，温度可降低 6℃，比在平地进行短日处理的要提早花芽分化近 13 d。如果在高山上再就地进行短日照处理，花芽分化还可提早，而且产量也会明显增加。上山育苗的时期在 8 月中旬左右，处理 20～30 d，观察花芽已分化（生长点肥厚期）即可下山定植。

3. 半促成栽培育苗技术 半促成栽培的壮苗标准是：有 5～6 片展开叶，叶柄短，叶片大而鲜绿，根茎粗 1～1.5 cm，苗重 20～30 g，粗根多而新鲜。与促成栽培对苗的要求不同，半促成栽培苗，不要求花芽分化早，而要求花芽分化好，即分化花序多，每个花序花数不过多，果形正、畸形果少。这就要求秧苗要有适宜的苗龄，并生长健壮且整齐。

（1）母株的选择和匍匐茎苗的繁育。要繁育出较多且健壮的匍匐茎苗，母本植株最好从露地栽培地里选择优良植株，因露地栽培经过长期低温，植株累积了足够的需冷量。作为母株育苗，将来匍匐茎抽生的多而均匀，便于培育出整齐、健壮的秧苗。

母株要选择有 5 片以上叶、根茎粗壮、根系发达、无病虫害的植株，去掉老叶，只留 2～3 片新叶，于 4 月定植于专用育苗圃。育苗圃选择土地肥沃、排灌条件好、距生产田近的地方。要提前半月施足有机肥料，整地，作成宽 1.5～2 m 的平畦，在畦中间定植母株 1 行，株距 0.5 m，每亩定植母株 600～1 000 株。

母株成活后，要加强水肥管理，可根据幼苗生长情况，追施氮肥 1～2 次，并经常浇水，保持土壤湿润。为促进母株生长和匍匐茎的抽生，在 4 月尽早喷 50 mg/kg 的赤霉素 2 次。母株现蕾后要分次及时摘除全部花蕾。匍匐茎抽生后，在母株四周摆布均匀。注意早期除草，不使杂草蔓延。

（2）假植育苗。由母本株繁育的匍匐茎苗，要移栽到假植圃，进一步培育。由于半促成栽培不需要特别处理促进花芽分化，因此，在假植中主要是加强管理，培育出生长旺盛而不徒长的健壮秧苗。这样的苗花芽分化稍迟，可避免在保温前的现蕾和开花。

假植适期为7月下旬至8月上旬。幼苗假值成活后，追施2次肥料是十分必要的，第一次在苗成活后，第二次在8月中旬。每次每亩施用氮、磷、钾复合肥8～10 kg。

4. 草莓穴盘育苗技术 穴盘育苗是指在穴盘孔中用草炭、蛭石等基质材料代替土壤，在可控制的环境条件下，利用自然资源，采用科学化、标准化的技术，培育草莓秧苗的方法。

（1）匍匐茎扩繁。

① 场地的选择和建立。

a. 母本田的选择：选择具有基本喷灌设施，水、电、道路等基本设施畅通，在雨季不淹水的平坦地面作育苗场地。草莓匍匐茎子苗是穴盘苗生产的来源，应当在春季生产田定植时建立专门的母本田，母本田栽植密度比平时普通育苗增加20%～30%。

b. 繁殖圃的建立：选择临近草莓母本田的地块建立草莓繁殖圃，地块面积根据草莓穴盘苗的繁殖数量而定，一般每亩可放穴盘苗7万～8万株。在穴盘苗定植前需搭建遮阳网棚，以避免阳光直射。

② 匍匐茎子苗的生产和采集。

a. 母株的种植：采用根系发育良好、已有4～5片完全叶、株高15～20 cm的健壮无病虫害的 F_1 代种苗作为母株，于3月起高床，稀植，覆盖黑色塑料薄膜进行栽培。栽培母株的苗床60 cm宽，仅种植1行，株距30 cm。

b. 促根管理：随着温度逐渐升高、光照时间延长，草莓母株在4月下旬开始抽生匍匐茎，至5、6月达到高峰。在4月中旬喷施两次50 mg/L的赤霉素，间隔时间为10～15 d，能明显增加匍匐茎的数量。当匍匐茎苗生长过快时，可以适当覆土，盖住根茎，有利于促进新根生长。

c. 子苗的采集：6—9月份为采集子苗的集中时期，一般在6月下旬至7月上中旬每隔10～14 d采集一次。选择具有3叶1心，无根或已有少量初生根的幼苗，用剪刀紧贴根部剪断用作子苗，采摘时通常在幼苗上留1～2 cm长的匍匐茎待用。子苗采集后应即刻栽植，若不能及时栽植，需将带有子苗的匍匐茎装入塑料袋中，在0～0.5 ℃和90%～95%相对湿度环境下储存。

（2）子苗穴盘扦插。

① 穴盘标准。草莓育苗一般选用54 cm×28 cm的32孔或50孔穴盘，孔穴直径5 cm左右，深度8 cm左右。

② 基质选择。采用经过消毒处理的人工混合基质，将草炭与珍珠岩按体积比以2∶1混配成主要基质，再添加发酵鸡粪5～8 kg/m³ 及三元缓释复合肥1 kg/m³ 配制而成。或直接选择混合基质，如国外的克莱斯曼、阳光及山东的鲁青基质等。

③ 穴盘码放和基质装盘。将穴盘两两横向相对排摆放为一排，形成穴盘床，同时填装基质，填装时将基质拍实，要保证不漏穴、不中空，并刮掉多余的基质，使基质表面与穴盘表面持平，两排间距50 cm左右。

④ 子苗穴盘扦插。插苗前整理子苗，去掉根部前端匍匐茎及病残叶片，将准备插苗的穴盘先浇透水，插苗时用手指或细木棍在浇过透水的基质上扎孔，然后用木棍或手指按住子苗根系插入基质中，将苗扶正，基质压实、压紧。插苗深度以深不埋心、浅不露根为标准，同时做好品种、插苗日期等标记。

（3）子苗期管理。

① 温度管理。温室草莓扦插温度控制为白天 32 ℃，夜间 24 ℃。草莓苗发根的最适温度为 15～20 ℃，若气温较低，晚上要将四周卷起的遮阳网落下，以利草莓生长。

② 光照管理。穴盘苗插苗前期要避免阳光暴晒，网棚四周的遮阳网下边缘要垂落到地面，阻挡阳光直射。一般插苗 3 周后根部长满，白天即可将遮阳网四周卷至网棚顶部。

③ 肥水管理。栽插后，立即给穴盘浇一次透水，以后每天喷 1 遍水，维持 1 周左右，保持相对湿度在 90% 以上，以早晨苗不打蔫为准。当穴盘苗提起，根团不散时，即可停止喷雾。苗成活后，每隔 7～10 d 喷一次 0.3% 尿素加磷酸二氢钾。

④ 病虫害防治。夏季高温期间，每隔 7～10 d 喷洒 1 次农药防治炭疽病、青枯病等，可选用的农药有：250 g/L 吡唑醚菌酯乳油 1 000～2 000 倍液、5% 代森锰锌水分散粒剂 600～1 000 倍液、10% 吡虫啉可湿性粉剂 1 000 倍液、3.4% 甲氨基阿维菌素苯甲酸盐微乳剂 2 000～4 000 倍液等，一般多以 2 种或 2 种以上不同农药混配成混合药剂进行防治。

⑤ 炼苗。在定植前 5～7 d，将穴盘苗移至全光照条件下进行秧苗锻炼，使叶片和根系发育更健壮。在此期间，每天浇一次水，必要时采用叶面喷肥或浇灌营养液补充植株营养。炼苗结束后即可移至大田。

（4）成苗及运输。

① 壮苗标准。移栽时植株完整、无病虫害、具有 4～5 片以上发育正常的复叶，植株矮壮、茎粗 1～1.5 cm，有较多的新根（一般要求 20 条以上，粗度 1 mm 以上）、多数根长达 5 cm 以上及单株重量不低于 25 g。通常插苗后 1 个月左右穴盘苗就可定植。

② 包装运输。草莓穴盘苗运输时，放在专用包装箱里运输。装箱前对穴盘苗进行逐个检查，去除病残叶，将长势整齐一致、不缺孔的穴盘装箱。装箱过程由专人对每个纸箱标注品种名称等信息。

5. 高冷地草莓高架繁殖穴盘扦插育苗技术

（1）产地选择。选择海拔高于 800 m、采光和通风良好、排灌方便、空气和水源等环境条件良好的地块。

（2）设施准备与消毒。选择具有通风、遮阳、降温、喷灌、喷雾功能且水、电设施齐全的棚室。一般为有遮阳和通风降温条件的日光温室、连栋大棚或单栋大棚。

旧棚使用前进行药剂消毒，每亩用高锰酸钾 1.65 kg、甲醛 1.65 kg、开水 8.4 kg，做法是：将甲醛加入开水中，再加入高锰酸钾，产生烟雾反应。封闭棚室 48 h 后通风，待气味散尽后即可使用。

（3）母株栽植床准备。

① 高架设置。育苗床架包括栽培架、栽培槽、基质。栽培架主体加上栽培槽后高度为 1.3～1.4 m，架宽 20～30 cm，架长根据棚室长度设计；相邻栽培架间距不小于 80 cm。行间地面覆盖地布或反光膜。

② 容器选择。栽培槽可采用柔性材料，即将无纺布和塑料导水膜两侧固定在栽培架的横杆上，无纺布在上，塑料膜在下，中间自然下垂成 U 形槽，深度 25～35 cm，塑料膜每隔 50 cm 打孔用于排水，每个育苗槽上铺设两根滴灌；也可采用长、宽、高分别为 90 cm、25 cm、20 cm 的泡沫栽培槽，每槽每盆栽 8 株，每 2 棵母株插一个滴灌箭头用于浇水。

③ 基质配制。蚯蚓粪、蛭石、珍珠岩按 4∶1∶1 的体积比配制。每立方米基质加入氮磷钾三元素复合肥（15 - 15 - 15）1～2 kg，另可添加体积比为 5% 的生物有机肥（有效活菌数≥0.2 亿/g），基质 pH 6.5～7.0。

（4）子苗扦插穴盘准备。

① 穴盘标准。采用 24 孔或 32 孔草莓专用穴盘，孔穴为长圆锥形，上口直径 50 mm 左右，下口直径 18 mm 左右，深度 120 mm。旧穴盘提前消毒，可喷洒 40% 甲醛 100 倍液后覆盖薄膜，密闭 7 d 后揭开，用清水洗净后晾干备用。

② 基质准备与装盘。采用常规草莓育苗基质，如草炭∶蛭石∶珍珠岩体积比为 7∶2∶1。在子苗扦插前，将基质加水至相对湿度 40% 左右，堆放 2～3 h 后装盘。

（5）母株栽培管理。

① 母株选择。选择品种纯正、具有 3 片以上新叶和 5 条以上须根、矮壮、无病虫害的越冬苗。母苗每 2～3 年更新 1 次脱毒苗；非更新年份，留取育苗地子苗，或 12 月至翌年 3 月从生产棚优选匍匐茎苗假植培育。

② 定植。3 月底至 4 月中旬定植。母株双行定植，株距 15～20 cm，每亩定植母株6 000～8 000 株。移栽时去掉母株残叶和老叶，栽苗深度深不埋心、浅不露根。定植前先浇水洇湿基质，定植后浇透水。

③ 定植后管理。

植株管理：繁苗期间及时去除花序、老叶和病叶，每次掰叶后及时喷广谱性杀菌剂预防伤口染菌。母株始终保持 5 片叶左右，母株如有分枝最多留 1～2 个，叶数不超过 8 片。

温度管理：白天 25～30 ℃，夜间 15～18 ℃。

水分管理：缓苗后及时浇缓苗水，以后 3～5 d 滴灌 1 次，保持基质见干见湿。在匍匐茎和子苗大量发生期间，加强水分管理，保持基质湿润，以基质槽侧面不渗水、清晨草莓叶缘有"吐水"为宜。

肥料管理：缓苗后随水冲施 1 次拮抗土传病菌的液体微生物菌剂（有效活菌数≥20 亿/mL），缓苗 15 d 后开始滴灌追肥，平衡型水溶肥（20 - 20 - 20＋TE）每亩用量 3～5 kg；以后每 10～15 d 追肥 1 次。6—7 月进入匍匐茎盛发期，应薄肥勤施，并根据育苗基质的湿润状态进行滴灌。一般每 7～10 d 随水追施 1 次平衡型水溶肥或腐殖酸型水溶肥（每亩 3～4 kg）。7 月上旬和中旬集中采集匍匐茎扦插，每次剪完匍匐茎后应及时清除母株老叶，同时随水追施 1 次高氮水溶肥，肥料应符合 NY/T 394 的规定。

激素处理：匍匐茎发生较少的品种，可在匍匐茎开始抽生时喷施 40～60 mg/L 赤霉素 1～2 次，中午温度高时重点喷施心叶，两次间隔 7～10 d。

（6）匍匐茎子苗扦插管理。

① 子苗采集和扦插。在 7 月上旬至中旬，剪取 2～3 叶 1 心、无根或已有少量初生根的匍匐茎子苗，每株子苗保留 1 片展开叶，其他叶片保留叶柄，匍匐茎留 3～5 cm，子苗处理后立即放在泡沫箱保湿备用。子苗一般在 3 h 内扦插，短时间不用的子苗可装入大塑料袋中适当透气，放入 0 ℃冷库或有空调的冷凉房间暂存。

② 扦插。选择阴凉、避风处扦插作业，用压苗叉压住匍匐茎基部，将子苗固定在基质中。

③ 扦插后管理。

水分管理：子苗扦插后及时将穴盘移到遮光的棚室内，摆放在地面平畦或架床上。将穴盘喷灌 1 次透水，以后每天喷水 1～2 次，一般早晨叶片没有吐水时在早晚各喷水 1 次，保持基质含水量 60%～70%。自 8 月中旬开始适当控水，叶片不打蔫不浇水，定植前 7 d 一般不浇水。

温湿度管理：扦插后初期棚室保持白天 28～30 ℃，夜间 15～20 ℃；子苗扎根后，白天 22～25 ℃，夜间 15～18 ℃。扦插后每天喷雾，在 3～5 d 内保持叶片湿润，空气相对湿度保持 95%以上，以后逐渐缩短弥雾时间，待两周后根系形成，停止弥雾。

光照管理：在扦插后 7 d 内，棚室覆盖 70%遮阳网避光，以后从只早晚见光逐渐过渡到全天见光。

追肥管理：在扦插 14 d 后，叶面喷施平衡型水溶肥（20－20－20＋TE）1 次，间隔 7 d 后再喷施 1 次；自 8 月中旬开始停止施用氮肥，叶面喷施 0.2%～0.3%磷酸二氢钾溶液 2 次，间隔 7～10 d，促进花芽分化。

（7）病虫害防治。预防为主，综合防治，以农业防治和物理防治为主，化学防治为辅。

① 农业防治。使用脱毒草莓种苗；及时清除病株残体，并带出棚外销毁；维持适宜的棚温和光照强度，合理施肥、浇水。进入 6 月后气温升高，应及时通风降温，可覆盖 50%遮阳网适度遮光，适当控制植株长势。

② 物理防治。棚室门口和放风口设置 40 目*防虫网，棚内张挂黄板和蓝板。

③ 化学防治。

炭疽病：发病初期叶面喷施 25%吡唑醚菌酯悬浮剂 2 000 倍液，或 70%甲基硫菌灵可湿性粉剂 800 倍液，每隔 7～10 d 用药 1 次，连喷 2～3 次。

白粉病：发病初期叶面喷施 30%的醚菌酯悬浮剂 2 000 倍液，或 4%嘧啶核苷类抗菌素水剂 1 000 倍液，每隔 7～10 d 用药 1 次，连喷 2～3 次。

---

* 目为非法定计量单位，为便于生产中应用，本书暂保留。目是指每英寸（2.54 cm）筛网上的孔眼数目。——编者注

细菌性叶斑病：发病初期叶面喷施70％代森锌可湿性粉剂350倍液，或14％络氨铜水剂300倍液，或2％嘧啶核苷类抗菌素水剂200倍液，或3％中生菌素可湿性粉剂1 000倍液，每隔7～10 d用药1次，连喷2～3次。

蓟马、蚜虫、白粉虱：发生初期叶面喷施2.5％联苯菊酯乳油2 500倍液，或4.5％高效氯氟氰酯乳油2 500倍液，或10％吡虫啉可湿性粉剂2 000倍液，每隔7～10 d用药1次，连喷2～3次。

（8）壮苗标准。适宜苗龄50～60 d，植株完整、无病虫害，具有4～5片发育正常的复叶、鲜绿色、叶柄粗壮，株型矮壮、株高10～15 cm，根茎粗0.8～1.0 cm，须根多、粗而白。

三、冀北山区育苗经验

承德气候冷凉，适宜草莓种苗繁育，2010年以来，在承德市农业科学研究所的技术支撑下，带动了一批知名育苗企业在承德建立基地，苗圃已发展到66.7 hm²，年繁育种苗数量约5 000万株，产值6 000余万元。

繁育的品种有：红颜、章姬、香野等日系品种；美系品种甜查理；国内品种白雪公主、承德公主等。四季草莓品种波特拉、蒙特瑞等。目前承德种苗繁育主要外销为主，承德当地用苗反而以外购为主。

育苗方式主要有：露地土壤育苗（甜查理、波特拉、蒙特瑞等）、冷棚土壤育苗（波特拉、蒙特瑞等）和塑料大棚基质育苗，塑料大棚基质育苗包括穴盘引插、穴盘扦插、槽式引插（短日照品种）。

1. 设施穴盘引插育苗

（1）设施选择。日光温室、连栋大棚或塑料大棚，应具备遮阳和通风降温条件，设施配套应有防虫网、遮阳网和水肥控制系统。

（2）母株定植方式。

① 土壤定植。土壤定植母株（图3-25）应选择土质为沙壤土、不重茬、没有使用除草剂、无土壤病虫害污染、土地平整、地形规整、交通运输便利的地块，每亩繁苗田施腐熟有机肥5 000 kg，氮磷钾平衡型复合肥40 kg，然后用旋耕机整地2～3遍。平整土地，根据设施宽度和穴盘宽度确定起垄数量和宽度，一般为宽20～30 cm、高15～20 cm的蘑菇垄，在垄上定植母株。

② 容器定植。如果是连年使用的设施，需将母株定植在容器中（图3-26），容器内装基质，与土壤完全隔绝，定植前

图3-25 母株定植

将设施内土地整平，铺防草布，然后根据设施宽度确定摆几行容器，容器可以选择无纺布袋或塑料营养钵，容器定植的基质选择草莓育苗专用配方基质。

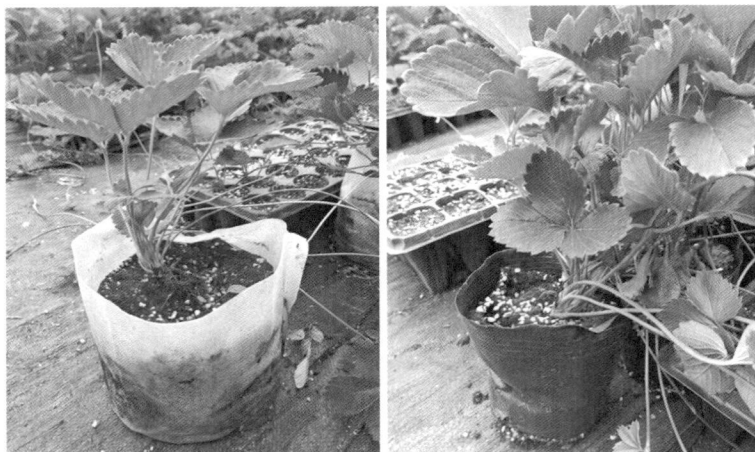

图 3 - 26　母株定植在容器中

（3）定植时间及方式。母株移栽定植时间为 3 月中旬至 4 月上旬，土壤定植将母株单行定植在畦中间蘑菇垄上，株距 30～35 cm。植株栽植的深度为苗心茎部与垄面平齐，做到深不埋心、浅不露根，定植后滴灌浇透蘑菇垄；容器定植，每个容器定植一颗母株，位置在容器中间，定植后用滴管浇透水。

（4）摆穴盘。穴盘选择 24 孔滴灌专用穴盘，将穴盘沿长边方向摆放在母株两侧畦面上，苗盘内沿距母株 15 cm 左右，畦面上共摆放两行苗盘，母株两侧各一行（图 3 - 27）。摆好穴盘后填充基质，填至基质与穴盘上沿平齐即可。穴盘摆好后沿着穴盘上的滴灌带槽铺设孔距 7 cm 的滴灌带。

（5）引插匍匐茎苗。在前期草莓母株已扩繁匍匐茎苗的基础上，及时将新抽生的匍匐茎，根据就近原则引到穴盘上（图 3 - 27），待匍匐茎小苗两片复叶初展时，用压苗叉将小苗压到穴盘中，按照由内向外的顺序依次压苗。

（6）水肥管理。从新叶开始萌发后半个月开始补充肥料，每个匍匐茎生长周期补充一次氮磷钾平衡肥，可选用配方为 20 - 20 - 20 ＋ TE 的大量元素水溶肥，每株按照 0.5～1.0 g 施肥量随水冲施。新生的匍匐茎要补充叶面肥，匍匐茎大量抽生后停止使用氮肥，增施磷钾肥，用 0.2%～0.3%

图 3 - 27　穴盘摆放位置

磷酸二氢钾进行叶面喷施，每7～10 d一次。8月以后不施肥。

（7）定棵、整盘。7月下旬以后，若匍匐茎苗已压满穴盘，可将多余的匍匐茎苗在未扎根之前尽早去掉，确定穴盘中成苗，每株苗保留展开叶片3～4片。

定棵后采取控苗措施，可活动穴盘1～2次，将由穴盘底孔长出的根系截断，也可喷施43%戊唑醇悬浮剂2 500倍液或20%戊菌唑水乳剂3 000倍液，蹲棵、炼苗、防病、促花芽分化。对于需要发售的草莓苗，可结合断根情况并根据草莓苗大小和空缺情况，进行移盘整合，提高穴盘苗壮苗率和整齐度（图3-28）。

2. 设施高架-穴盘扦插育苗

（1）设施选择。日光温室、连栋大棚或塑料大棚，应具备遮阳和通风降温条件，设施配套应有防虫网、遮阳网和水肥控制系统。

（2）育苗架选择。用镀锌方管焊接成高约1.3 m、宽约35 cm的H形立体架（图3-29），长度依据大棚跨度而定，高架之间的距离不小于80 cm，便于下层匍匐茎采光及物料进出。行间地面需要隔离土壤层，最好用防草布覆盖后或采用反光膜增加下层匍匐茎的光照强度。

图3-28 种苗繁育情况

图3-29 高架育苗

（3）高架苗容器的选择。容器成本较低的方案是采用柔性栽培槽（图3-30），将工程用塑料黑白膜和防虫网两侧固定在高架的横拉上，中间自然下垂形成U形槽，深度约20 cm，塑料膜每隔50 cm打孔用于排水，栽培槽底部用铁丝加固到横拉上。栽培槽有几个问题：横拉的高度不均容易造成局部基质盐分积累；病害容易沿着水流向低水位传播；上料及去料困难；栽培槽不容易清洗消毒；浇水不均匀。所以建议使用长条形PVC盆，规格为55 cm×38 cm×25 cm，每盆栽6株。也可尝试使用新型PVC材质梯形基质槽，底部带内衬排水槽的设计，上口宽18～21 cm、下底宽12～13 cm、高16～18 cm的梯形槽。PVC材质的长条盆和梯形槽方便清洗消毒，可连续多年使用。

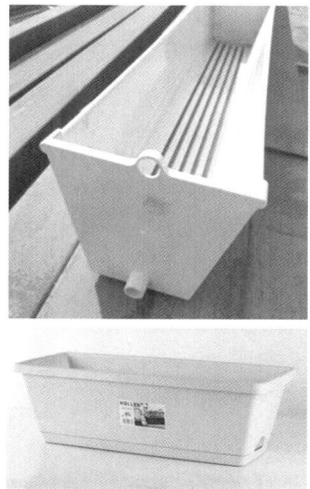

（4）高架苗基质的选择。选择草莓育苗专用配方基质或

图3-30 高架苗容器的选择

优质草炭、蛭石、珍珠岩为材料，将草炭、蛭石、珍珠岩按体积比 2∶2∶1 混合配制或草炭、蛭石按体积比 2∶1 混合配制；然后每立方米混合基质加入 50% 多菌灵可湿性粉剂 0.2 kg，用于基质消毒，加水调至基质湿度为 85% 左右待用。配好基质应进行 pH 和 EC 值调试，一般 pH 应为 6.5～7.0，EC 值在 0.8 mS/cm 以下。

（5）母株栽培及管理。

① 定植时间及方式。母株定植时间为 3 月中旬至 4 月上旬，将植株单或双行定植在架式育苗槽中，行距 10～15 cm、株距 15～20 cm。植株栽植的深度是根茎部与基质平齐，弓背朝向立体槽的外方。

② 水肥管理。使用滴管供给水肥，从新叶开始萌发半月后开始补充肥料，每个匍匐茎生长周期补充一次氮磷钾平衡肥，适时补充有机肥，匍匐茎大量抽生后停止使用氮肥防止匍匐茎过长，同时避免长势过旺容易发生白粉病，在 4 月中旬、下旬对母株各喷施 1 次 50 mg/L 的赤霉素，促进抽生匍匐茎和子苗发生。子苗大量发生期间，保持基质湿润，加大肥水管理。施氮肥最理想的时间是植株处于缺氮与勉强足够之间，母苗和匍匐茎苗足够壮但是又不徒长。新生的匍匐茎要及时补充叶面肥，防止徒长。

③ 病虫害防治。6 月之前主要病害为炭疽病、根腐病，蚜虫危害相对较轻。第三级匍匐茎发生时由于气温急剧上升及母苗生长旺盛，容易发生白粉病，需要控制植株长势，及时通风降温，适当避光并进行药物预防。病虫害的发生与生长环境的小气候有很大的关系，在设计选址时需要注意四周的环境，必须通风条件良好。整个育苗期内设施周围及内部不能有杂草。

④ 光照、温度控制。高架苗需要给下垂的匍匐茎留出足够的空间接受光照，因此高架的行距在设计时要满足底层的光照需求，母苗进入 6 月后长势过旺会与行间的匍匐茎争夺光照，导致下层的幼苗过于弱小，因此，一是要控制母苗长势，控制标准为母苗横向叶片不超过基质槽边缘。二是高架的行距要足够大。棚内温度尽量采用自然通风降温，如果需要遮阳网，则需要较小密度的进行遮阳，建议采用 50% 遮光率的遮阳网。棚内气温 45 ℃ 以上的高温除了会造成徒长外不会对植株造成其他伤害，而在自然光照通风良好的情况下很难达到 45 ℃，因此只要设施通风良好可以不用或者少用遮阳网。

⑤ 母苗管理及子苗扦插。母苗从开始长新叶到最后一批匍匐茎收获都要持续去除花序和掰除老叶，顶层母苗的通风对预防病害有非常重要的作用。当氮素过量时会在基部产生大量的分枝，同时根状茎会显著增长，如果叶片过大过多很容易掰断根状茎，一般情况下每个母苗留 1～2 个分枝，其余的掰除并及时处理伤口。老叶的掰除是为了促生新叶的发生，保证植株有旺盛的生命，避免新叶断茬的情况出现，每株叶片的总体数量保持在 8 片以下，没有分枝的保持在 5 片左右。

健康的高架苗匍匐茎子苗一般长到第四棵苗就会出现营养不足的问题，第一次采集匍匐茎在 7 月 1 日左右，扦插时子苗至少有 3 个小叶，如果 6 月出现母苗过旺，匍匐茎子苗叶柄较长的情况也可以提前收获；如果 6 月底第四棵匍匐茎苗生长不够但是第五棵苗仍然在继续抽生则需要用人工将第五棵苗去除，以保证上级苗有足够的营养。理想的匍匐茎苗应有较短的叶柄和较小的叶片，根茎部分比较粗壮，气生根较发达，能看到苗心。每次剪完匍匐茎后及时清理老叶并喷药预防根部伤口病害，补充氮肥及有机肥促进生长。

匍匐茎剪下后马上放到阴凉处防止风干，整理时保留 3 片新生叶，其他的叶片全部剪下，匍匐茎留 1～2 cm，整理后放到阴凉处临时保存，最好随剪随插，在最短的时间扦插完毕以保证成活（图 3-31）。

图 3-31 高架育苗扦插

扦插时间根据定植的时间确定，3～4 片新叶的基质苗定植时生长状态最佳，因此扦插时间可根据定植时间倒推 50 d 左右进行。扦插容器采用 32/50 孔穴盘，深度 10 cm，基质与母苗所用基质相同，扦插后及时用滴灌或微喷进行浇水并用 50% 遮光率的遮阳网避光，前 3～5 d 保证基质湿度，每天浇水 3 次，7 d 后每天浇水 1 次，可移除遮阳网，喷洒杀菌剂预防病害，15 d 后用喷雾器补充一次全元素水溶肥，40 d 左右即可满足大田苗定植要求。

第五节　京津冀草莓种苗产业问题和未来发展方向

1. 京津冀草莓种苗产业问题　调研表明，依托京津冀气候和区位优势，建立高质量的三级育苗体系，打造草莓种业之都，需要解决以下三方面问题。

草莓育苗的基本原理及关键技术

（1）缺乏有效的三级育苗体系的生产标准。急需按照国际标准，指定草莓种苗脱毒、检测、繁育三级育苗体系，形成原原种质量控制、原种隔离扩繁、种苗繁殖系数调控、生产苗营养和花芽分化精准调控等一系列技术规程。

（2）气候优势挖掘不足，设施不配套。目前北京草莓育苗以槽苗引插为主（图 3-32），穴盘苗扦插为辅（图 3-33），前者操作繁琐、费时费力，后者存在扦插生根需要的环境不匹配、成活率低，定植后不易扎根等问题。同时，针对冬季种苗冻害、春季低温繁殖系数低、夏季光温控制、省力化栽培等系列问题和需要，研发配套的设施和设备。

图 3-32　延庆主要的槽苗引插育苗模式　　　图 3-33　常规草莓穴盘扦插育苗模式

（3）育苗企业缺乏组织，认证制度处于起步阶段。研发团队、育苗主体、推广、执法和服务团队需要联合制定和执行有效的种苗质量认证体系细则。

2. 草莓种苗产业发展方向　　借鉴欧美发达国家的标准，充分发挥首都科技优势和京冀北部气候优势，完成顶层设计，尽快建立北京草莓原原种脱毒中心、打造京北至冀北坝上的种苗繁育基地，支撑首都现代草莓产业升级，辐射带动环渤海湾地区草莓产业发展，形成国内领先、国际知名的"草莓三级育苗体系"。同时，建立完善的苗木繁育和认证体系、品种保护体系，促进草莓种业和产业实现互相促进的良性循环。

（1）布局区域化。在北京建立原原种脱毒中心，在京北优势区域建立原种繁育基地，在京冀北部优势区域建立生产苗基地，打造因地制宜的"三级"育苗体系。

（2）苗木无毒化。通过原原种脱毒、检测，从源头控制种苗质量；通过冷凉干燥区域繁殖，降低病虫害压力；通过 CO_2、臭氧、紫外线等消毒方式，进行净苗处理，进一步降低病虫害压力。

（3）品种多元化。针对首都观光采摘、消费升级等多元化需求，育苗品种将向多元化的方向发展。

（4）花芽可控化。根据苗木花芽分化对环境的需求规律，通过高海拔育苗和光温控制，实现苗木花芽的可控化。

（5）省力循环化。通过高架育苗、南繁北育和肥水控制，培育基质壮苗，实现省力、丰产；研发秸秆等替代基质和多种模式的穴盘、栽培槽，实现循环、高效利用，节能减排。

第四章
黄河下游流域草莓育苗特点及关键技术

第一节　山东省草莓育苗特点及关键技术

近十年来山东草莓发展迅速，据统计，2022 年，中国草莓栽培面积 17.3 万 hm^2，山东省草莓栽培面积 3.6 万 hm^2 左右。

从面积、单产、消费、进出口来看，山东草莓稳居全国第一。面积大、产量高、产区分散、品种单一、科技创新不足是山东草莓产业的基本特征，可以说，山东草莓产业大而不强，仍然是山东蔬菜产业经验积累的红利延续。未来山东草莓产业发展，需要从全新的视角审视和规划，经营主体也应该认真思考并科学设计，用新思维、新模式应对未来的发展趋势。

一、山东省草莓种苗现状

山东省是中国重要的草莓种植区之一，草莓种苗需求量相对较大，估计每年种苗生产量 50 亿株。近年来，山东省的草莓种植规模不断扩大，越来越多的农民和企业投入到草莓种植中。随着种植规模的扩大，对种苗的需求量也相应增加。

山东省在地理位置上处于中国草莓主产区的核心位置，具有天然的产业辐射优势，是种苗生产的理想省份。

从气候上来看，山东的气候属暖温带季风气候类型。特点是降水集中，雨热同季，春秋短暂，冬夏较长。年平均气温 11～14 ℃，山东省东西地区气温差异大于南北地区。全年无霜期由东北沿海向西南递增，鲁北和胶东一般为 180 d，鲁西南地区可达 220 d。适宜育苗的时间长，兼具南北方的优势。

二、山东省草莓育苗关键技术

目前草莓育苗绝大部分是自繁自种或种植户之间相互调剂，且育苗方式中 90％以上是匍匐茎露天育苗，山东省每年 6—7 月长期阴雨，8 月高温高湿的天气不利于草莓种苗繁育，容易感染炭疽病、根腐病、黄萎病等多种土传病害，影响移栽定植的成活率，种苗质量无法保证，优质种苗供应不足，严重制约了草莓产业高效发展。近年来，从国外引进避雨、基质育苗模式，以悬挂、高架、贴地等育苗方式进行子苗扦插或引插育苗。这种模式在种苗繁育中虽然占比很小，但由于其省力、高效而深受广大莓农追捧。

1. 草莓育苗的几种方法 草莓生产上通过匍匐茎进行繁殖育苗，根据匍匐茎苗的管理方式，草莓育苗的方式有大田普通育苗、避雨育苗、基质育苗等。

（1）大田普通育苗。利用母株匍匐茎上发生的子株苗原地进行培育，子株不脱离母株，直到草莓定植前半月左右将苗移出繁苗田，携带土坨假植。其特点是设施投入相对少，技术要求不高，利于规模化、机械化生产。但在高温高湿的季节容易发生草害、病虫害。

（2）避雨育苗。造成草莓死苗的主要病害是炭疽病，而草莓育苗期极易发生炭疽病，暴发炭疽病的根本原因是病菌孢子随雨水及浇水时飞溅的水珠扩散传播，要预防炭疽病的发生，应彻底阻断病菌孢子的传播途径。因此，在露地育苗田上方搭建避雨塑料大棚，使雨水不会直接降落到土壤及植株上，阻隔雨水以防止病害传播，同时还可减轻除草的压力。

（3）基质育苗。将草莓母株抽生的匍匐茎子苗，移植到事先准备好的基质苗床或装有基质的营养钵中进行培育。其特点是植株生长整齐，根系发达，移栽易于成活，但成本、用工加大。

2. 草莓育苗关键技术

（1）大田普通育苗的技术要点。大田育苗环节包括苗地选择、土壤处理、苗床制作、母株选择、母株与子苗整理、肥水管理、病虫草害治理、子苗数量控制等，每个环节都不能疏忽。

① 苗地选择。育苗地一定是未种过草莓的田块，还要考虑育苗地的土壤、水分等条件。育苗地应排灌方便，最好是肥沃疏松、微酸性（pH 6.5）的沙壤土。在多雨地区，应选择地势高的地块。避免雨季排水不畅，造成积水沤根死苗。

② 土壤处理。育苗田块选好后，越冬前进行深翻、冻伐，一方面可消灭一部分病原菌及害虫，另一方面有利于土壤的疏松。开春后草莓定植前，要施入充足的基肥，每亩施入过磷酸钙 30 kg，腐熟有机肥 3 000～5 000 kg 或腐熟菜籽饼 100 kg，同时施入 50% 辛硫磷 0.5 kg，以杀死地下害虫。结合施基肥，再一次深翻土地，平整地面。

③ 苗床制作。平整地面后，做成宽 1.2～1.5 m、高 20～30 cm 的苗床，苗床间的沟宽 25～30 cm。同时一定要开好田块四周的沟系，涝能排、旱能灌，有条件的地区可采用自动喷灌（吊喷）、滴灌装置喷滴保湿，达到苗床面土壤潮湿又不积水的要求，为母株生长及匍匐茎抽生提供适宜的生长条件。

④ 母株选择。选择具有品种典型性状的健壮植株，在秋季假植于露地，翌年春天作为育苗母株。有条件的话，最好选脱毒种苗作为繁殖生产苗的母株。

⑤ 母株与子苗整理。及时摘除母株的枯老叶和抽生的花序，促进母株的营养生长和匍匐茎抽生。母株抽生匍匐茎后，要定期检查，及时将匍匐茎苗理顺，将相互靠得太近的匍匐茎适当拉开，使其分布均匀，同时用泥块或塑料小叉压牢。对于后期所抽生的匍匐

茎，因苗龄短，难以形成壮苗，应及时剪除，以避免田间郁闭，保证早期子苗的健壮生长。

⑥肥水管理。母株栽种后，需要及时灌足水，翌日再复水 1 次，并一直保持土壤湿润到草莓母株成活。母株成活后，每隔 15 d 浇或滴一次复合肥水，前期可增施 0.2%～0.3%尿素水溶液，7 月上旬停止使用氮肥，追施 0.2%磷钾肥以促进花芽分化。水分管理应掌握保持土壤湿润而不积水的原则，连续阴雨天要注意及时清沟排水，以保持土壤有良好的透气性。

⑦病虫草害治理。苗期主要有炭疽病、枯萎病、叶斑病及蓟马、斜纹夜蛾等病虫害。病虫害防治以预防为主、综合防治为原则，具体措施有：母株选用健壮无病苗；清洁苗圃卫生，注意排水以防河水和雨水进入造成水淹；浇水要避开日照很强的时段，最好在早、晚进行；及时去除病株，并带出苗圃外，集中销毁；用药剂控制发病中心，喷药时一直喷到根茎为止，特别是在降雨后；摘叶和切断匍匐茎后容易感病，应用药剂进行预防。针对草害，做到除早、除小。

⑧子苗数量控制。为了更好地培育壮苗，根据不同草莓品种的特性控制草莓的繁苗数量很重要，一般 1 株母株的数量应控制在 40～50 株，每亩育苗数量应控制在 3 万～4 万株为宜。

（2）避雨育苗的技术要点。

①搭建避雨棚。避雨棚在 3 月初搭建完毕，采用规格为宽 6～8 m、顶高 2.5～3.2 m、长 50～70 m 的镀锌钢管棚。

②棚膜要求。尽可能选择透光率好的稀土转光膜，两边裙膜不围，形成简单避雨设施。有条件的话可安装手动卷膜机和遮阳网，不下雨时，尽量将棚膜卷上，让植株在自然条件下生长。

③铺设滴灌带。在每个苗床上铺设 2～3 条滴灌带，如铺设微喷带则将喷口朝向地面。

④植株管理、病虫害防治。参照大田普通育苗。

（3）基质育苗的技术要点。基质育苗主要技术包括育苗场地选择、基本设施、基质准备、母苗和子苗培育等。

①育苗场地选择。育苗场地应设在交通方便，土地平坦、不积水，有水源、电源的地方，并满足根据育苗规模建育苗棚等设施的需要。

②基本设施。基本设施包括育苗棚、育苗床、栽培槽、遮阳网、防虫网、滴管、喷灌设备等，有条件的配备降温设备如湿帘、风机等。育苗棚一般采用钢架单棚或连栋棚，单棚一般长 40 m 左右、宽 6～8 m、高 2.8～3.2 m；连栋棚一般以 3～4 个单棚相连，面积 1 000～1 334 m² 为宜。

③基质准备。基质可选用草炭、椰糠、珍珠岩、蛭石、陶粒等按比例进行配制，也可购买育苗专用基质。所用的基质需满足草莓生长所需的稳定均衡的持水和通气要求，并提供相应的养分，使用前需进行杀菌处理。

④ 母苗培育。母苗培育的目标是尽可能促进匍匐茎子苗的发生。母苗选择的原则同大田普通育苗，于 2 月底至 3 月初定植于装有基质的栽培槽或花盆中。植株整理、肥水管理等同大田普通育苗。

⑤ 子苗培育。子苗培育的容器可选用营养钵或穴盘，营养钵规格宜为 8 cm（口径）× 10 cm（深）× 6 cm（底径），配备营养钵托盘；穴盘宜选用草莓苗专用型，规格约为 52 cm（长）× 26 cm（宽）× 11 cm（高），12～24 孔。于 6 月中下旬将匍匐茎苗引插或剪插到营养钵或穴盘中，再进行管理。子苗生根 1 周后即可开始补肥，将尿素、磷酸二氢钾稀释成 0.15% 的溶液，以滴灌滴入，7～10 d 填补充一次，出圃前 2 周停止。

⑥ 低温促进花芽分化。根据草莓花芽分化习性，提前预设好草莓上市时间，将生产苗放置 5～15 ℃恒温库中，白天按设定的时间移出恒温库，草莓苗每天接受阳光 8 h 后再移进库内低温避光生长，这样连续操作数日（浅休眠品种 7～9 d，中休眠品种 15～20 d，深休眠品种 30～50 d），可以使草莓按预设的时间开花结果，提早上市。

3. 草莓常见病害防治技术

（1）灰霉病。灰霉病主要危害草莓的花、果实、果柄以及心叶。果实被害时最初出现油渍状淡褐色小斑点，进而斑点扩大全果腐烂变软，产生灰色霉状物。叶片被害时产生褐色或暗褐色的水渍状病斑，空气干燥时呈褐色干腐状，湿润时出现乳白色绒毛状菌丝团。叶柄基部被害时心叶发红腐烂。叶的基部被害时植株倒伏。花及花梗被害时病部变成暗红色后扩展致病部枯死。

灰霉病的病原菌在空气湿度比较高时形成孢子，飞散蔓延，但在 32 ℃的高温以及空气干燥时不形成孢子，不发病。

药物防治：灰霉病重在预防，而不是发病后的治疗。用丁子香酚、嘧霉·异菌脲、木霉·异菌脲、多抗霉素、腐霉利等交替预防，每 7 d 防治 1 次。南方进入阴天寡照的季节后，在高湿环境中选择晴朗天气喷药，每 4 d 防治 1 次，连续防治 3 次，以后每 7 d 防治 1 次。应特别注意的是，喷药要选择晴天。另外，喷药机械的喷头雾化效果的好坏对药效的影响很大。

（2）白粉病。白粉病主要危害叶片、叶柄、花及果实。发病初期在叶片背面长出薄薄的白色菌丝层，随着病情加重叶片及叶柄布满白粉，叶片边缘向上卷起呈汤匙状。发病严重时，叶柄、果柄、花序及果实上布满白色的粉状物。白粉病在春季气温达到 20 ℃时孢子形成并随风传播，发展速度很快。在 3 ℃以下、40 ℃以上不会形成孢子，在 50 ℃的高温时 30 min 孢子会被全部杀灭。

白粉病的最佳防治时期在盖上棚膜尚未盖黑地膜时。

防治白粉病的特色产品——十三吗啉，该药药效期超长，喷 1 次可以有效预防 45 d，防治效果优于其他防白粉病的药。

（3）炭疽病。炭疽病一般在育苗季节的 7—8 月暴发，主要危害匍匐茎、叶柄。危害初期在匍匐茎和叶柄上形成红色病斑，一般长 3～7 mm，病斑中央有一纺锤形黑点，溃疡状稍凹陷。近几年炭疽病是危害育苗及影响草莓高产的最严重病害之一。此病在 6 月中下旬开始侵染，但不表现症状，潜伏至 7 月中下旬到 8 月上中旬的高温多湿的雨季集中暴发。所以做好育苗的前期预防特别关键。

此病在春季育苗时就要开始预防，用代森锰锌、代森锌、咪鲜·几丁糖、苯醚甲环唑、肟菌·戊唑醇（拿敌稳）、丙森锌几种药复配，每 7 d 防治一次，雨后补喷。到 7 月苗已长满地时再加戊唑醇，控制苗的旺长使叶片加厚，也是提高抗病能力的重要环节。

4. 草莓常见虫害防治技术

（1）叶螨。危害草莓的叶螨分红蜘蛛和白蜘蛛两种，在育苗期和大棚种植期均可发生。螨类群聚在叶片背面，大量暴发时叶片的正面也会见到。受害的叶片呈现灰白色或枯黄色，失绿并失去光泽。危害严重时会造成叶片脱落甚至造成植株死亡。

草莓种植园在盖上大棚没盖黑膜之前是杀螨的最好时机，使用阿维菌素、阿维·螺螨酯、阿维·哒螨灵均可，在 2 月再防治一次。

（2）蓟马。近几年蓟马对草莓的花果危害特别严重。危害花蕾时，花蕾由淡黄色变成暗黄色，严重时变成黑色而无法坐果。危害果实时，果实呈圆蛋蛋形状，不膨大，种子凸起，表面铁锈色，果实硬、甜，但没有卖相。在盖棚前危害比较轻，在春季 3 月份危害比较严重。

在盖棚以后没盖黑膜前防治一次，到 3 月上旬要每 7 d 防治一次。使用乙基多杀菌素（艾绿士）、阿维菌素加吡虫啉，也可以用异丙威烟雾剂。

（3）蚜虫。危害草莓的蚜虫有多种，而且是全年危害。蚜虫的危害不仅是吸取汁液使草莓生长受阻，更大的危害是传播草莓病毒病，所以育苗地和种植园都要防治蚜虫。

育苗期每半月防治一次蚜虫，种植园在大棚盖膜以后盖黑膜之前防治一次，用吡虫啉、啶虫脒，这一次药非常关键。2、3 月要再防治一次。

（4）蛴螬及金龟子。金龟子是蛴螬的成虫，每年的 7 月上旬交配产卵于土中。在育苗地里 7 月上旬蛴螬开始危害草莓苗的根系并在地下一直生长到夏季，然后孵化成金龟子。育苗地在春季和 7 月上旬，种植园在起垄以后要处理好土壤中的蛴螬。

春季随喷灌每亩施入 500 g 辛硫磷乳油，育苗地 7 月上旬要再次随喷灌施一次药。辛硫磷遇光容易分解，所以该药最好在傍晚或夜间使用。

三、经典案例

1. 万和七彩智能化高效轻简育苗和生产模式　威海南海新区万和七彩农业科技有限公司成立于 2017 年 3 月，是一家集绿色 AA 级草莓、葡萄等特色农产品种植，草莓衍生品销售，生态农业旅游观光、农事体验、儿童科普教育于一体的大型现代生态农业企业。

针对草莓育苗脱毒苗缺少、轻简化程度低的问题，自 2019 年起，万和七彩打造涵盖了高标准的超净实验室、细胞工程实验室、组培实验室、基因实验室、快速繁殖种苗工厂等万级洁净度植物细胞工程中心（图 4-1）。

万和七彩高标准智能育苗基地面积 15 万 m²，有 A 形架立体式育苗、韩式穴盘育苗、潮汐式育苗几种模式。育苗环节完善配套水肥一体化节水灌溉系统，通过对土壤、水质等

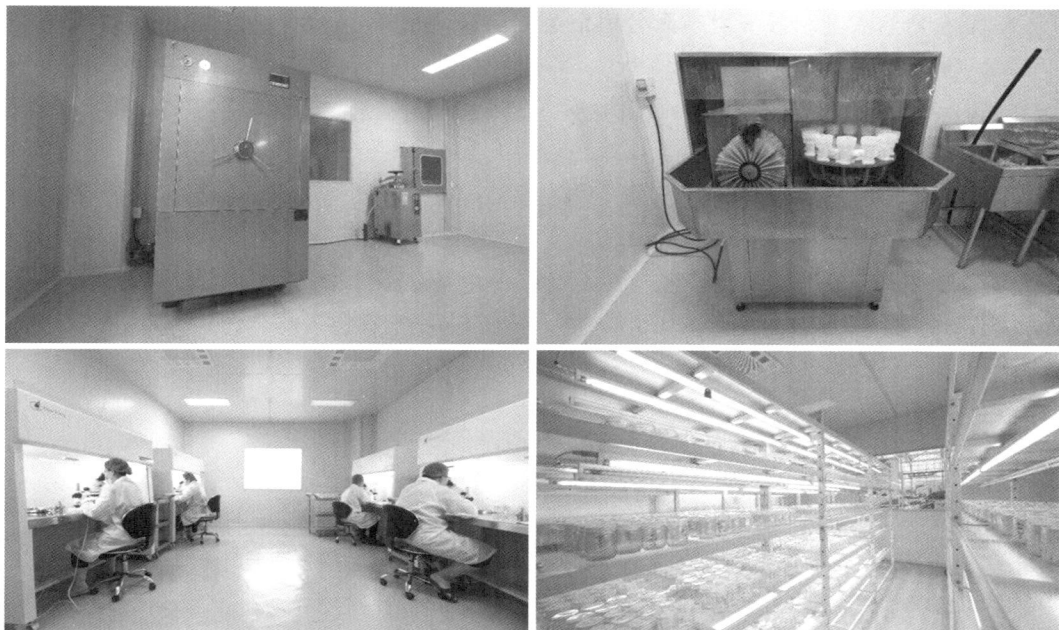

图 4 - 1　植物细胞工程中心功能分区

灭菌室（左上）　清洗室（右上）　接种室（左下）　组织培养室（右下）

定期检验检测，按检测的土壤养分含量，配兑成肥液与灌溉水一起通过可控管道系统供水、供肥，使水肥相融后，通过管道均匀、定时、定量浸润作物根系发育生长区域，使根系土壤始终保持疏松和适宜的含水量，既减少劳动投入，又减少病虫害发生概率，形成一个生态良好、设施配套、道路畅通、节水节能、减肥减药、有机高效的高标准智能育苗示范基地。

　　育苗环节的基质土壤在草莓苗生长过程中有着至关重要的作用，直接影响到草莓生产环节的品质和产量。在专家的技术指导下，利用草炭土、虾糠、海蛎皮等混合专用配比的育苗基质，粗细纤维搭配达到最科学合理的透气、透水、保肥的功效，配合专用的水溶肥，满足育苗环节草莓生长健壮、叶片快速厚绿、根茎均衡苗壮所需的多种微量元素，提高产量、增强品质（图 4 - 2）。

图 4 - 2　基质育苗

2. 烟台青旗农业科技开发有限公司草莓种苗繁育技术

（1）脱毒方法。据美国的分离确认，草莓上感染病毒多达 20 多种。但是在东亚地区主要的病毒包括皱缩病毒（SCV）、斑驳病毒（SMoV）、轻型黄边病毒（SMYEV）、镶脉病毒（SVBV）4 种。

草莓脱毒方法主要包括茎尖培养法、花药培养法、热处理法（钝化）和热处理结合茎尖培养法等。近年还开发了超低温法。

青旗农业最初采用了钝化处理＋茎尖培养法，当时还必须要用小叶嫁接法来确认是否脱毒了。2016 年导入日本的 RT－PCR RNA（DNA）分析病毒的方法后，不再进行钝化处理，仅用茎尖培养法后，对进行生长点培养而来的培养苗全数实施 RT－PCR 检测，保障培养苗（F₁ 苗）不带病毒（图 4－3）。

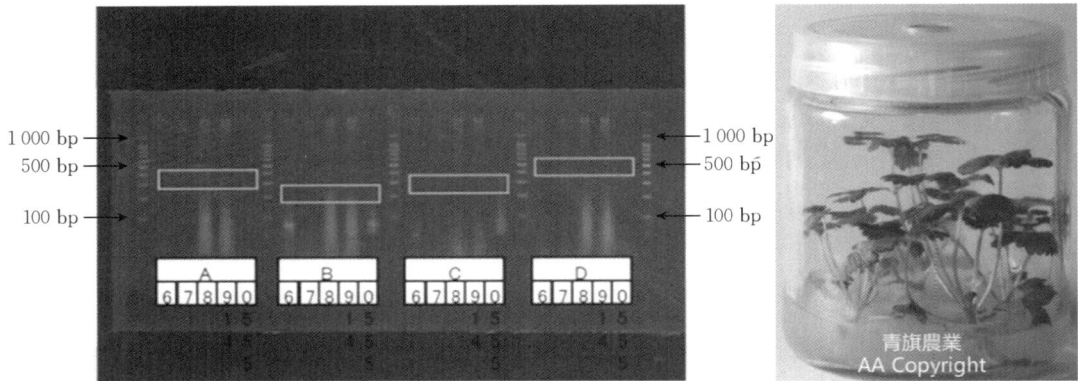

图 4－3　RT－PCR 法鉴定组培苗 4 种病毒的有无

引物（primer）：A. 草莓皱缩病毒（SCV，RNA，345 bp）　B. 草莓斑驳病毒（SMoV，RNA，219 bp）　C. 草莓轻型黄边病毒（SMYEV，RNA，271 bp）　D. 草莓镶脉病毒（SVBV，DNA，446 bp）

（2）原原株（培养苗，F₁）的生产。

① 接种用母株的比较。虽然草莓是用匍匐茎进行繁殖，从理论上讲同一品种植株个体的遗传基础都是相同的。但从青旗农业多年来的经验来看，即使种植在同一个棚内的植株也存在一定的差异。因此，青旗农业内部构建了一套接种母株评价体系。从日本和我国各产区选拔优良单株，在母株评价温室内栽培，在同样的条件下（在青旗农业温室的条件下）从植物学性状、果实性状、病虫害抗性、产量等多方面进行综合评价，选拔出全优的单株作为接种的母株使用。

② 培养。采集匍匐茎进行清洗消毒，采集生长点时保证其直径在 0.3 mm 以下（图 4－4），接种到培养基上。培养成完整的植株后，实施 RT－PCR 病毒检测保证不带病毒。

③ 驯化。将培养苗从试管或培养瓶中取出，去除培养基，定植到驯化棚的穴盘内。温室内保持温度 20～25 ℃，湿度不低于 95％，光照强度维持在 5 000～10 000 lx，大约 2 周内即可成活。以后进行一般的肥水管理即可。驯化棚使用前要彻底消毒，保障无病害感染，同时要使用 40 目以上的防虫网，保障不受蚜虫等病毒传播媒体的侵入。

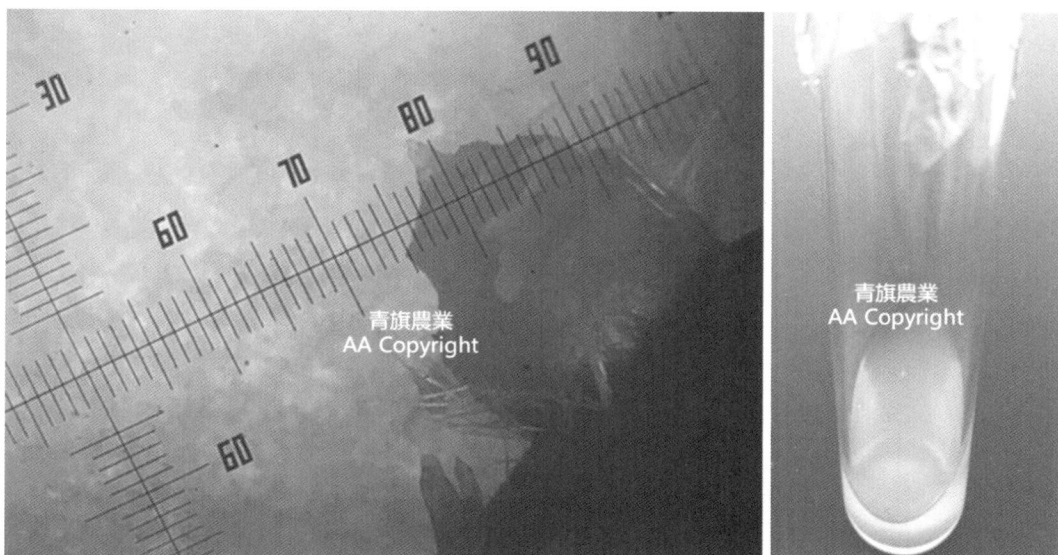

图 4 - 4 生长点接种

（3）原株（穴盘苗，F_2）的生产。

① 定植。进入春天后（一般在 4 月初），将无病毒的 F_1 苗定植于棚内高架。定植前为了避免病害感染棚内也要严格消毒，同时要使用 40 目以上的防虫网，保障不受蚜虫等病毒传播媒体的侵入。

② 除花。经过冬天的驯化苗，初春都将开花，尽早彻底去除花蕾。

③ 日常管理。采用自动化的肥水供给系统进行施肥灌水；同时定期实施病虫害的预防；及时去除老叶，维持 4～5

图 4 - 5 原株（F_2 苗）的高架繁苗

片功能叶；白天温度保持在 25 ℃，不高于 30 ℃，空气相对湿度维持在 80% 以下，光照强度在 10 000 lx 以上（图 4 - 5）。

④ 扦插。剪取 F_1 上发出的匍匐茎，进行修整，保持 1 叶 1 心，扦插到穴盘，并用小叉固定。

⑤ 扦插后的管理。扦插后大约 10 d 之内，用迷雾的方式保持湿润状态，10 d 以后即可微量施肥。两周以后即可进行一般日常管理，包括施肥、灌水、病虫害防治，棚内环境条件保持与高架棚相同（图 4 - 6）。

⑥ 去老叶。穴盘苗容易拥挤，及时摘除老叶，保持通风透光。

⑦ 排苗。前期扦插苗，随着苗龄的增加易老化，可以断根并同时进行去老叶、排苗。

图 4-6　原株（F_2 苗　上：苗床上的状态　左下：穴盘状态　右下：单株状态）

（4）变异确认。草莓属于容易发生变异的植物，因此，需要建立一套变异确认体系。青旗农业按一定比例随机抽取 F_1 和 F_2 苗定植到草莓果实生产棚，进行植物学和果实等性状的确认。

（5）发苗。

① 异品种确认。发苗前，通过无变异确认后，按照品种特性，选定有能力的人员进行品种的纯度确认，保障品种纯度达标。

② 质量确认。根据发苗标准，包括苗的高度、短缩茎的粗度、叶数、无病虫害症状等进行单株确认，去除不合格植株（表 4-1）。

表 4-1　原株苗（F_2）的标准

检查项目	合格标准
整体外观	健壮、无病虫状
叶片	绿色、有光泽、无卷曲、复叶大小整齐
心叶	明显、色嫩绿
短缩茎	无伤痕，内部无病斑，直径 0.6 cm 以上
根系	发达、白色或黄色；长 5 cm 以上的 1 次根 5 条以上
苗高	10 cm 以上

（内部标准，仅供参考）

③ 包装。将穴盘之间垫上支架，穴盘整体重叠装入塑料袋，再装入包装用的纸箱。

④ 降温。包装好的苗箱，放入 2～4 ℃的冰箱，保障纸箱内温度也达到冰箱的温度后即可发苗。

（6）种苗利用上的注意点。草莓种苗通过生长点培养后，具有生长势强、繁苗多、产量高的特点，但要注意其病虫害抵抗性与原品种相同。在种苗利用时要注意以下要点。

① 加强病虫害的防治。苗本身比较干净，反而容易感病，要特别注意防治土传病害（炭疽病、疫病、萎黄病）以及其他病害，比如细菌性角斑病、红叶病、白粉病、灰霉病等。

根治蚜虫，防止再次感染病毒失去脱毒效果。此外，还要注意防治红蜘蛛、蓟马、夜蛾以及线虫、金针虫等地下害虫。

要彻底进行土壤消毒；注意排水（雨中垄上无明水，雨后垄沟不积水）；保障灌水条件（不干旱但不能过多乃至积水）；防止栽植过深或过浅；做好用药计划并彻底实施，特别是雨前雨后、打老叶等作业致伤后的用药；保障适当的植株间距，提高通透性。

病虫害防治原则上要保持园区洁净，注重土壤、园区的彻底消毒；切断外来携入或侵入，包括外来人员、使用的资材、灌溉用水等；加强肥水管理，培育壮苗，增加抵抗力；重视农业防治、物理防治及生物防治，尽量减少化学药剂的使用，提高安全性；必要时及时进行化学防治，以防为主、防治结合，比如对某种病害未发病时要有意识加强预防。

药剂使用时，要充分理解药剂的特性，特别注意适宜的浓度、配兑方法、药剂混用可否等，考虑不同药剂交叉使用以及同种药剂减少使用次数以防草莓产生抗药性；植株上下左右里外、叶片正反面均要喷到药；加入适宜的助剂，比如展着剂、黏着剂；避开高温时段、大风及雨中喷药、雨前雨后加强防治；喷雾器、喷雾机及行走式喷药设备结合使用，面积大时使用无人机；具体的病虫害用药请参阅可靠的专业技术资料。

② 因脱毒种苗发苗多，栽植距离适当加大防止过密引起徒长，注意及时引入苗圃定苗。

③ 适当推迟前期子苗扎根时期，防止苗的老化，出现黑根。

④ 因脱毒苗的子苗长势较强，特别要注意防止徒长。高温、高湿、光照不足、氮肥过多、土壤水分过多等都会加重徒长致使子苗细弱、花芽分化推迟、病虫抵抗力降低等。具体的措施包括维持良好的温度、光照环境，科学施肥灌水，适当减少氮肥使用量，增施菌肥有机肥，适当施用唑类药剂等控苗。

⑤ 防止夏季高温日灼，可适当间作玉米等高秆作物。

⑥ 与土栽相比推荐穴盘或营养钵等高床育苗。

第二节　河南省草莓育苗特点及关键技术

河南省是我国的草莓主要产区之一，据河南省统计局统计，2021年河南省草莓种植面积为 10 590 hm^2，面积超过 1 000 hm^2 的地市有信阳、商丘、洛阳、郑州和周口。近年来，在市场消费升级和国家农业供给侧结构性改革等宏观政策的双重利好下，收益较高且有特色的草莓产业在河南省迅速发展，并取得了较好的成效。在市场供给规模上，2021年产能突破了 27 万 t，比 2012 年增加了 86.64%；在供给市场分布上，河南省内各地县都有广泛种植，并形成了郑州中牟、洛阳孟津、商丘双八和周集、信阳十三里桥、漯河召陵等一些规模生产集聚区。草莓采摘园遍布各个县区和乡镇。

河南省草莓种植主要以设施促成栽培为主，占98.64%；露地栽培较少，占1.36%。设施类型主要是塑料大棚、日光温室和连栋温室，分别占栽培总面积的84.24%、14.13%和0.27%，日光温室主要分布在黄河沿岸及以北地区。主要栽培品种是红颜（占25.81%）和宁玉（占20.04%），天仙醉（占8.17%）、章姬（占7.96%）、香野（占6.96%）和甜查理（占6.92%）也有一定的栽培面积，其他品种占24.14%。

一、草莓育苗概况

草莓育苗面积大约有0.2万余hm²，本省的产苗量无法满足当地的需要，部分生产苗需要从周边省份调运。在生产苗繁育模式上，大部分农户以露地育苗为主，占91.30%，主要采用高垄滴灌育苗；部分种植户采用避雨育苗，占6.79%；极少部分农户选择高架育苗，占1.91%。总体上看，河南省草莓生产苗繁育以农户自繁自用为主，少部分农户需要购买生产苗，规模化繁育企业较少，产业化程度较低。从种苗来源上看，28.53%的草莓种植户选择从高校和科研院所购买种苗，25.54%的种植户选择从专业种苗公司购买种苗，但仍有26.91%的种植户选择从农户或个体户手中购买种苗，19.02%的种植户选择自己留苗，从专业机构和公司购买种苗的比例仍然不够高，也是苗期病害较重的因素之一。在种植户对育苗地的处理方式上，73.37%的种植户选择每年换新地块育苗，17.12%的种植户选择用重茬地育苗并采用化学消毒剂进行土壤处理，9.51%的种植户用重茬地繁苗，不做土壤消毒。

二、草莓育苗关键技术（大田高垄滴灌育苗技术）

在我国中部旱地草莓产区，由于降水量偏少，季节性干旱，部分地区土壤和灌溉水偏碱性，草莓育苗难度较大。长期以来，种植户习惯采用较为简单、粗放的平畦漫灌育苗方法。这种育苗方法存在较多缺点：浇水不便，浇水时病菌随流水传播，扩展速度快；在高温多雨季节苗床排水不畅，种苗炭疽病感染严重；育苗受气候影响大，苗木供应无保障；农事操作时工人在苗床上行走，踩踏严重造成根系发育不良，繁殖系数低，苗木质量差。为了有效解决上述问题，经过大量的试验示范，总结了适合我国中部旱作地区的高垄滴灌育苗技术，在降低生产管理强度的同时，大大提高了草莓的繁殖系数和草莓子苗质量。

1. 母株和品种选择 选择品种纯正、健壮、无病虫害的脱毒原种苗作为繁殖生产用苗的母株。种苗标准：具有3片以上展开叶，小叶对称，叶柄粗，植株矮壮，根茎粗0.8~1.2 cm，根系发达，须根8条以上，中心芽饱满，无病虫害。也可采用冷藏种苗。脱毒苗发出的匍匐茎多，植株健壮，子苗病害少、产量高。严禁采用结过果的植株在原有生产田直接繁苗。

在河南不同地区进行草莓育苗，要注意土壤和灌溉水的盐碱和pH，如在豫北、豫东和豫中的部分地区，土壤和灌溉水有不同程度的盐碱，pH偏高，红颜、红玉等品种会出现叶片黄化、长势弱、抗病性变差，导致繁苗率低、苗木质量差等问题，甚至在高温季节炭疽病爆发，全军覆没。所以在这些地区育苗要注意品种的选择，选择耐盐碱的品种，如中莓香玉、宁玉、粉玉、久香、甘露、章姬、香野等。

2. 建立专用育苗圃　育苗圃应选在远离草莓生产区、地势平坦、土质疏松、有机质丰富、排灌方便、光照充足、未种过草莓的新茬地块上，注意前茬未使用过对草莓有害的除草剂，前茬种过烟草、马铃薯、番茄、瓜类等与草莓有共同病害的地块不宜作育苗圃，荒芜的田地和宿根杂草较多的田块也不宜做育苗圃。每亩育苗圃繁育4万株成品苗比较合适，育苗圃与生产田面积按1∶4的比例安排，经验不足或者繁育抗病性不强的品种时，育苗面积可适当大一点。

苗圃选好后，施足基肥，每亩施腐熟有机肥2 000 kg、45%硫酸钾型三元复合肥40 kg、过磷酸钙30 kg，15%毒死蜱颗粒剂1 kg，用以防治地下害虫。耕匀耙细后做成150～200 cm宽的高垄（图4-7），垄沟宽30 m，沟深30～35 cm，垄埂要直，垄面中间高两侧稍低，便于排水。以后在进行农事操作时要在垄沟内行走，不要到垄上踩踏，保持垄上土壤疏松，通透性好，便于根系下扎，根系发育好，须根多，容易起苗，不伤根。之后在垄两侧各铺设1道孔距为10 cm的

图4-7　整地起垄

滴灌管，供应母苗的水肥，铺设时滴孔朝上，在灌溉总阀门处安装施肥装置。做垄后喷施除草剂封闭杂草，每亩用60%丁草胺乳油100 mL和33%二甲戊灵乳油100 mL，兑水45～60 L，在土壤润湿时均匀喷施，间隔7 d以上定植母株。封草前保持土壤湿润、土壤无大颗粒，选择无风的傍晚，人退着走打药，地面打湿打匀，用水量要足。草莓对除草剂敏感，防止使用不当或过量产生药害，使用时需谨慎。

3. 母株定植　春季日平均气温达到10 ℃以上时定植母株（图4-8），我国不同地域差异较大，河南省一般为3月上中旬，以北地区晚一些，以南地区可以适当提早。河南省的不同地区要根据当地的气候和土壤条件来确定定植时间。如豫南、豫西南地区，土壤弱酸性，一般3月上旬就可以定植，豫北和豫东土壤偏盐碱，种苗扎根慢，年后气温比豫南低，繁苗率比豫南低，建议年前定植或者年后气温回升前定植，年后早栽可

图4-8　定　植

采用地膜覆盖或小拱棚，提前养好根系，培育壮苗，特别是繁苗率较低的品种，如香野等，建议早栽。豫西洛阳、三门峡及山区更要早定植。

定植前 1 d 打开滴灌洇垄，滴灌管两侧各洇湿 5 cm 左右即可。将母株双行定植在垄两侧，紧靠滴灌管，便于浇水。抽生匍匐茎多的品种稀植，如中莓香玉、宁玉、久香、章姬、粉玉、白雪公主、雪兔、甜查理等，每亩定植母株 700～800 株；抽生匍匐茎少的品种适当密植，如红颜、甘露、香野等，每亩定植母株 1 000～1 600 株。植株栽植时，要尽量带土壤移栽，或采用穴盘苗，合理深度是苗心茎部与地面平齐，做到深不埋心、浅不露根，栽植过深新叶不能伸出，引起苗心腐烂；栽植过浅，根系外露，易使母株干枯死亡。定植时不要剪根，裸根苗根系过长可以采用横卧式栽培法，穴盘苗去掉上部 1 cm 的基质，同时把下部 1/2 的土坨扯散，不要剪根，避免产生伤口引起病害的入侵，同时根系也是养分的贮藏器官，剪掉就等于损失营养，也减少了发新根位置。穴盘苗的土坨吸水保水能力强，不建议药剂蘸根。定植后及时浇水，第一次的定根水要浇透；一般需连浇 3 次水，每隔 1～2 d 浇水 1 次。

定植成活后进行灌根处理，预防根系病害，常用配方有精甲霜灵·咯菌腈 1 000 倍液＋25 g/L 嘧菌酯 1 500 倍液＋生根剂＋春雷·喹啉铜 800 倍液，或 3% 精甲霜灵·噁霉灵 1 000 倍液＋25 g/L 嘧菌酯 1 500 倍液＋鱼蛋白 1 000 倍液＋6% 噻霉铜 1 000 倍液灌根，10 d 一次，灌 2～3 次。灌根药水量要足，单株苗不低于 100 mL 药水。

4. 苗期管理 育苗遵守前促后控、边促边控、下促上控的育苗方法，具体根据各地地区和每年的雨水情况，南部地区雨水多就选择控，北部地区干旱就促，具体根据当时的实际情况来操作。

（1）土肥水管理。前期水肥要足、要勤灌根，在 3、4 月养好母株，主要是生根壮苗、防根腐，5、6 月促匍匐茎子苗、坚持边促边控，7、8 月促根控苗防病，达到下促上控效果。

母株成活后，必须保持土壤湿润，土壤含水量以最大持水量的 70%～80% 为宜。当土壤水分含量低于田间持水量的 75% 时，即用力握土不成团时需及时浇水，利于母株苗多发匍匐茎和匍匐茎苗扎根生长。前期用 2 根滴灌管浇水，母苗两边洇湿 10 cm 左右即可，比漫灌省工省水，并且垄面上中间是干燥的，不易长草。到 5 月下旬，把匍匐茎引向中间，分别在距离第一个滴灌管 35 cm 处各铺设一个滴灌管，满足子苗对水分的需求。后期要延长滴水时间，使垄面保持湿润，便于子苗扎根和生长。6 月底加上喷灌，最好是站喷，安装在垄沟内，与滴灌互为补充，滴灌为主，喷灌为辅，在滴灌浇不均匀或水量供应不上时使用喷灌浇水（图 4 - 9）。草莓喜湿不耐旱，也不耐涝，因此暴雨过后需及

图 4 - 9 滴灌和喷灌结合浇水

时排水，以防土壤积水产生涝害。

水是促进种苗生长的保障。但浇水把握不好容易引起病害的发生，特别是夏季高温季节，建议后半夜或者晴天的早晨浇水，此时地温和空气温度是一天中最低的时候，井水温度更趋向于接近地温，此时浇水地温不会剧烈变化，随着温度升高，地温也会回升，此时土壤多余的水分下渗或蒸发掉，土壤不积水、透气，有利于草莓生长，减少病害发生。

种苗成活后结合灌水，每亩施尿素 2～3 kg。在匍匐茎大量发生季节，需追肥 2～3 次，每亩撒施 45％硫酸钾复合肥 10～15 kg，15～20 d 施 1 次，施后喷水，或在下雨前施入。叶面喷施尿素和磷酸二氢钾，浓度为 0.3％，15 d 左右一次。于 7 月中旬开始停止施氮肥，追施磷钾肥，8 月中旬以后停止施肥，并适当控制水分；白天下午 15 时后用遮光率为 50％～70％遮阳网覆盖，以减少光照时间，提早花芽分化。

（2）植株管理。在母株的花序显露时及时摘除花序，摘除得越早越彻底，越有利于节约营养和匍匐茎的发生。有些草莓品种抽生匍匐茎少，为促使早抽生、多抽生匍匐茎，可在母株成活后喷施一次赤霉素（GA$_3$），浓度为 50 mg/L；之后在 5 月上旬对准心叶喷 50 mg/L 赤霉素，每株种苗用药量为 5 mL，隔 10 d 喷第二次。育苗时需及时摘去老叶、病叶和花序，以减少营养消耗和病虫危害。匍匐茎大量发生时，可将匍匐茎向垄面上牵引，用压苗卡固定，以防其交叉重叠或拖进垄沟，有利于子苗扎根和生长，出现无根苗时，应及时培土压苗。当每亩苗数达到 4 万株左右时，再发的匍匐茎要及时去掉，使子苗更加粗壮，同时避免郁闭产生病害。经常摘除老叶和病叶，一般 10～15 d 摘叶 1 次，每株苗留 2～3 叶为宜，到 8 月 20 日止。并采取"控氮施磷钾，降温促分化"措施，喷施氨基酸、磷酸二氢钾等叶面肥，覆盖遮阳网，促进花芽分化。

控制密度，促进老熟。定期打掉繁苗母株的老叶，田间子苗繁育至目标数量时，狠打繁苗母株的叶片，每株留叶 6 片左右，或者把繁苗母株的叶片割掉，防止苗田秧苗过密；不建议拔除繁苗母株，避免带出子苗，产生伤口，引起病害。红颜和章姬草莓对炭疽病敏感，7 月以后是发病高峰，当苗长势太旺、太嫩和细长时，抗病性就差，要提前喷施植物生长抑制剂，控制秧苗长势，促使秧苗矮壮老熟，增强植株抗病能力。

在中部地区育苗，控旺要分两种情况对待：

① 在豫北、豫东、土壤偏盐碱地区、干旱土壤瘠薄地区，还有西部山区，前期温度低，定植晚，出匍匐茎晚，整体繁苗系数低的地区，控旺可以晚点操作，在 7 月 1 日左右，用 75％肟菌·戊唑醇水分散粒剂 3 000 倍液（即 5 g 75％肟菌·戊唑醇水分散粒剂兑水 20 kg）控旺一次，每亩喷施 80 kg 药水；在 7 月 10 日左右，相同剂量再喷一次；在 7 月 20 日左右，10 g 75％肟菌·戊唑醇水分散粒剂兑水 20 kg，每亩喷施 80 kg 药水；8 月 1 日和 8 月 10 日各喷施 1 次，15 g 75％肟菌·戊唑醇水分散粒剂兑水 20 kg，每亩喷施 80 kg 药水。具体用量可以根据天气和苗情调整，保持子苗长出来的新叶叶色深绿、不徒长，子苗矮壮。

② 在信阳、南阳、驻马店等水肥土壤条件好的地区，前期母苗长势好，发苗早，就需要早控，采用边促边控的方针。在第一个子苗扎好根时就开始控，用 2.5 g 的 75％肟

菌·戊唑醇水分散粒剂兑水 20 kg 喷施，以后用 5、10、15 g 的 75％肟菌·戊唑醇水分散粒剂兑水 20 kg 喷施，10 d 一次，保持子苗长出来的新叶叶色深绿、不徒长，子苗矮壮，株高 10 cm 左右，根据苗情和天气掌握用量。在 7 月底可以用 25％多效唑悬浮液 2 000 倍液（10 mL 兑水 20 kg）喷施。8 月 15 日前如有旺长迹象，可采用 75％肟菌·戊唑醇轻控。但繁苗系数低的品种如香野，可以采用第一种方法晚控。

也可采用 43％戊唑醇悬浮剂 3 000 倍液，或 12.5％烯唑醇 2 000 倍液等进行控旺。同时要注意不同的品种要采用不同的控旺方案，有些品种可以用多效唑、烯效唑控旺，如红颜，有些品种不能用多效唑控旺如越秀、越心等，容易出现无心苗。新品种要探索合适的控旺方案再大面积推广。

5. 病虫草害防治

（1）防治方针。遵循"预防为主、综合防治"的植保方针，育苗配药是个技术，打药是重点。配好药打好药、省钱省工育好苗。

（2）防治频次。育苗用药时间规律：头轻尾重、夏至为界，前期少药少时，后期勤用用合理，一般 3 月定植后 1 次，4 月 10 d 左右 1 次，5—6 月 7 d 一次，7—9 月 5 d 一次。7—9 月雨后必须喷药，重点防控炭疽病。

（3）如何选药。

第一类，保护性杀菌剂：为广谱性杀菌剂，以保护为主，没有抗药性，可以多次重复使用。

M1：有机铜类：噻菌铜、噻霉铜等。

M2：硫代氨基甲酸盐类：代森锰锌、代森锌、代森联、丙森锌。

二硫代氨基甲酰类：福美双等。

氨基甲酸酯类：霜霉威、乙霉威。

M3：三氯甲硫基类：克菌丹等。

M4：取代苯类：百菌清、五氯硝基苯。

M5：硫酰胺：抑菌灵、对甲抑菌灵。

M6：三氮杂苯：敌菌灵。

M7：苯醌类：二氰蒽醌。

常用的 4 种药：代森锰锌、克菌丹、二氰蒽醌、百菌清。

注意：保护性杀菌剂使用技巧就是避开高温，打严打透，提前预防。

第二类，唑类杀菌剂：分为三唑类、咪唑类、噁唑类、噻唑类，其中三唑类有控旺作用。

① 三唑类一般都有很好的内吸性，所谓内吸性和向上传导性就是三唑类的和咪唑类的特点。从打药方面说，如果打到叶片的顶部，它就只能被叶片吸收，想让这类药剂效果好发挥最大作用，只能打到下部往上传导，因此打药时一定要往底下打，打严打透。

在育苗过程中，前期只能用苯醚甲环唑、四氟咪唑、腈菌唑、戊菌唑，后期控旺的时候可以用戊唑醇或者丙环唑。

② 咪唑类：咪鲜胺、抑霉唑、咪鲜胺锰盐、咪鲜胺铜盐、苯菌灵等，该类成分活性高，杀菌普广，持效期长，不仅可以喷雾杀菌，还可以浸果保鲜，但是不具备内吸性。其中咪鲜胺铜盐效果最好。

第三类，甲氧基丙烯酸酯类：嘧菌酯、吡唑醚菌酯、醚菌酯、肟菌酯、烯肟菌酯、丁香菌酯、啶氧菌酯等。这类药物一般都具有内吸性，杀菌都比较广，对大多数高等真菌都有作用，有的对低等真菌有一定作用，但是效果不是特别好。

嘧菌酯对炭疽病活性高、内吸性好，嘧菌酯和苯醚甲环唑复配有增效作用。

吡唑醚菌酯有一定的内吸性，但传导性差，吡唑醚菌酯和二氢蒽醌和苯醚甲环唑复配增效明显，比如苯甲·吡唑。醚菌酯主要防治白粉病。啶氧菌酯具有内吸传导性、具有渗透能力和较强的内吸性、耐雨水冲刷、有向上传导性，还具有熏蒸作用，在高温下容易出现药害。

第四类，细菌性病害杀菌剂。

① 消毒剂。氯溴异氰尿酸、溴硝醇、辛菌胺。

② 抗生素。中生菌素、春雷霉素、金核霉素、四霉素。

③ 噻唑锌、叶枯唑。

④ 铜制剂。

有机铜：噻菌铜、噻森铜、噻霉铜、喹啉铜、松脂酸铜、络氨铜、乙酸铜等，此类铜制剂特点：速度慢、风险低、混配性好。

无机铜：氢氧化铜、王铜、硫酸铜、氧化亚铜等，此类特点：无机铜风险高、速度快、混配性差，一般不建议复配药剂，推荐单用或灌根。

营养类铜制剂：引农卫蛋白铜制剂，特点：速度中、风险低、混配性好、持续杀菌、营养修复。

第五类，根腐病杀菌剂：精甲·噁霉灵、甲霜·噁霉灵、咯菌腈这类药剂有保护作用，根据试验和实践经验，乙蒜素搭配保护剂效果较好，注意不能超量，超量容易烧根，一般 10 mL 兑 15 kg 水。

第六类　辅助作用，提高免疫能力：育苗的宗旨就是培育壮苗，提高苗木的免疫抗病能力才是根本。此类包括氨基寡糖素、嘧啶核苷类抗菌素、氨基酸、腐殖酸类等。

（4）药剂搭配。通用方案：1 个保护剂＋1 个真菌性病害治疗剂＋1 个细菌药剂＋植物免疫剂（叶面肥：氨基寡糖素、氨基酸等）＋杀虫剂。

后期及抗病差的品种（如红颜、天仙醉等）方案：2 个保护剂＋2 个真菌性病害治疗剂＋1 个细菌性病害药剂＋植物免疫剂＋控旺药剂＋杀虫剂。

（5）如何配药。

① 每种药剂须单独稀释。

② 必须进行二次稀释（先用少量的水把药剂按一定的量和配比浓度溶解）。

③ 喷雾器必须事先提前清洗干净，放有一定数量的水后，然后加入适量药剂。

④ 加入药剂的顺序，先加入叶面肥类，然后加入可湿性粉剂、水分散粒剂、悬浮

剂、微乳剂、水乳剂、水剂，最后加乳油类药剂，依次加入（原则上农药混配不要超过4种），每加入一种即充分搅拌混匀，然后再加入下一种。遵循"现配现用、不宜久放"的原则。

⑤ 打药时重点关注母苗，重点喷雾茎基部和心叶，让药水顺着心叶流入根茎基部。然后轻轻的喷洒一下幼苗和新抽生的葡匐茎和小苗头。

（6）炭疽病的防治。做好炭疽病的防治，草莓个别品种不抗炭疽病，受淹或突遇高温天气极易发病，要在雨停间歇期，选用25％硅唑·咪鲜胺可溶性液剂1 200倍液，或20％苯醚甲环唑微乳剂1 500倍液，或40％克菌·戊唑醇1 000倍液，或60％吡唑醚菌酯·代森联水分散粒剂800倍液等喷施预防。当发现有炭疽病时，应用25％吡唑醚菌酯乳油1 500～2 000倍液，或32.5％苯甲·嘧菌酯悬浮剂1 500倍液，或75％肟菌·戊唑醇水分散粒剂3 000倍液，或43％戊唑醇悬浮剂4 000倍液等进行防治，做到雨后一防，或每3～5 d喷雾1次，连续防治3～5次。

感染炭疽病或者初发阶段：

① 保护好没有染病的，勤打药预防，苗垄打透打匀，不留死角。

② 要把有病的铲除掉，清出去，隔离病原。

③ 重要环节就是杀死病原菌孢子，阻断传播。

④ 感染炭疽病可用以下药剂。加持药剂：多抗霉素、抑菌脲，可杀死炭疽病菌孢子。增效剂：乙蒜素、井冈霉素，可快速抑制病菌繁殖、细胞分裂，使其脱水而死。

（7）蓟马的防治。消灭虫源，清除田间杂草和枯枝残叶，集中烧毁或深埋，消灭越冬成虫和若虫。用营养钵育苗，加强肥水管理，促使植株生长健壮，减轻危害。利用蓟马趋蓝色的习性，离地面30 cm左右，每隔10～15 m悬挂一块蓝色粘板诱杀成虫。可以释放捕食螨等天敌防治。60 g/L乙基多杀菌素悬浮剂1 000倍液，或22％氟啶虫胺腈悬浮剂3 000倍液，或10％氟啶虫酰胺悬浮剂2 500倍液，或3％啶虫脒乳油1 000倍液等喷雾防治。根据蓟马昼伏夜出的特性，建议在傍晚用药，连续用药3次。

（8）蛴螬的防治。可以用捕虫灯诱杀成虫。整地时，使用50％辛硫磷乳油300倍液喷雾，每亩用量0.5 L，深翻耙匀。用20％氰戊菊酯乳油3 000倍液喷雾防治。

（9）杂草的防治。除在定植前喷施封闭除草剂外，在育苗期间及时进行人工除草，也可以使用化学除草剂如精喹禾灵、高效氟吡甲禾灵、甜菜安·宁等防除杂草。

6. 草莓苗出圃与运输　从8月下旬开始，当大部分葡匐茎苗符合生产苗标准时，可根据生产需要出圃定植。生产苗标准：具有4片以上展开叶，叶色呈鲜绿色，叶柄粗壮而不徒长，根茎粗度0.8 cm以上，根系发达，须根多，粗而白，苗重20 g以上，中心芽饱满，顶花芽分化完成，无病虫害。起苗前2 d浇一次水，使土壤保持湿润状态，起苗深度不少于15 cm，保持根系完整，避免伤根。首先进行挑选，整理去掉大叶片，只留部分叶片和叶柄，100株捆成一捆，把苗并排竖放或栽在提前搭好的遮阳棚内，苗上盖湿毛毡，等苗起够之后，把根部套上塑料袋保湿，在冷库预冷12 h以上，之后把草莓苗加冰冻水瓶或冰袋后装纸箱或泡沫箱，然后装入低温冷藏车运输或空运。

三、典型案例

1. 河南西禾原品农业有限公司草莓育苗技术要点

（1）基本情况。河南西禾原品农业有限公司公司成立于2015年5月，专注于特色化、高品质的蔬果种植及休闲观光体验，实施品牌化经营，发展三产融合。公司以草莓为核心产品，兼顾甜瓜、葡萄、口感番茄等其他农产品，遵循自然种植及精细化管理的理念，建立标准化、规范化的种植管理体系；服务于注重生活品质的客户，使客户享受喜悦而自在的生活，发展农业＋文旅＋研学的运营模式。

现有郑州黄河滩区、荥阳高村两个自有种植基地。草莓主栽品种为香野、红袖添香、粉玉、白雪公主等特色品种，每年试验栽培2～3个新品种，不断实验草莓生长相关的土壤水质、营养元素、环境参数等数据信息，建立基于草莓自身生长特性的精细化、最优化的管理控制。从土壤改良、水质净化、设施改进、光照温湿度控制、脱毒提纯育苗、精准定植、病虫害预防控制、品控、包装运输等进行全过程精细化管理。采用生物防治及物理防治、疏花疏果严控产量，拒绝使用激素；产品经通标标准技术服务有限公司（SGS中国）检测，草莓283项农残检测数据全部为未检出，安全级别达到最高，确保安全及美味。公司2022—2023年种植草莓83个设施大棚，今后三年计划完成5个高标准采摘休闲体验基地建设，草莓种植面积达到13.3 hm^{2}以上。

草莓育苗也是西禾原品的一项重要业务（图4-10），2023年育苗3 hm^2，其中香野1.7 hm^2、越秀1 hm^2、粉玉0.3 hm^2。针对黄河沿岸土壤偏沙、有机质少、灌溉水偏碱的问题，提出一套适合盐碱地区育苗的技术措施。

（2）育苗技术要点。

图4-10 西禾公司草莓育苗基地

① 增施有机肥对盐碱地的改良。在选地时尽量不要选择荒地育苗，荒地有机质含量太低，第二年发苗太少。定植时最少施用1 t豆粕有机肥，而且育苗过程中，要不断冲施有机肥。

② 采用滴灌避免炭疽病的发生。炭疽病菌孢子的萌发和传播都要依靠雨水，所以采用滴灌避免雨水在叶片上飞溅，对防治炭疽病很有效果。

③ 用磷酸脲对灌溉水调pH。磷酸脲1%水溶液的pH为1.89，需要根据各园区地下水的pH来进行调水，根据具体情况一般是每亩用600 g，一周一次，同时前期需要用尿素、后期用高钾肥来调节土壤中的元素平衡，磷酸脲含氮为17.7%，含磷（P$_2$O$_5$）44.9%，如果一直使用会造成土壤中磷素过量，造成植株开花过多、匍匐茎抽生少等情况，后期还会发生磷酸对钙的固定，造成土壤中缺钙。

④ 前期铺地膜防草。定植至 5 月上旬在垄面铺设银黑地膜可以防草，减少除草人工，为了防止后期黑地膜对垄温提高的影响，现在有针孔透气的黑色地膜。

2. 罗山农科草莓种苗育苗技术要点

（1）基地简介。农科草莓种苗基地位于信阳市罗山县（图 4 - 11），地处亚热带季风气候与暖温带气候交界区，气候条件适宜，病害疫情少，适宜草莓苗的生长繁育。农科草莓种苗已进行 20 余年的草莓种植、繁育、技术研究工作，拥有草莓选种脱毒、繁育种植、技术服务为一体的完整体系。

图 4 - 11　信阳罗山农科种苗草莓育苗基地

农科草莓种苗选用水稻田作为新茬地育苗，并且每年更换育苗地以减少病害源，坚持采用脱毒种苗繁育草莓苗，严格控制草莓种苗引种来源及质量，保证草莓苗的品种纯正、植株健康无病害。

农科草莓种苗致力于繁育品种纯正、质量有保证的脱毒草莓苗。育苗基地可提供千万株以上优质脱毒草莓苗，配备专用保鲜冷库、冷藏车，交通运输条件完善，可办理当天到达的航空、火车、客车、快递运输。

（2）育苗技术要点。

① 苗地选择。草莓育苗地不能连作，并且前茬以种植水稻为好，土壤肥沃、疏松，水源、交通方便。

② 整地除草。如果育苗地地面较湿，可用二甲戊灵、丁草胺各 150 mL 兑水 50 kg 均匀喷施。如果地面干燥，需喷水或雨后立即喷施。

如地里有小草时可加敌草快 80 mL，高效氟吡甲禾灵 70 mL 加水 50 kg 进行喷施，7 d 后可以移栽种苗。

③ 母株定植。定植时间：种苗移栽时间为 3 月上旬至 4 月下旬，定植密度：一般每亩栽种苗 1 000～1 500 株。定植方式：一种双行定植在垄面两侧，茎弓背朝垄内；一种单行定植在垄面中间，栽后浇水确保成活。

④ 肥水管理。一般要求薄肥勤施，每亩用进口挪威雅苒复合肥 5 kg，浓度掌握在 1% 以内点根施肥，也可根据苗情长势而定。一般 7～10 d 施一次，连续使用多次。同时可喷施叶面肥，促进叶片多发、快发。

⑤ 植株管理。苗地前期，除草松土。发生匍匐茎苗头，分布均匀用草莓叉固定，促进早生根、多发苗。及时掰除老叶、病叶、病株和杂草，使苗地通风透光，同时也便于打药，能打透苗底部，减少病害发生。

⑥ 苗期控旺。当子苗爬满垄面 60%～70% 时，及时喷施控旺药剂，控制苗的长势，促使苗子矮壮。根据苗的长势，由轻到重，不能一次控太重。

⑦ 病虫害防治。病虫害主要以防为主，注重田间管理，清除病源，防止传染和扩大。

喷药时不光是叶面，要喷到根茎部及土壤，要做到雨前雨后必须喷药。每次用药遵循保护性药剂＋治疗性药剂＋杀细菌药剂。

保护性药剂：代森锰锌、克菌丹、福美双、二氢蒽醌、代森联等。

治疗性药剂：唑醚·氟酰胺、阿米妙收、溴菌腈、肟菌·戊唑醇、腈苯唑等。

细菌性药剂：噻唑锌、春雷霉素、中生菌素、四霉素、喹啉铜等。

第五章
东北地区草莓育苗特点及关键技术

第一节　辽宁省草莓育苗特点及关键技术

一、概况

辽宁位于中国东北部，地处北纬 38°～43°之间，东临渤海，南接黄海，与吉林、内蒙古、河北相邻。辽宁省属于暖温带半湿润大陆性气候，四季分明，春秋短暂，夏季温暖多雨，冬季寒冷干燥。夏季气温相对凉爽，花芽分化早，雨量适中，病害相对较少，非常适合草莓繁苗。

辽宁省是中国草莓栽培面积最大的省份之一，同时也是全国最大的草莓育苗省份之一。草莓育苗面积大约 0.67 万 hm^2，但全省专业化草莓苗圃只有约 0.02 万 hm^2，6.67 hm^2以上的专业化苗圃只有几家，多数集中在 2～4 hm^2。生产上的繁苗，主要是农户自育自用，多余部分用于外销。

辽宁丹东地区东港市是辽宁省的主要草莓育苗地，其次大连、沈阳、辽阳等地也有较多的草莓育苗企业和农户。繁育的苗木除绝大部分供应本省自用栽培外，还销往内蒙古、河北、北京、湖北、吉林、山西、陕西、新疆、海南等地。

辽宁省育苗量最大的品种是红颜，其次还有香野、粉玉、宁玉、甘露、甜查理、圣诞红、幸香、丹莓 2 号、章姬、妙香 7 号、越秀、白雪公主、初恋、全明星、哈尼等约 50 个品种。

目前，辽宁丹东地区主要采用露地田间裸根育苗为主。但近年来，由于短日夜冷超促成栽培技术在辽宁地区的大力推广，带动了钵育苗、穴盘育苗等容器育苗的大量应用。同时，塑料大棚提早育苗及避雨育苗也开始推广应用。草莓日光温室栽培及塑料大棚生产中也较普遍采用假植育苗。

二、辽宁省草莓育苗方式和技术

辽宁省目前应用的主要育苗方式有：露地田间裸根育苗、露地田间营养钵（穴盘）育苗、露地田间假植育苗、塑料大棚提早育苗、塑料大棚高架育苗、塑料大棚短日夜冷育苗等形式。

1. 露地裸根育苗 目前，在辽宁省露地匍匐茎繁殖（图5-1）仍是草莓生产上最常用的繁殖方法。选择排灌方便、土壤肥力较高、光照良好、未种过草莓或已轮作过其他作物的地块。母株定植时期主要以当地气温而定，宜在土壤化冻之后、萌芽之前，辽宁省一般在3月下旬至4月上旬，此时草莓苗的生理活动正处在由休眠期进入萌动期，还未进入旺盛活动期，这时移栽成活率和繁苗系数高。如果采用组培穴盘苗为母株，

图5-1 辽宁省东港市露地草莓繁苗（裸根苗）

定植时间要稍推迟。不要选用温室或大棚结过果的老苗作母株移植到田间进行繁苗。

根据品种分生匍匐茎能力的不同，通常栽植株行距为1.5～1.8 m，株距0.2～0.3 m。注意垄与垄之间的垄沟要留足够的宽度供田间作业，并且利于及时排水。母苗定植通常在垄沟的边缘栽一行，使匍匐茎苗往垄面的同一方向爬。栽植深度要做到上不埋心、下不露根。

定植后要注意母株的肥水管理，母株现蕾后要摘除全部花序，以减少养分消耗，来促进植株营养生长，及早抽生大量匍匐茎。匍匐茎抽生后，将匍匐茎向畦面均匀摆开，压住幼苗茎部，促使节上幼苗生根。为了保证匍匐茎苗生长健壮，一般一株母株可以繁殖30～40株的壮苗，过多的匍匐茎及后期发生的匍匐茎应及时摘除。注意防治炭疽病、白粉病、叶斑病、蚜虫、红蜘蛛、地老虎等病虫害。

2. 露地营养钵（穴盘）育苗 营养钵育苗是日本生产上普遍应用的育苗方法，在我国应用较少。但近5年来，营养钵育苗开始在辽宁省东港市较大规模应用，其他草莓产区如大连、沈阳、辽阳等地也开始较多应用。

东港市最普遍的一种做法是，在匍匐茎大量发生时，将7 cm×7 cm、8 cm×8 cm营养钵摆放在匍匐茎爬向的垄面，将匍匐茎幼苗引压入营养钵，用塑料育苗叉固定，以利匍匐茎发根。一条匍匐茎上可以不断引压多株，生根长到一定阶段时即可剪离形成多株单独的营养钵苗。东港市普遍采用风化砂为基质，其特点是扎根快、透气透水性好，风化砂从山坡挖来，非常便宜且易获得。用其做基质，植株不易徒长，定植时伤根少，缓苗时间短。因此，这一方法不仅使草莓花芽分化早，而且产量高，温室栽培能使采收期提前。

露地穴盘育苗做法与营养钵育苗类似（图5-2），只是将育苗容器换成了24穴穴盘。但穴盘只能摆放在母苗一侧、不能随匍匐茎苗的位置而挪动，不太方便。

3. 露地田间假植育苗 将子苗从草莓母株上切下，移植到事先准备好的苗床或营养钵内进行临时非生产性定植，称为假植。假植育苗是培育壮苗、提早花芽分化、增加产量的一项有效措施，假植植株可增强光合效率、增加根茎中的贮藏养分。假植主要是可以得

图 5-2　辽宁省东港市草莓露地营养钵（左）及穴盘育苗（右）

到健壮整齐一致的植株（图 5-3）。辽宁地区一般在 7 月下旬至 8 月上旬进行。选取品种纯正、生长健壮的秧苗，距子株苗两侧各 1～2 cm 处将匍匐茎剪断，使子株苗与母株苗分离，放入盛有水的塑料盆内，只浸根，准备假植。按（10～15）cm×15 cm 株行距，尽量在低温或阴雨天移栽，移栽后喷水遮阳。假植圃应选择离生产大棚较近的地块。不宜过多施肥，特别应控制氮肥的使用，但要求土壤疏松透气、有机质含量高、排灌方便。

图 5-3　辽宁省东港市露地田间草莓假植育苗

4. 塑料大棚提早育苗　利用塑料大棚育苗主要有 3 个目的：一是，日光温室草莓促成栽培要进行短日夜冷处理的苗，需提早母苗定植，完成大苗壮苗培育，使植株达到 4～5 叶 1 心，并要求在 8 月上旬前繁殖出足够的大苗供短日夜冷处理。二是，如果不用于短日夜冷处理，也可以提早定植、提早花芽分化，早结果，而且苗壮、产量高。三是，可以避雨育苗，减少病害发生，尤其减少炭疽病的发生。因此，利用塑料大棚设施调控生长环境，可以进行提早和避雨育苗（图 5-4）。

图 5-4　辽宁省东港市塑料大棚草莓提早育苗

通常，塑料大棚提早育苗一般配合营养钵或穴盘育苗进行。具体方法如下。

选择地势高、微酸性、肥沃、排灌方便的地块，建设塑料大棚（冷棚）进行提早及避雨育苗。在定植母株前 7～10 d 整地，深翻 30 cm，结合整地施入基肥，每亩在母株定植行条施发酵好的有机肥 500 kg、生物菌肥 50 kg、复合肥 20 kg。垄宽 1.5～1.8 m，垄高 30～40 cm，垄沟宽 30 cm。

3 月中旬定植母株，株距 25～35 cm，每亩定植 1 200～1 500 株。定植后立即浇透水，保持土壤湿润。母株缓苗后，每隔 10～15 d 冲施生物菌剂、腐殖酸，促进根系发育，施用 4～6 次。6—7 月，根据发苗情况，每 10 d 追施用一次复合肥，每次每亩 8～10 kg，促进多发子苗。8 月上旬控氮，施磷、钾肥，可叶面喷施 0.2% 的磷酸二氢钾，8 月中旬停止施肥。

如果育苗用于 7 月底至 8 月上旬的短日夜冷处理的生产苗，可在 6—7 月繁苗期间，将 24 穴穴盘或 7 cm×7 cm、8 cm×8 cm 营养钵，装入营养基质或风化砂，摆放在母株的两侧或一侧。在匍匐茎上子苗长至 1 叶 1 心、基部不定根有明显突起时，用 U 形叉将匍匐茎引压固定在母株两侧或一侧的穴盘或营养钵内，压苗不能过紧过深。每株保留 20～30 株子苗，每亩 3.5 万～4.0 万株子苗。多余的子苗尽早去除，以减少营养消耗。

8 月下旬至 9 月上旬，选择根系发达，茎粗 0.8 cm 以上，具有 4 叶 1 心，生长健壮的植株，剪断匍匐茎，带穴盘或营养钵起苗。剔除弱苗和病虫害苗。少量的苗用泡沫箱加冰袋降温运输，大批量和远距离用空调集装箱。近距离随起随定植。草莓繁育阶段应注意防治炭疽病、白粉病、根腐病、褐斑病、蚜虫、红蜘蛛等。

5. 塑料大棚高架育苗 辽宁省采用高架育苗的并不广泛，主要有 2 种方式：高架采苗和高架引插。

高架采苗是塑料大棚内建立育苗高架槽，高 1.8～2 m，草莓母株种植架子的种植槽内，匍匐茎悬垂在空中。一般每株草莓母株可以抽生 6～10 条匍匐茎，每一条匍匐茎均可形成几棵匍匐茎苗，当草莓苗达到一定数量后，集中剪下繁殖茎，然后栽植到穴盘里，进行集中采苗，集中栽苗，降低劳动强度、成本和病害侵染机会。辽宁地区，通常 3 月上旬将母苗定植到高架的泡沫箱或槽基质中，确保以后能抽生足够的子苗数量和合适的苗龄。栽植株行距为 0.25 m×（1.5～1.6）m，每亩栽植 1 600～1 800 株。定植后保持基质相对湿度在 60% 左右。将匍匐茎向高架两边自然悬垂下来，均匀摆开。经常中耕松土并清除杂草，及时去掉母株的病叶、老叶，若现蕾则要摘除全部花序。7 月上中旬，可以将悬垂在空中的匍匐茎苗剪下，逐一扦插入穴盘或营养钵。培养成的大苗可以用于短日夜冷处理，或直接定植于温室棚中用于生产。具体做法参见塑料大棚提早育苗。

高架引插是塑料大棚内建立育苗高架槽，高 0.9～1.0 m，在苗床上放置穴盘，通过牵引匍匐茎苗入穴盘，用育苗叉固定，培育大苗的方法（图 5 - 5）。

图 5-5　辽宁省沈阳市塑料大棚草莓高架采苗育苗（左）和丹东市塑料大棚草莓高架引插育苗（右）

6. 短日夜冷育苗

（1）用于短日夜冷处理苗的培育。辽宁地区采取短日夜冷育苗措施，可以使采果期提早1个月，收获期可从11月上旬至翌年5月下旬。短日夜冷超促成栽培的育苗主要不同之处在于要求较早定植母株和要求营养钵培育壮苗，一般借助塑料大棚设施进行提早育苗。

用营养钵栽植匍匐茎子苗培育壮苗。在7月上旬进行，从育苗圃选取2叶1心以上已经生根的健康匍匐茎子苗，将子苗从母株上切下，栽入直径7 cm或8 cm的塑料营养钵中，栽植深度以深不埋心、浅不露根为宜。栽植后立即浇透水，进行遮阴，确保快速缓苗和成活。育苗基质为无病虫害、未种植过草莓的肥沃表土，加入一定比例的草炭、腐叶土、腐熟秸秆、炭化稻壳等腐殖质，可因地制宜选取，再加入优质腐熟农家肥。育苗基质按表土：腐殖质：肥＝5∶3∶2的比例配制。将栽好的钵苗摆放在苗床上或架床上培养30～40 d。第1周遮阴，适时浇水。栽植成活后每周叶面喷施1次0.2%磷酸二氢钾，并进行病虫害综合防治。及时摘除匍匐茎和枯叶、病叶。末期适当控水控肥，育成具4～5片展开叶、茎粗1.0 cm以上、根系发达的壮苗。

现在，更多采用直接在母苗附近摆上营养钵，基质用风化砂，在匍匐茎苗抽生期间，用育苗叉直接引压子苗入钵中，不必从母株上切下。待长成大苗后剪离母株，培养后用于短日夜冷处理。

（2）短日夜冷处理的方法。短日夜冷处理是采用缩短白天自然光照时间、夜间低温处理促进草莓苗花芽分化的措施。通常白天日照长度为8～10 h，夜间处理温度为10～15 ℃，处理时间为15～20 d。这种方法比常规育苗可提前花芽分化2～3周以上。夜冷短日处理一般在8月上中旬开始。可以将钵苗傍晚推入冷库中进行低温处理，白天推出置于自然光下，但这种方法在生产上应用时比较麻烦。近来发展为利用冷冻机在管架大棚，钵苗放于地面上进行处理，较为方便，具体做法如下。

搭建拱形塑料大棚：选地势平坦、背风向阳、排水良好、无树木或建筑物挡光的地块搭建，拱形塑料大棚跨度为 7～8 m，高度 2.8 m，长度按处理的苗数和制冷机功率设计。每亩大棚内地面单层能摆放钵苗 18 万～20 万株，棚中留人行操作步道。覆盖大棚的塑料薄膜要求无破损，遮光处理材料可选用防水棉被或双层草帘，要求不透光并在低温处理时保温效果良好。安装自动喷灌系统，要求喷淋均匀。

短日夜冷处理：按上面钵栽育苗方法培育壮苗，可将钵苗摆放在搭建的拱形塑料大棚内培养（图 5-6）。自 8 月上旬开始处理约 20 d。每天给予光照 10 h，即每天早上 6 时打开棚膜和保温被或草帘，接受日光照射，下午 16 时覆上棚膜和保温被或草帘，启动制冷。注意夜冷处理第一周夜温缓慢降低，前 3 d 比室外温度低 2～3 ℃，后逐渐下降，3 d 内夜温降至 15 ℃，之后控制在 12～15 ℃，第二周、第三周夜温继续逐渐降低，控制在 10～12 ℃，处理结束前 3 d 夜温缓慢上升

图 5-6 辽宁省东港市塑料大棚内制冷的
草莓短日夜冷育苗

至 15 ℃。钵苗土壤基质持水量保持在 60%～70%。入棚开始每周喷施一次杀菌剂，防治灰霉病、白粉病。

三、典型案例

草莓育苗有较高的技术含量，广大农户在草莓育苗过程中积累了丰富的经验，值得总结和学习借鉴。

1. 沈阳地区草莓露地育苗技术 沈阳市的草莓育苗方式包括露地育苗、大棚避雨育苗、高架育苗、钵及穴盘育苗、假植育苗、短日夜冷处理育苗等，其中露地育苗为最主要的育苗方式。

（1）地块选择。选择未种植过草莓的地块进行繁苗，如果实在没有办法做到，建议 2～3 年进行轮作，这样对草莓苗质量有很大的提高。

（2）做床。先将草莓繁苗地块进行深翻，每亩撒施 15 kg 复合肥，床面的宽度根据具体情况计划，若是稍晚些把苗挖走，可将床面预留更宽些。对有早期计划而要在 3 月中旬定植种苗的地块，要考虑到是否有土壤"反润"现象而不能进行翻地做床，这种情况需要在 11 月（指北方）前把整地作垄工作做好，第二年 3 月选择适宜时间提早定植种苗，此时天气还有些寒冷，需要扣二拱保温。还需要做好整个地块的排水防涝预防工作。

（3）定植母苗。选择健壮无病害的脱毒苗，如果是一代苗，在做过入棚结果测产试验是最好了。也有在稀有品种种苗很少时，用结过果的老苗来繁殖小苗的，这时要注意选择根盘大、易成活的老苗。通常每亩地栽植 1 000～1 200 株。

（4）水肥管理。母株栽植时要保证土壤湿润，也可以用滴灌带随栽随给水，第一次必

须浇透，封好苗窝，要求不露须根，还要注意栽苗的深浅要上不埋心、下不露根。

根据土壤墒情，3 d 后观察秧苗长势，一般春季栽苗，气温低，很少出现萎蔫现象，这时可以小水浇施，还可带一些生根肥或者平衡肥，每亩地 5 kg，到后期随着天气变暖、春风大等原因，随时观察适当加大浇水量，特别是在 6 月，匍匐茎大量抽出时水肥管理十分重要。

如果用二拱保温保湿来促进育苗，前期长势好、缓苗快，要减小水分供给，防止沤根。

（5）及时松土除草。待秧苗栽植 1 周后，基本全部成活，需要及时松土除草，可缓解浇水造成的土壤板结。在拔草时要注意刚扎下根不久的秧苗，不要把它带出来。如果带出来了，可再栽回去，浇点水，仍可成活。

关于用除草剂，可根据自己情况，一种较为安全的药剂：50 mL 二甲戊灵＋100 mL 敌草快，兑水 20 kg，用喷雾器喷施时，要带防风罩，不要喷到秧苗上，可以半个月喷一次。后期床面有匍匐茎抽生时，只防治沟里杂草。

（6）施用生长调节剂。草莓母秧缓苗后，根据长势，可喷施赤·吲乙·芸苔促进根系发达、健壮。还可以隔 10 d 喷一次大量元素水溶肥。对于促进匍匐茎抽生的植物生长调节剂——赤霉素，要多方考虑，由于厂家不同，含量不同，建议小范围做试验再喷施，推荐用药浓度为 50 mg/L。

（7）施肥。施肥和浇水一样，依栽培基质而定。沙壤土的水肥次数要比黑土地、黄土地频率高一些。待母秧缓苗后，根据长势观察叶片颜色，每 2 周冲施一次平衡肥，促进匍匐茎抽生。进入后期，减少氮肥施用，保证子苗不徒长，叶片厚实、不易感病。

（8）摘除花序、引蔓固定匍匐茎。母株定植 2 周以后，会有现蕾现象，要及时摘除花序，并且清除老叶、病叶，保证通风透光性良好，一般 4～6 片功能叶即可。

当匍匐茎大量抽生时，将其均匀分布在床上，可分布在母苗一边，也可以分布在母苗两边，用育苗叉固定即可。

（9）后期管理。当苗床已经爬满时，也进入育苗关键时期，此时气温高，正值 8 月上旬，要停止氮肥使用，可少量冲施磷钾肥，叶面喷施磷酸二氢钾，促进花芽分化。

出苗圃时，提前 10 d 进行割叶处理，有利于营养生长转到根部，同时也是防止徒长的一个方法。割叶后要喷施杀菌药，推荐戊唑醇。

2. 东港草莓常规育苗技术　丹东市圣野浆果专业合作社根据多年的实践育苗经验，总结了辽宁东港地区草莓常规育苗技术及病虫害防治方法。

（1）育苗地的选择。草莓的生长对土壤适应性较强，一般要求在 pH 5.5～6.5 之间的微酸性土壤较好。育苗地多选择在地势平坦、光照良好、排灌方便的地块。

（2）种源和种苗的选择。草莓苗的种源质量好坏直接影响到草莓生产苗的产量高低和品质优劣，所以优质的种源是草莓栽培获取最大经济效益的关键。

优质种苗标准：大小整齐，根系发达，没有出现徒长和老化苗的情况，具有 4～5 片叶 1 心，短缩茎粗度达到 0.8 cm 左右，无病虫害。来源：建议到正规草莓科研院所购买纯正的脱毒种苗；建议到周围农户家选择产量高、果形好、连续性好的种苗，注意不要代数过多，容易减产；一次种源建议使用时间不能太长，3 年更新换代一次，否则会导致减产。

（3）母株的定植。入冬前，每亩地施入腐熟好的农家肥 2～3 m³，旋耕 2 遍，深度在 25～30 cm，然后做床，床宽 1.5～1.8 m，床高 20～25 cm。定植时间 4 月初清明前后即可。

种苗定植株距 25～30 cm，每亩 1 000 株左右。定植后需浇透水，为了保证湿度和提高地温，覆盖白色地膜，起拱管理，地膜宽 100～120 cm，地膜压实，防止被风掀起。

随着温度不断升高，外界温度达到 25 ℃ 以上时，需及时打孔放风，在打孔放风之前，可以根据土壤的湿润情况选择除草剂进行封闭处理。外界最低气温达到 5 ℃ 以上时，揭开白地膜中耕除草。

（4）匍匐茎的抽生。5 月上中旬种苗开始抽生匍匐茎，应将母株上的花序及时摘除，除草松土，摘除老叶和病叶。建议每株种苗只留 4～5 条健壮的匍匐茎，每条匍匐茎上留 5～6 株生产苗，其余的全部摘除。

（5）子苗的培育。进入 5 月下旬到 7 月初，主要是子苗的培育过程，这一阶段主要工作是除草和引茎压蔓。

引茎压蔓：随着匍匐茎的抽生，建议使用育苗叉将匍匐茎固定住，有利于子苗扎根，否则匍匐茎会随风吹动，引茎压蔓还可以充分利用有限的空间，使其繁殖出健壮的子苗。

剪除母株老叶：7 月末繁育苗结束，再生长出来的子苗不够苗龄，建议用铁锹将匍匐茎前端掐去，同时将母苗的叶片用镰刀或者剪刀割掉，可以避免种苗和子苗之间形成营养回流，使其供给子苗足够的营养，保证子苗苗壮生长发育。

（6）花芽分化的促进。促进花芽分化大致有 2 种形式，①假植法。假植时间 8 月上中旬，假植苗定植时间 9 月 15 日左右。假植方法：可以用苗床假植和营养钵假植。假植苗的优点：可挑选大小一致的幼苗，便于管理；移栽断根，减少植株对氮素吸收有利于花芽分化；移栽后产生大量新生根，可提高成活率。②短日夜冷处理法。在 8 月上中旬开始进行短日夜冷处理，根据苗子自身情况，处理 15～20 d，可提前上市 30～40 d。温度管理第 1 天：常温管理，以适应库内的环境；第 2～9 天：10～15 ℃ 低温预冷处理，白天保证见光 8～10 h；第 10～18 天：8～13 ℃ 低温预冷处理，白天保证见光 8～10 h；出库前一天：常温管理，以适应室外的温度环境。出库第二天进行定植。

（7）生产苗的收获。草莓苗收获时要做好降温、保湿工作，最好在上午 10 时之前和下午 16 时之后进行，防止草莓苗裸露在阳光中暴晒失水影响成活率。建议在草莓苗收获时进行分级处理，一般分为 3 个等级：

一级标准：短缩茎粗度 1 cm 以上，具有 4 叶 1 心。

二级标准：短缩茎粗度 0.8 cm 以上，具有 3 叶 1 心。

三级标准：短缩茎粗度 0.6 cm 以上，具有 3 叶 1 心。

（8）病虫害的预防。5 月正常情况下，15 d 左右进行药剂预防一次即可，如果遇到雨水较勤的情况另行决定。5月主要以根腐病和叶斑病预防为主，虫害以蚜虫和食叶性害虫为主。6月正常情况下，10 d左右进行药剂预防一次，6月主要以预防炭疽病为主，同时结合预防细菌性病害。7—8月正常情况下，7~10 d左右预防一次，多注意预防叶斑病，7月中旬后注意预防根部病害。7月初进入雨季，雨季前需要控制子苗旺长。7月末高温少雨也是白粉病暴发的阶段，可以适当地把母株老叶剪下。

（9）肥水的管理。入冬前，每亩施入农家肥2~3 m³。定植时，每穴施入25~26粒磷酸二铵，与土壤拌匀。匍匐茎抽生时可以在离母株13 cm处追施平衡性复合肥每株20粒左右。进入6月，根据地力情况，每亩撒施7.5~10 kg平衡性复合肥，最好在雨前撒施。

（10）草莓育苗的建议。连续阴雨天不能打老叶，以防伤口感染；雨前一定要打预防药，预防大于治疗；预防一定要加保护剂，阻止病菌侵染；一定要早控旺，一般在6月末进行。

3. 丹东红颜草莓营养钵假植育苗技术要点　相比较于常规栽培模式，假植苗栽培能提前10~15 d上市，而且盛果期相对较集中；相比较于冷藏苗栽培模式，假植苗栽培虽然上市时间没有优势，但是假植苗栽培模式能做到整个生产周期不断茬。

（1）假植苗的标准。选择4~5叶1心，株高不超过12 cm，有5~6条根系，短缩茎粗细度在0.8 cm以上的健康苗。

（2）假植土的要求。东港地区常选用风化砂作基质。其透气性好，无病菌，基本没有肥力，可以控制植株营养生长，且扎根快。

（3）假植苗的时间。在辽宁省丹东市，通常在8月15—20日选择7 cm×7 cm或者8 cm×8 cm的营养钵装营养钵土，将选择好的草莓苗假植到营养钵里。假植到定植时间不宜超过30 d，否则会因为营养钵小导致草莓苗根系老化，最终影响后期草莓产量。

（4）假植后的管理。假植后的前4~5 d需要用遮阳网遮阴处理，减少水分蒸发，同时需要及时补充水分，促使根系萌发。假植苗充分缓过苗后，需要进行植株管理，将多余的老叶和残枝败叶收拾干净，收拾的标准为留2~3叶1心，收拾完后还需要及时喷施药剂预防炭疽病和疫病。假植后14~15 d，需要将营养钵移动位置，以防营养钵苗根系下扎到土里。假植后24~26 d就可以进行温室定植了，假植后到移栽这段时间，要控制雨水，以防止感染病虫害。

（5）假植苗的定植时间。假植苗的定植时间通常要晚于常规栽培模式，假植苗一般在9月10日至9月15日定植。每亩定植10 000~11 000株，行距18~20 cm、株距13~15 cm。栽植的深度是成活的关键，标准是将苗根茎部与地面平齐，弓背向外，达到深不埋心、浅不露根，让根须充分展开；定植后立即浇透水，浇水后要及时检查於心苗、露根苗和歪倒苗，及时栽好。定植后，大概25~30 d之后就可以进入现蕾期，要有效地控制营养生长过剩导致的徒长和旺长。

（6）假植苗定植后的管理。

①肥水管理。定植后第一次要灌足定根水，防止影响缓苗，直到植株成活为止。一

般在温室覆膜保温前和盖地膜前各浇一次水，以后除结合追肥浇水外，再根据具体情况浇水。肥水需按照薄肥勤施的原则，切记上大水，容易引起徒长和旺长。

② 温湿度管理。草莓开始进入正常生长期，白天最高温度不超过 27～28 ℃，夜间温度保持 10 ℃以下，尽量避免高温。水的投入不能过多，土壤湿度为 70%，忌水量过少或者控水，不能低于 50% 湿度，因过度控水会导致后期新叶干枯、花萼焦边的缺钙症状，造成产量的减少和品质的下降。定植后要及时挂温度表，温度表要挂在棚室中温区，距离前地脚 2 m 左右，高度距离苗叶片顶端 10 cm 为准。覆盖大棚膜后实行昼夜放风，在连续 3～5 d 最低温度达到 4 ℃时关闭底风口，再等连续 3～5 d 夜温降到 4 ℃以下时可以关闭顶风口。温差的合理管理能诱使花序提前发生。

③ 植株管理。主要做好摘叶、掰腋芽、花序整理等工作。随着生长时间的推移，草莓植株的叶片会逐渐老化黄化，边缘叶片出现水平生长无光泽，叶片的光合作用已经抵不上自身的消耗，并且容易发生病害，所以在新生叶片逐渐展开时，要适时摘除病、黄、老叶，降低养分消耗，改善通风透光条件，减少病害发生源。适宜的温度、水肥使草莓生长很快，叶腋里很容易出现较多腋芽，形成匍匐茎或者新茎，导致养分出现分流，所以每株一般只保留 1～2 个侧枝，其余全部掰除，越早越好，顶花序抽生后选留 2 个方向好、粗壮的腋芽。草莓的花序呈高低级次花序，级次越低果个越大，高级次花序分化较差，果实较小，商品价值低，合理留果可在保证产量的同时提高果品质量，及时疏花疏果是关键。根据品种的结果能力和植株长势而定，以红颜为例，第一花序留果 3 个，第二花序留果 2 个，第三花序留 1 个。结果后的果枝及时摘除，以促进新花序的再生。

④ 假植苗的病虫害防治。假植到营养钵里后，待缓过苗需要预防食叶性害虫，同时还需要针对这一时期比较严重的炭疽病和白粉病进行药剂预防。

（7）假植苗鲜果上市。12 月中下旬，营养钵苗陆续进入鲜果上市期，大概在采收 10～15 d 时，进入盛果期，盛果期能够持续 8～10 d。

4. 草莓冷藏苗生产及栽培技术 东港市龙王庙政源苗业有限公司，于 2012 年开始进行草莓低温诱导促花技术的相关试验，2015 年取得成熟经验，2016 年投资 426 万元，建设了 1 000 m² 的气调库，配套先进的温度调控设施、电动升降系统、滑道式种苗入库系统；同时建立了与之配套的 20 000 m² 种苗光照处理大拱棚，可处理草莓营养钵冷藏苗 200 万株。2023 年生产裸根苗 1 000 万株、短日夜冷处理苗 100 万株。

（1）冷藏苗的目的及意义。冷藏苗是草莓行业的一项新技术，是适时对草莓苗进行人工低温诱导促花的技术。针对草莓前期市场价格较高，冷藏苗可以在任意时间定植，定植后 2 个月上市。普通常规草莓苗产果期为 12 月初至翌年 7 月初，7 月初至 12 月初为草莓市场空白期。冷藏苗主要是可以填补草莓鲜果空白阶段，利用冷藏苗可以提早上市，使种植户可以获得更高的经济效益。

（2）冷藏苗的生产过程。冷藏苗的生产苗需要选取早春大拱棚繁育苗龄达到 100 d 左右，根系发达，5 叶 1 心以上的健壮植株，移栽入基质营养钵，确保冷藏后苗龄达到 130 d 左右。

采用 7 cm×7 cm 或 8 cm×8 cm 的营养钵装入营养基质进行假植；假植苗前将苗根剪掉一部分，只留 4～5 cm，有利于发新根。假植苗栽培时以上不埋心、下不露根为标准，栽深影响缓苗，假植应注意弓背方向，以免定植时混乱。装钵后，第一次浇水必须及时浇透，前期需要遮阴保持适度，中午气温过高时需要及时润水，保证叶面湿润；缓过苗后，保持适当湿度，除去老化叶，保证 3 叶 1 心，喷施杀菌剂、杀虫剂、生根剂、少量细胞分裂素等药物预防白粉病、红蜘蛛等病虫害。从假植至进库需要 12 d。

进库后管理。湿度：营养钵中失水较快，需要将基质湿度控制在 60% 左右。温度和光照时间及病虫害管理：入库期间从第 2 天开始，每天白天出库进行光合作用，夜间进库，如果白天阴雨天，需要在大拱棚内采用 LED 灯补光。在光照期间需要定期喷药物预防病虫害，随着进库时间增加，光照时间及温度也随之变化。具体处理措施如下：

第 1 天：进库，库内低于室外温度 5 ℃（如外界 30 ℃，库内 25 ℃）。

第 2 天：利用升降系统和滑道系统出库进入遮阴的大拱棚进行光照，注意通风换气，光照 8 h 后进库，光照时湿度要适当；入库后温度控制在低于外界温度 8 ℃。

第 3～19 天：光照时间逐渐减少再逐渐增加，库内温度也是逐渐降低再升高，光照时间最少降至 4 h，库内温度最低降至 7 ℃。

第 20～23 天：光照时间逐渐提高至 8 h，库内温度逐渐提高至低于外界温度 5 ℃。

第 24 天：出库，库内温度提高至外界温度。自然阳光培育出的冷藏苗不同于灯光补光培育的冷藏苗，出库可直接定植，不需要遮阴，植株粗壮带营养基质，适应能力要强于灯光补光冷藏苗。

第二节　吉林省草莓育苗特点及关键技术

吉林省土地资源丰富，有独特的冷资源优势，部分地区表现为温度低，气候冷凉，利用寒地繁育的草莓苗，须根粗壮，花芽分化早，病虫害少等，为实现草莓的增产增收提供了保障。

一、品种选择（市场需求为主）

经过多年的试验，根据全国各地的种植要求，选定了适合在全国各地生产上应用的品种，如红颜、京藏香、章姬、宁玉、艳丽、甜查里等，这些品种特别受国内外草莓种植户的欢迎，生产的鲜果在各地市场上非常畅销。

二、穴盘种苗的生产技术要点

1. 穴盘茎尖的繁育　按照裸根苗生产茎尖，选取苗龄在 20～30 d，根系 7～8 条的子株，剪下挖出，洗净整理好，每 50～100 株装入一个塑料袋中，经过预冷，放入冷库中保存，随时取用。

2. 穴盘苗生产管理 在冷库中取出茎尖苗，经过变温处理恢复到室温，用剪刀齐头剪掉老叶，留 3～5 cm 的叶柄即可，根系齐头剪掉，留 4 cm 左右的根系。经修剪整理后的茎尖苗定植于 32 孔、54 孔、70 孔穴盘中，定植时做到浅不露根、深不埋心，在温室中生长 55～60 d 后，便可以销售。

3. 穴盘苗的水分管理 定植一周内，保持穴盘基质的湿润，控制室内温度在 25 ℃ 以内，每天根据天气状况浇水 1～2 次，等长出新根后，控制浇水的次数，做到见干见湿，一般冬季 3～5 d 浇水一次，夏季每天浇水 2～3 次，以每次浇水基质完全湿透为宜。

4. 穴盘苗的肥料管理 基质中添加的肥料以复合肥较好，配制时添加 0.3% 左右的复合肥搅拌均匀即可，要严格控制基质添加肥料的用量，过多的肥料不利于穴盘苗成活。

穴盘苗生根成活后，根据植株的长势每隔 15～20 d 随水喷灌浓度 0.3%～0.5% 的水溶肥。

5. 育苗工厂穴盘苗的优势

（1）育苗工厂生产的穴盘种苗苗龄一致，苗子长势整齐，能够保证种植户在最佳的苗龄定植，生产的穴盘苗不早衰，繁殖系数高，抗病性强，生长势旺盛，成活率在 98% 以上。

（2）育苗工厂生产的穴盘苗以公司专门配制的基质为载体，在育苗床上统一生产，避免了与土壤中病菌接触的机会，在可控的环境下生产的种苗，病虫害发生的概率小，生产的植株对药剂没有耐药性，定植在大田中有利于病虫害的防治。

（3）穴盘苗种苗的纯度高，每一株种苗都是在东北冷凉地区繁育的，品种纯度高，病虫害少。

（4）全年 365 d 随时供应种苗，满足全国不同区域不同时间对种苗的需求。

三、种苗培育

生产上采用了组织培养原种苗，用组培原种苗进行栽植扩繁原种一代苗，在每年的 1 月中旬把原种一代苗装营养钵，在温室大棚内进行 2 个月左右的培养，根据各地气温条件 4 月中旬开始陆续移植到扩繁田中进行扩繁。由于吉林省春季气温低，增加繁育商品苗数量，通常一般每公顷栽母本苗 28 000～30 000 棵为宜。

1. 繁苗地的选择 繁苗地宜选在土壤肥沃、土质疏松、排灌方便、土地较平整的地块。有条件最好选择上茬是水稻田，用旋耕机把水稻田经过 2～3 次旋耕，做成高垄或平畦均可，整地一定精细，垄面平整，在定植母株之前应进行土壤翻耕、施足底肥。一般每公顷施农家肥 20 000～40 000 kg，同时使用氮磷钾 15 - 15 - 15 的三元复合肥，每公顷 450 kg。

2. 起垄 垄规格建议有两种。

（1）垄高 30 cm，垄宽 60 cm。

（2）垄高 30 cm，垄宽 120 cm。

以上垄的规格是和相应的农业机械配套使用。也可以参照自己拥有的机械设备（旋耕机、起苗机）等起垄或做畦（图 5 - 7），原则是要整个育苗、起苗工作过程尽可能利用机械作业。

3. 田间管理　　吉林省一般在 4 月 5 日开始栽培种苗（图 5-8、图 5-9），把培养好的草莓种苗，按每 0.3 m² 栽一棵的栽植密度，定植在事先准备好的栽培垄或畦上，株距 20～30 cm，根据不同品种繁殖能力调整株距。按照栽一垄、空一垄的方式，栽培后扣地膜，也可以先扣地膜后栽苗，地膜采用 40 cm 宽白色地膜（图 5-10、图 5-11、图 5-12），可以增加土壤温度，促进草莓苗快速增长。

图 5-7　机械起垄

图 5-8　栽　苗

图 5-9　栽苗（栽一垄，空一垄）

图 5-10　扣上地膜（地膜宽 40 cm）

图 5-11　抠开地膜引出苗

图 5-12　5 月末至 6 月初去掉地膜

每隔 15～20 d 进行松土除草，松土除草可以用机械带动专用除草松土完成全部过程（图 5-13），每天每台小型设备可以松土除草 1～1.5 hm²。去掉母株花果和老叶，进行第一次压茎，在完成去除老叶作业后，要及时喷洒杀菌剂，防止草莓苗根茎部分伤口感染病害（图 5-14）。

图 5-13 垄合成床，松土除草

图 5-14 机械喷洒杀菌剂，预防病虫害

根据草莓苗长势，可以适当喷施叶面肥，促其快速抽生匍匐茎，要经常清除田间杂草，每天要观察是否有病虫害发生，建议每 15 d 可以喷洒一些防止叶斑病发生的药物，预防病害的发生。距收获日 20 d 前给新出的匍匐茎断头，以促进前期扩繁的苗多发根，同时增加新茎粗度，增加叶片数，可提高商品苗出品率。

4. 肥水管理

（1）氮肥。

① 缺氮发生规律。土壤瘠薄，且不正常施肥易出现缺氮症状。管理粗放、杂草丛生的园地常表现缺氮。

② 缺氮防治方法。改良土壤，增施有机肥，提高土壤肥力。正常管理，施足基肥，及时追肥与叶面喷肥配合，叶面喷肥可用 0.3%～0.5% 的尿素。

（2）磷肥。草莓一生中对钾和氮的吸收能力特别强。在采收旺期对钾的吸收量要超过对氮的吸收量，而整个生长过程对磷的吸收均较弱。磷的作用是促进根系发育，从而提高草莓产量。磷过量，反而会降低草莓的光泽度。在提高草莓品质方面，追施钾肥和氮肥比追施磷肥效果好。因此追肥应以氮、钾肥为主，磷肥应作基肥施用。

（3）钾肥。苗期主要是长苗，草莓对钾、氮的需求量比较高，可以起到快速提苗的作用，同时，也处于长根和花芽分化的时候，还要着重补充磷、钙，可以让根系长得更发达，利于抗冻及吸收肥料。草莓是连续开花坐果的植物，因此对硼锌的需求量比较高，建议苗期开始补充硼、锌，利于花多花壮。如果能冲施的话，冲施效果比较好，配合叶面喷雾，再用微补的冲施肥和叶面肥，效果也不错。

（4）钙肥。预防草莓缺钙，一是改善土壤结构，使用生物菌肥，调整土壤酸碱度，疏松土壤，营造一个良好的根系生长环境，促进根系发达，利于钙的吸收。二是科学施用底肥：施肥以有机肥为主，控氮、补钾、增施微量元素。在施底肥的时候每亩施过磷酸钙8～10 kg，补充草莓生长过程中包括钙在内的多种营养元素。三是叶面补充优质钙肥，在花期和幼果期叶面喷施钙肥和硼肥，并对草莓用钙肥灌根，有效解决草莓生长的缺钙问题。

四、收获草莓苗

1. 起苗 在每年的 8 月末至 9 月开始起苗，采用机械起苗（图 5 - 15），机械起苗有几方面的优势：及时、成本低、工作效率高。但是，相比人工，机械伤苗率要高。起出的苗要及时装袋、装筐等并快速运到荫凉处或事先搭建好的遮阳棚内保湿存放。

2. 分拣草莓苗 在作业棚内，要及时修剪，去掉老叶、病叶，剪掉匍匐茎，挑选出标准为 3 叶 1 心、8 条根、根长 8 cm、新茎为 0.8 cm 以上的苗（图 5 - 16）。分级、清洗、控水，一般按每 50 棵一捆装塑料袋，再装纸箱或塑料编织袋（图 5 - 17）。根据不同等级的苗，每个包装纸箱可以装 500～1 000 棵草莓苗，包装后存放到冷库预冷（图 5 - 18），预冷温度一般控制在 0～2 ℃为宜，预冷时间一般不低于 24 h。

图 5 - 15　机械起苗

图 5 - 16　人工分选草莓苗

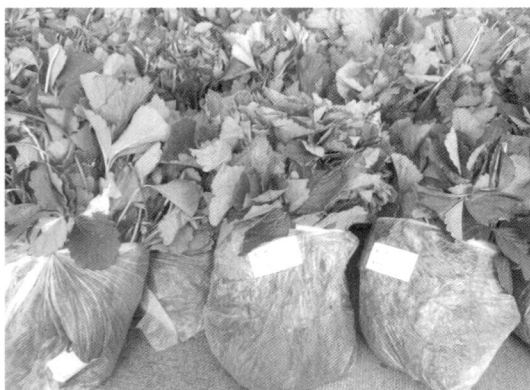

图 5 - 17　标准草莓苗装袋保湿、贴标签

图 5 - 18　草莓苗装箱预冷

每年根据全国各地种植户的需求在 9 月初至 10 月中旬，分期分批供应草莓苗。调运

草莓苗在8—9月期间，气温高，因此在生产草莓苗的各个环节要严格防止草莓苗脱水。包装后及时预冷，在运输环节做到各个品种之间有明确的标签和运输单据，确保品种不混杂。

五、草莓苗运输管理

1. 汽车运输 草莓苗在销售过程中，运输距离在500 km以上，汽车长途运输是最常用的运输方式（图5-19），不论是长途运输，还是空运、海运，都离不开汽车运输这一环节，所以说汽车运输是很重要的过程，我们要在汽车运输过程中从装车开始就要把握各个细节。首先要确定包装物结实、抗压，堆码高度符合标准，确保不能损坏草莓苗。如果是长途运输，最好选择厢式冷藏货车，能低温制冷的冷藏车可以运输到全国各

图5-19 冷藏车长途运输

地，一般运输过程中，制冷机温度设定在0～2 ℃之间，汽车运输适合草莓苗数量较多的情况，草莓苗一定要用低温冷藏箱运输，保证草莓苗不发热、不腐烂。冷藏集装箱运输草莓苗时，装箱时要注意，集装箱前部是制冷机组，通常温度较低，在装草莓苗前，最好准备一条棉被或毡布把装在最前端的草莓苗隔一下，防止冻伤草莓苗。集装箱内的堆码高度一定要确保最上面留出10 cm的空隙，是保证冷风在车箱内循环，最后封闭集装箱。

如果数量少，一批草莓苗包装后重量在2 t以内的，可以利用中铁快运、空运等运输方式。

运输距离在500 km之内视为短途运输。短途运输时，一般的货车都可以使用，把草莓苗装到车上后，一定要用毡布把车封好，防止风吹、雨淋、日晒及货物散落。

2. 关于包装箱内加冰运输 近几年，在运输草莓苗过程中，有很多公司在草莓苗包装箱内加冰袋或冰块，保证草莓苗在运输过程不发热，一般可以维持2～3 d时间，这也是运输的一种方法，但是在运输期间，加冰多少没有严格标准，有的草莓苗接触冰块，超过2 d以上会有冻伤现象，但从草莓苗外观不容易发现，收到草莓苗直接下地栽培，有些草莓苗生长缓慢，后期水肥管理要注意调整，保证开花期草莓苗长势整齐。

3. 空运 飞机运输俗称空运，空运草莓苗最大的好处是时间短，可以快速远距离运输，国内空运一般当天都能到达目的地。就是费用相对较高，包装要求严格，交接时间要求紧，不能有丝毫误差。空运草莓苗通常都是由航空货物代理公司代理运输。航空公司收取的运费是按照货物重量或体积收取，草莓苗多数都是按照重量收取运费。重量越大费率越低，有的代理公司一票货最低收费标准是一百元（如一箱苗，重量在10 kg以内）。如果经常发空运，可以和代理公司商谈合同价格，有优惠，也可以每月结算一次运费，并开

具发票。

4. 发货人与收货人的运费交接 有时候发货的运费是收货人支付，如果是收货人支付运费，发货人又是委托代理公司发货，这样运费会有误差，收货人手里拿到背面是红色的运单显示的价格是代理公司支付给航空公司的，而发货人手里的发货单显示的价格是实际支付给代理公司的，航空公司给代理公司的价格低于代理公司给发货人的价格，收货人应该按照发货人手里的运单支付运费，免除争议。空运是最快的运输办法，但是运费高，要求严格，少量的运输可以选用。具体方法是，提前和机场货运联系好，在冷库用冷藏车短途运输到机场，办理空运手续，一般经过 10～15 h，种植户就可以收到草莓苗。

调运草莓苗在 8—10 月期间，天气温度高，在生产草莓苗的各个环节要严格防止草莓苗脱水，包装后要及时预冷，在运输环节做到各品种之间要有明确的标签和运输单据，保证品种不混杂。用纸箱、泡沫箱、塑料箱、编织袋等包装好的草莓苗，包装物要做到无污染，无渗漏，体积不要过大，体积过大在安检机不能通过，在搬运过程中也不好操作，航空公司要求在航班起飞前 3～4 h 停止办理运输业务，俗称结载。所以空运草莓苗一定要提前和航空公司取得联系，确认航班时间，再提前准备把草莓苗及时运到航空公司指定货点。

5. 空运业务流程 首先要填写《航空货运货物运输托运书》内容基本是，发货日期、始发站（机场名或城市名称）——目的站（机场或城市名称）、托运人（发货人）姓名电话、收货人姓名电话、品名（草莓苗或树苗、花苗等）根据航空公司要求填写。包装物、重量、件数，其中有一栏：储运注意事项及其他（填写机场自提）这就说明收货人到机场自己提货，这样能保证快速取到草莓苗，最后要填写发货人姓名、身份证信息同时出具检疫证明，也有部分航空公司不需要检疫证明可以发货。

如果单次发货超过 1 t 重量要提前和航空公司确认，因为国内客运航线的飞机载货重量一般在 3 t 左右，代理公司是给很多家代理发货，草莓苗是属于鲜活农产品，可以优先安排发货，但是如果发货达到 2 t，一般也要分批发运的，基本保证在当天发出。草莓苗交给代理公司或航空公司后，要及确认航班信息，一旦确认信息要及时发给收货人（可以电话、短信、微信）信息内容包括：草莓苗已经发送，航班号、货单号、包装物、件数、降落时间、收货人姓名，请收货人带本人有效证件机场自提。

收货人依据航班号、货单号到机场货运处提取草莓苗，因为各个航空公司的货场地点不同请电话提前问好，以免耽误时间。提货时要支付当地航空货运收取的搬运费，提到货后，清点件数，如有缺失，当时就要联系发货人，及时查找，空运有时因为航班配载货物重量的原因，一单货物有时会被动分开的，航空公司会尽早安排补发，如果遇到天气原因、航空管制等飞机晚到等，请耐心等待，别无选择。

六、草莓苗出口

2000 年，吉林省蛟河市草莓研究所第一次对韩国出口草莓苗，连续多年出口韩国、俄罗斯。在国家"一带一路"政策引导下，吉林省草莓协会近几年组织多家公司、合作社等，推进出口草莓苗业务，先后出口到韩国、蒙古、俄罗斯等。

1. 出口草莓苗品种

出口俄罗斯草莓苗品种：书香、天香、红袖添香、甜查理、哈尼、京藏香。

出口韩国草莓苗品种（图5-20至图5-22）：雪圣、雪妹、幸香、章姬、红珍珠等。

图5-20 清洗干净草莓苗（出口韩国）

图5-21 质量检验贴标签（出口韩国）

中国出口到俄罗斯的草莓苗虽然距离近但是出口手续繁杂，在中国通过检验检疫，报关通过后，通过陆路先到达俄罗斯符拉迪沃斯托克弗拉斯杨卡，停留3~5 d，隔离检疫，再通过海运到达符拉迪沃斯托克陆港，办理清关手续，才能正式交给俄罗斯客商。

2. 出口草莓苗运输方式 出口俄罗斯运输方式（图5-23）：

（1）陆运到黑河口岸布拉戈维申斯克（图5-24）；

图5-22 草莓苗包装（出口韩国）

（2）吉林省珲春口岸符拉迪沃斯托克；

（3）长春海关口岸空运伊尔库茨克（图5-25）。

交货方式：FOB"船（飞机）上交货"。

出口韩国运输方式：陆运大连港、海运到韩国釜山港、银川港等。

交货方式：CIF"成本、保险费加运费"。

3. 出口草莓苗标准

A级：5叶1心，心茎1.0 cm以上，根长10 cm以上，10条根以上。

B级：4叶1心，心茎0.8 cm以上，根长8 cm以上，8条根以上。

C级：3叶1心，心茎0.6 cm以上，根长6 cm以上，6条根以上。

注意事项：根、茎、叶无脱水现象，无病虫害，叶柄无折断损坏现象。

图 5-23　出口俄罗斯（圣彼得堡）

图 5-24　出口俄罗斯（布拉戈维申斯克）

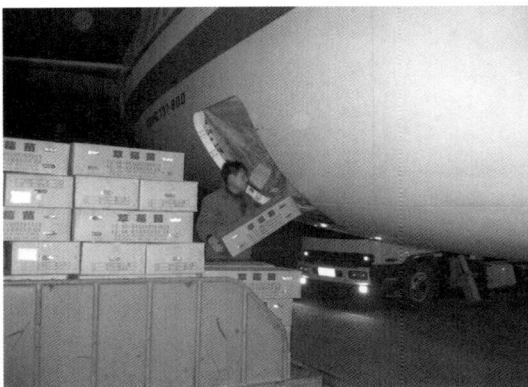

图 5-25　出口俄罗斯（伊尔库茨克）

4. 出口流程　主要包括：报价、订货、付款方式、备货、包装、通关手续、装船、运输保险、提单、结汇。

在国际贸易中一般是由产品的询价、报价作为贸易的开始。其中，对于出口草莓苗的报价主要包括：草莓苗标、质量等级、包装是否有特殊包装要求、所购草莓苗数量的多少、交货期的要求、草莓苗的运输方式等内容。

比较常用的报价有：FOB"船上交货"、CNF"成本加运费"、CIF"成本、保险费加运费"等形式。

5. 订货（签约）　贸易双方就报价达成意向后，买方企业正式订货并就一些相关事项与卖方企业进行协商，双方协商认可后，需要签订《购货合同》。在签订《购货合同》过程中，主要对草莓苗品种名称、等级、数量、价格、包装、产地、装运期、付款条件、结算方式、索赔、仲裁等内容进行商谈，并将商谈后达成的协议写入《购货合同》。这标志着出口业务的正式开始。通常情况下，签订购货合同一式两份由双方盖本公司公章生效，双方各保存一份。

6. 付款方式　比较常用的国际付款方式有三种，即信用证付款方式、TT 付款方式和直接付款方式。

付款方式为光票信用证和跟单信用证两类。跟单信用证是指附有指定单据的信用证，不附任何单据的信用证称光票信用证。简单地说，信用证是保证出口商收回货款的保证文件。请注意，出口货物的装运期限应在信用证的有效期限内进行，信用证交单期限必须不迟于信用证的有效日期内提交。

7. 备货 备货在整个货物出口流程中，起到举足轻重的重要地位，须按照合同逐一落实。备货的主要核对内容如下：

（1）草莓苗的等级、品种、数量，应按合同的要求核实。

（2）货物数量：保证满足合同或信用证对数量的要求。

（3）备货时间：应根据信用证规定，结合船期安排，以利于船货衔接。

（4）一般出口货物包装标准：根据贸易出口通用的标准进行包装。

（5）特殊草莓苗包装标准：根据客户的特殊要求进行出口货物包装。

（6）货物的包装和运输标志：应进行认真检查核实，使之符合信用证的规定。

8. 包装 贸易双方根据实际需求确定包装箱标准。

9. 通关手续 通关手续极为繁琐又极其重要，如不能顺利通关则无法完成交易。

法定检验的出口商品须办出口商品检验证书。

目前我国进出口商品检验工作主要有以下环节：

抽样：商检机构接受报验之后及时派员赴货物堆存地点进行现场检验、鉴定。检机构接受报验之后，认真研究申报的检验项目，确定检验内容。并仔细审核合同（信用证）对品质、规格、包装的规定，弄清检验的依据，确定检验标准、方法（检验方法有抽样检验；仪器分析检验；物理检验；感官检验；微生物检验等）。

签发证书：在出口方面，凡列入出口种类表内的商品，经商检机构检验合格后，签发放行单（或在"出口货物报关单"上加盖放行章，以代替放行单）。

须由专业持有报关证人员，持箱单、发票、报关委托书、出口结汇核销单、出口货物合同副本、出口商品检验证书等文本去海关办理通关手续。

箱单是由出口商提供的出口产品装箱明细。

发票是由出口商提供的出口产品证明。

报关委托书是没有报关能力的单位或个人委托报关代理行来报关的证明书。

出口核销单由出口单位到外汇局申领，指有出口能力的单位取得出口退税的一种单据。

商检证书是经过出入境检验检疫部门或其指定的检验机构检验合格后而得到的，是各种进出口商品检验证书、鉴定证书和其他证明书的统称。是对外贸易有关各方履行契约义务、处理索赔争、议和仲裁、诉讼举证，具有法律依据的有效证件，同时也是海关验放、征收关税和优惠减免关税的必要证明。

七、草莓苗生产注意事项

经过几年的生产，在草莓苗的生产过程中存在着以下问题需要解决：

一是，近两年发现有些农户为降低生产成本，用上年生产上的老、弱、病苗做种苗，进行扩繁生产草莓苗，经常发生病害和出苗率低等问题，影响草莓苗质量。为保证草莓苗的质量，所用种苗最好是用组培原种苗扩繁的一代苗，做生产用种苗。因组培苗生长健壮，繁殖率高，繁殖出来的小苗长势旺、病害少、茎叶粗壮、苗质量好，确保草莓苗质量万无一失。

二是，在生产中发现，生产苗的生产对病害要进行以预防为主，而有的农户平时不预防，得病乱用药，造成秧苗病害严重，草莓苗检疫不能过关，因此提醒生产户在草莓苗繁育生产中应注意防治白粉病、炭疽病、红蜘蛛、线虫病。生产田最好是用没有种过草莓的大豆、玉米、水稻田。因对草莓苗检疫要求特别严格，上述病害被检出将不能销售，会给生产经营者造成很大损失。

三是，由于吉林农村的土地是实行联产承包责任制的方式，把土地分到一家一户去经营，这样在生产上就出现草莓苗种植户种植地块不连片，在病虫害防治、生产管理、产品收获、冷藏运输等方面都十分不方便。因草莓苗的收获季节在 9 月，白天温度高，从起苗修剪、分检、清洗、清查、包装整个过程中所需的时间越短越好。所以在生产上最好能做到连片种植，集中管理，集中到场地，争取做到第一时间预冷，防止草莓苗在加工过程中脱水而影响苗的质量。

四是，建立诚信追溯体系。有些种植户生产不认真，出现质量不合格、数量不准确等问题，严重影响草莓苗销售诚信。广大草莓苗生产农户应认真负责，做好各道工序的生产工作，确保草莓苗的质量符合销售标准，树立草莓苗在各级市场上的良好形象与商业信誉，促进我国草莓产业健康发展。

第三节　黑龙江省草莓育苗特点和关键技术

黑龙江省地处我国最北端，属寒温带与温带大陆性季风气候，主要特征是春季低温干旱，夏季温热多雨，秋季易涝早霜，冬季寒冷漫长，无霜期短，气候地域性差异大。黑龙江省的降水表现出明显的季风性特征，夏季受东南季风的影响，降水充沛，冬季在干冷西北风控制下，干燥少雨。特殊的地理位置和得天独厚的自然环境优势为种植提供了适宜的生长环境，是草莓规模化育苗的适宜选择区之一。并且，冬冷夏凉、环境污染轻，培育的种苗质量高、花芽自然分化较早、病虫害少。

一、繁殖方法

草莓繁殖的方法有多种，可以匍匐茎繁殖、种子繁殖、组织培养、母株分株繁殖等，生产中常用的是匍匐茎繁殖。生产上为了脱毒复壮并提高繁殖系数，采取茎尖培养、继代培养、匍匐茎繁殖相结合的方式，繁殖生产苗。

1. 匍匐茎繁殖法　草莓繁殖的主要器官是匍匐茎，从母株上抽生出的细长的茎上长出子苗，压住幼苗茎部，促使节上幼苗生根。匍匐茎的发生能力和品种、母株健壮与否、栽培管理、环境条件等因素有关。此法简便易行，产苗量大，繁殖系数较高，是草莓生产中普遍采用的繁殖方法。

2. 母株分株法 将带有新根的新茎、新茎分枝和带有黄白色不定根的二年生根状茎与母株分离，成为单株进行栽培。分株繁殖系数较低，对于匍匐茎萌发较少的草莓品种，或者急需更新换地的草莓园，可以采用此法繁殖。

3. 组织培养法 在实验室无菌条件下，将草莓茎尖或其他组织接种到试管里进行人工培养，诱导出幼芽、萌发增殖、生根培养等，使之长成完整植株的方法叫组织培养法。组织培养繁殖速度快，可以在短期内生产出大量品种纯正的幼苗，实现迅速更新品种的目的。组织培养繁殖可以得到草莓脱毒种苗，后代生长势强，整齐一致，能更好地保持品种特性。

4. 实生（种子）繁殖法 利用播种草莓种子繁殖草莓苗。实生繁殖出苗率低，性状出现分离，不能完全保持品种原性状，生产上一般不采用，主要用于杂交育种、远距离引种或难以获得植株的品种保留。

二、草莓育苗技术

草莓的产量是由花序数、花朵数、坐果率、果实大小和单位面积总株数等因素构成，这些因素与植株的营养状况和生长发育状态密切相关，培育优质壮苗是提高产量和果实品质的关键。因此，育苗是草莓栽培中的重要环节。

黑龙江省最早栽培草莓采用的是一次栽培多年生产的地毯式栽培方式，多数是露地地毯式多年育苗方式。随着生产方式、栽培品种与技术的提升及设施农业的发展，草莓育苗多样化，露地育苗及设施育苗面积虽然不大，但栽培管理上更趋于精细，也越来越规范化。

1. 露地育苗

（1）育苗地。可选择山区半山区地域的宽敞平地，尚志地区或牡丹江地区，以及齐齐哈尔地区，黑壤土或沙壤土，气候冷凉，病虫害相对较少，适宜露地育苗（彩图 5 - 1、彩图 5 - 2）。

选择地块平坦、排灌方便、疏松肥沃的壤土或沙壤土，未种植过草莓或茄科类植物，前茬为大豆、玉米、水稻等作物，没有除草剂药害的地块。

（2）整地。育苗地周边开好畦沟、腰沟和围沟，以便雨季及时排除积水，减少草莓苗期病虫害的发生。清理育苗地块，结合施肥深翻、消毒处理。

不同地区畦面要求有一定差异，一般畦宽 1.2～2.0 m、畦高 15～30 cm，沟宽 20～40 cm，安装喷灌或滴灌装备。

（3）管理。露地育苗定植时期一般在 5 月上旬左右。有条件的地区可以 4 月在土壤化冻 30 cm 后，覆膜及扣小拱棚提早定植。在气温升高后小拱棚及时通风，夜间气温稳定在 10 ℃以上可以撤去拱棚。

露地育苗注意及时去除杂草，连续阴雨天后及时防治病虫害。高温天气及时补水。匍匐茎伸出后及时引插（彩图 5 - 3），排布匍匐茎走向，当匍匐茎布满畦面时，在起苗前

20 d左右及时清理茎尖。

2. 设施育苗

（1）设施地栽育苗。利用塑料大棚及日光温室进行设施育苗，比露地育苗不仅出苗量大，而且可以在 8 月中下旬出圃，适宜黑龙江省地域繁殖秋季定植的短日照品种生产苗。

塑料大棚育苗使定植时间提前 1～1.5 个月，大棚内土壤化冻后即可定植，遇到晚霜低温等天气可用二层膜或其他材料覆盖进行保温；日光温室育苗则根据需求选择不同的定植时间，一般在 2—3 月定植母苗。

设施地面栽培母苗后，匍匐茎可引插地栽也可采用穴盘（彩图 5 - 4）。进行大批量扦插的育苗者也可在苗床铺设无纺布等材料（彩图 5 - 5），用伸长的匍匐茎进行剪取扦插（彩图 5 - 6、彩图 5 - 7）。

（2）设施高架栽培扦插育苗。设施高架育苗（彩图 5 - 8、彩图 5 - 9）是近些年育苗企业比较喜爱的一种育苗方式。黑龙江省农业科学院园艺分院从 2010 年开始在冷温室利用自制木板槽及 PVC 管进行草莓空中育苗试验，取得了一定效果；2018 年开始利用塑料大棚 H 形架进行草莓高架栽培，剪取匍匐茎进行扦插育苗（彩图 5 - 10）。2019 年黑河市政府扶持企业进行新型日光温室高架栽培，匍匐茎扦插育苗取得很好效果，穴盘苗从开始的年扦插穴盘生产苗 100 万株，到 2023 年达到 1 000 万株以上，主要销往丹东地区，部分销往本地及其他地域。

第六章
长江中下游流域草莓育苗特点及关键技术

第一节 安徽省草莓育苗特点及关键技术

一、安徽省草莓生产概况

1. 草莓生产现状 安徽全省各地市均有草莓种植，草莓种植总面积 2.37 万 hm²，育苗面积 0.57 万 hm²。草莓种植地区主要有合肥市长丰县、阜阳市闻集镇、淮南市曹庵镇、巢湖市烔炀镇、泗县墩集镇、明光市坝西镇、马鞍山市濮塘镇等，如今安徽主要种植草莓地区已拥有包含研发、生产、加工、包装、储运、销售在内的全产业链服务体系。草莓已成为农民致富的"金果子"、乡村振兴的"大产业"。2022 年长丰县草莓种植面积达到1.4 万 hm²，产量超过 35 万 t，种植面积占全国鲜食草莓总面积的 10% 以上。长丰全县有种植草莓的农户 8 万多户，从业人员 18.5 万人，受益农民达到 35 万人；淮南市曹庵、史院、三和 3 个乡镇（原属长丰县）也具有规模化的草莓种植基地，尤以曹庵草莓种植面积较大，2022 年种植面积 0.27 万 hm²，产量 8 万多 t；阜阳草莓的种植区域比较分散，最大的是颍泉区，现如今颍泉区闻集草莓核心区种植面积突破 0.17 万 hm²，有农业产业化龙头企业 15 家，农民专业合作社 100 多家，草莓单品年销售收入近 8 亿元，近年来，泗县墩集镇草莓发展较快。

2. 品种 近 30 多年来，安徽草莓品种通过不断引种试验，示范推广，品种逐步优化。代表品种由早期的宝交早生、女峰、丰香、章姬，发展到红颜、甜查理、白雪公主、粉玉等。长丰县主要草莓品种是 20 世纪 80 年代的宝交早生，90 年代的丰香、女峰及鬼怒甘，2008 年引进红颜，现在长丰草莓 90% 以上为红颜。阜阳闻集草莓口感好，具有独特的奶香，被称作"牛奶浇灌出的草莓"。闻集草莓已经成为阜阳的一大特色，主要草莓品种是天仙醉、章姬、红颜、甜查理等，草莓果实色泽鲜艳，个大而多汁，凭借鲜美的口感拥有广阔的市场。尤其是天仙醉和白雪公主，颜值爆棚，香气浓郁，清新酸甜，带着浓浓清新草莓香味。淮南市曹庵镇是草莓大镇，主要以曹庵和范圩两村为主要的草莓生产基地，品种有红颜、甜查理等。

3. 品牌荣誉 长丰县是"中国设施草莓第一县"，素有"中国草莓之都"的美誉。2007 年，长丰草莓被国家工商总局批准注册为地理标志商标，成为安徽省第 6 件、合肥市第 1 件品牌地理标志商标；在 2017 年第八次中国草莓大会上，长丰草莓摘得 47 个金奖，总量为历届之最，草莓三新技术展示园捧得草莓文化节最高荣誉——"长城杯"；2019 年 11 月 15 日，长丰草莓入选中国农业品牌目录；2020 年 9 月 18 日，农业农村部农产品质量安全中心正式纳入全国名特优新农产品名录；2022 年 10 月，入选 2022 年农业品牌精品培育计划；2022 年中国草莓大会举办了 2022 全国优质草莓线上推介——长丰草莓，并在推介会现场签订了产销战略合作协议，协议总金额达 6.7 亿元，进一步扩大了"长丰草莓"的品牌影响力，2022 年，"长丰草莓"品牌价值 102.2 亿元，全产业链产值 112 亿元。阜阳闻集草莓于 2003 年获得了农业部无公害农产品认证；2007 年闻集草莓获得了农业部绿色食品认证；闻集牌草莓 2017 年获得农业部推荐的最优农产品称号；闻集草莓被农业部正式列入 2017 年度全国名特优新农产品目录；2019 年"闻集草莓"地理标志通过农业部认证。闻集草莓具有"高、早、优"等优秀品质，近年连续多次在全国草莓大赛上获得金奖。

二、安徽省草莓育苗特点及关键技术

1. 草莓育苗特点　安徽省地形地貌呈现多样性，中国两条重要的河流——长江和淮河自西向东横贯全境，把全省分为三个自然区域：淮河以北是一望无际的大平原，土地平坦肥沃；长江、淮河之间丘陵起伏，河湖纵横；长江以南的皖南地区山峦起伏，以黄山、九华山为代表的山岳风光秀甲天下。安徽省在气候上属暖温带与亚热带的过渡地区。在淮河以北属暖温带半湿润季风气候，淮河以南属亚热湿润季风气候。其主要特点是：季风明显，四季分明，春暖多变，夏雨集中，秋高气爽，冬季寒冷。安徽又地处中纬度地带，随季风的递转，降水发生明显季节变化，是季风气候明显的区域之一。春秋两季为由冬转夏和由夏转冬的过渡时期。全年无霜期 200～250 d，10 ℃活动积温在 4 600～5 300 ℃。年平均气温为 14～17 ℃，1 月平均气温−1～4 ℃，7 月平均气温 28～29 ℃。全年平均降水量 773～1 670 mm，有南多北少，山区多、平原丘陵少的特点，夏季降水丰沛，占年降水量的 40%～60%。

安徽省特殊的地理、气候等特征，形成了草莓育苗期间的梅雨集中和夏季高温多雨两大灾害性因素，但经安徽人民持续不断探索创新，形成了自草莓种苗脱毒组培开始的完整的草莓育苗体系，特别是长丰县建立了草莓种苗脱毒组培三级繁育体系。全省草莓育苗面积每年稳定在 0.57 万 hm²，主要为露地育苗方式，设施穴盘育苗较少，年繁育草莓生产苗 42.5 亿株，除满足本地需求外，还能为 16 个省份提供种苗 15 亿株。合肥市长丰县是安徽草莓育苗的典型代表，创造出了长丰草莓种苗在全国的品牌优势。

2. 长丰草莓育苗技术　长丰县 1983 年开始种植草莓，具有 40 年草莓种植历史。全县草莓种植面积达 1.4 万 hm²，产值突破 100 亿，品种以红颜为主。草莓原原种苗均由艳九天、恒进、福临农、蓝杉斛 4 家组培公司提供，年繁育 100 万株的草莓原原种苗，生产苗以农户自繁为主，繁育体系健全。全县超过 5 万户农户繁育生产种苗，其中专业育苗公司 52 家、家庭农场 483 家、合作社 268 家，全县年繁育优质草莓种苗面积 0.4 万多 hm²，产苗 30 亿株，可种植面积 2.67 万 hm² 以上，除满足本地用苗需求外，还为全国 16 个省份年供给草莓种苗达 15 亿株以上。杜绝了外引种苗带病风险，基本实现草莓脱毒苗全县全覆盖。2018 年前，长丰农户繁殖种苗都采用自家留匍匐茎作种苗繁育生产种苗，培育的种苗普遍带有病毒，造成品种逐年退化、抗性减退、产量下降、品质变劣，从而降低经济价值和商品价值。相比于大田露地传统自家留种通过葡萄茎繁育出的生产种苗来说，草莓脱毒种苗长势更好、产量更高。2018 年开始长丰县实施脱毒组培苗奖补政策扶持，草莓品种种性恢复，种苗带毒率显著降低，抗病性增强，定植成活率达 90% 以上，在全国草莓种植户中赢得了口碑，为全县草莓稳产提质奠定了坚实基础。

目前，我国草莓种植中有 4 种常见的病毒病害，分别是草莓镶脉病毒（SVBV）、草莓斑驳病毒（SMoV）、草莓皱缩病毒（SCV）和草莓轻型黄边病毒（SMYEV）。长丰县采用草莓茎尖培养脱毒苗（图 6-1、图 6-2），具体做法如下。

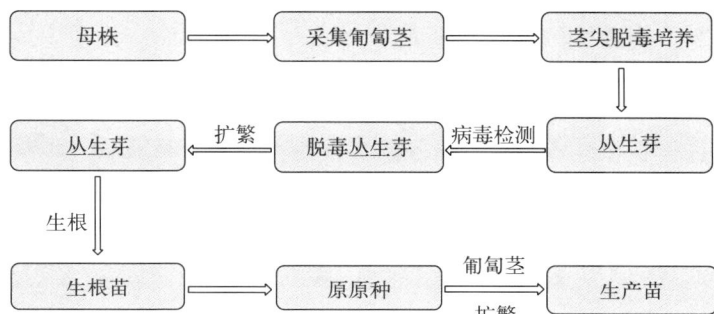

图 6-1 草莓脱毒苗繁育技术路线

（1）单株培育。3 月把长势旺、果形好、产量高的草莓脱毒原原种作为候选优秀单株，对候选优秀单株进行 4 种病毒检测，检测不携带 4 种病毒的单株作为组培茎尖采用的单株，然后把选用的茎尖采用单株种植在隔离网室内培育匍匐茎。

（2）茎尖选取。用 75% 乙醇浸泡 30 s 并用 0.1% HgCl₂ 浸泡 5 min 茎尖消毒，在显微镜下剥离网室内种植单株的葡萄茎生长点顶端 0.2～0.5 mm 作为组织茎尖。最后用 1%～2% 的过氧乙酸消毒 1 min。每次都要用无菌水冲洗 3～4 次后再进行下一次消毒。整个消毒过程在超净工作台内完成。

（3）产生丛生芽。培养基均使用 MS 培养基，外源激素常见的有 6-苄氨基嘌呤（6-BA）、萘乙酸（NAA）、二氯苯氧乙酸（2,4-D）、吲哚丁酸（IBA）等。接种前要先用酒精灯对接种用具（镊子、接种针、接种架等）消毒自然放凉。先用镊子一层层的剥去茎尖外的幼叶和鳞片，然后在解剖镜下找到生长点（可带 1～2 个叶原基）用接种针挑出生长点（小于 0.5 mm），放入事先准备好的盛有培养基的培养瓶内，封好瓶口，置于培养室内培养成小植株。茎尖接种于诱导培养基生长一段时间后，分化产生丛生芽。

网室采苗

显微镜下剥去茎尖0.2～0.5 mm

茎尖生长点

萌发成苗

炼苗成活

继代增殖
生根成苗

病毒检测阴性

脱毒原原种

生产种苗

图 6-2　生产种苗田间繁育示意图

（4）病毒检测。待组培瓶苗长至 2～4 cm 高时，切取叶片提取 RNA 或 DNA，利用 PCR 法检测 4 种病毒，去除带病毒的幼苗，将无病毒的幼苗继续利用诱导培养基进行培养或扩繁。

（5）继代培养。培养室要求干净清洁，室内装有紫外线杀菌灯，每天要对室内进行消毒，以防污染。培养温度 20～28 ℃，最适温度 25 ℃，相对湿度 70%，光照强度 1 000～2 000 lx，每日光照 10 h 左右。每培养 25～30 d，培养瓶内的小植株就会分出 3～5 个小植株，把这些小植株分出放于继代培养基内培养，过 20～30 d 后又会长出小植株，如此反复进行继代培养，增加繁殖系数。

（6）诱导生根。根据生产需要集中一批苗子生根。草莓试管苗生根很容易，有的在继代培养基上便可生根。或者在培养基中加入 0.5 mg/L 的 6-BA，经 30 d 左右便可长出长 2～3 cm 的小根，当幼苗长出 3～5 条根时进行驯化移栽。

（7）温室驯化。把生好根的小苗经光照锻炼 7～10 d，从试管内取出，洗净根部培养基，移栽入防虫网室，采用育苗床或营养钵、穴盘等育苗容器进行移栽。驯化基质体积配比泥炭：珍珠：蛭石为 3：2：1。移栽后浇透水，支小拱棚覆盖塑料薄膜保湿。驯化温度为 15~20 ℃，前两周空气相对湿度 80%~100%，第三周开始短时间放风，放风强度逐渐加大，至移栽后第四周可去掉覆盖物。根据情况每天或隔天喷水一次，保持土壤湿润而不积水为宜。驯化一般需 2~3 个月即可移出。

（8）挂果试验。草莓苗驯化一般 10 月开始，翌年 3 月开始开花挂果，认真记录每一株驯化脱毒原原种草莓长势、果形、果数、抗性等主要性状。同时剔除植株姿态、叶片花序、花瓣、果形等植物学变异性状的脱毒苗。

（9）生产种苗繁育。

① 脱毒原原种苗标准。绿叶数 5~6 片，小叶对称、中心芽饱满、植株矮壮、根茎粗 0.8 mm 以上、须根多、粗而白、叶柄短而粗壮，苗重≥30 g，无病虫。

② 种苗移植及培育。

a. 繁苗田选择：选择土壤肥沃、土质疏松、地势平整、排灌方便、背风向阳、孔隙度高、未种过草莓的微酸性（pH 6.0~6.5）田块。以水稻田为宜，避免前茬用了残留期长的除草剂田块。每亩施入商品有机肥 250 kg 和 45% 三元复合肥 25~35 kg。畦宽 1.5~2.0 m，畦高 30 cm 以上，畦面宽 150~180 cm，移栽前 7~10 d 用除草剂闭封杂草。

b. 种苗移植：2 月下旬或 3 月中上旬，在日平均气温 12 ℃以上时，选择晴天，种苗带土移植，定植时摘除花蕾和枯叶。栽植密度易发苗品种为每亩栽 800~1 000 株；对较难发苗的品种，每亩栽 1 200~1 500 株。视品种繁苗系数调整栽培密度。浇完定根水后用 40 cm 宽的白地膜整体盖上母株。

c. 肥水管理：种苗定植后灌足水，并经常浇水，保持土壤含水量为最大持水量的 70%~80%为宜。母种苗成活后，在夜间气温稳定在 10 ℃时，挑破白地膜，掏出母苗。每隔 10~15 d 在母株周围每亩每次撒施或穴施三元复合肥 5 kg。切勿肥水过量。

d. 摘除花序：在种苗生长 3 片以上新叶后，摘除花蕾和花序，摘除花序时需避免损害腋芽。

③ 子苗培养。

a. 匍匐茎整理：母株抽生匍匐茎后，定期检查，前期 2~3 个较细匍匐茎摘除。疏理匍匐茎蔓使其伸展均匀，去除后期抽生的过密的匍匐茎，保证通风透光，并具合理营养面积。当匍匐茎上的子株苗有 2 片叶展开时用泥土压蔓，促进子株苗扎根。

b. 肥水管理：在匍匐茎子苗繁殖期视植株长势，间隔 10~15 d 每亩每次撒施三元复合肥 10~15 kg。高温天增加磷、钾肥施用量，减少氮肥施用或不施用氮肥，以免影响植株的花芽分化，可用 0.2% 磷酸二氢钾溶液作根外追肥。8 月停止使用氮肥。

c. 赤霉素促进：匍匐茎抽生时，喷施赤霉素溶液一次，浓度为 50 mg/L，用药液量为每株 10 mL。

d. 杂草防除：经常人工除草或在种苗定植成活后使用化学除草剂除去杂草。

e. 激素控制：当子苗布满畦面或出现徒长时，用适量矮壮素或多效唑等抑制生长，定植前 20 d 禁止使用任何激素。

④ 假植育苗。

a. 露地假植：在草莓定植前 30～60 d 将匍匐茎苗从母株分离移植到事先预备好的苗床上进行假植。假植床少量施肥浅翻耕 10～15 cm 深，在距子株苗两侧各 2～3 cm 处，将 2～4 片叶匍匐茎剪断，使子株苗与母株苗分离，剔除老弱病苗，按 15 cm×15 cm 株行距假植。

b. 假植管理：在晴天下午或阴天移栽，子株苗移栽后覆盖遮阳网，15 d 后撤除。小水勤浇，避免漫灌。一般不追肥，或于移栽成活后用 0.2％磷酸二氢钾溶液叶面喷施。结合除草浅中耕 2～3 次，防治病虫 3～5 次。

⑤ 促花处理。

a. 控制氮肥：8 月中旬，对育苗田和假植床开始停止施氮，适当控制水分。

b. 摘叶：经常摘除老叶、病叶、只保留 4～5 片绿叶。

c. 断根：8 月中下旬对长势旺盛的苗在四周 3～5 cm 处向下 8～10 cm，用小铲锹挖起断根，适当控制水肥，防止淋雨。

⑥ 病虫害防治。长丰县草莓苗地的病虫害主要有炭疽病、白粉病、蚜虫、螨类、斜纹夜蛾等，要求育苗户注意苗地检查，及时防治。

a. 白粉病：以防为主，在发病初期可用苯甲·嘧菌酯、腈菌唑等喷施 1～2 次。

b. 炭疽病：可用咪鲜胺、醚菌酯、溴菌腈、二氰蒽醌、代森联、代森锰锌等连续防治 3～5 次（注意：以上药剂只能用来预防）。因此，一定在雨前、雨后和浇水前后及时预防，尤其台风暴雨过后要抓紧喷药，同时做到每次形成伤口（摘叶、人工除草等农事操作）后及时施药保护，同时兼治叶部病害。

c. 叶部病害：叶部病害以叶斑病为主，是导致叶片局部出现斑点的一类病害的统称，常见的有真菌侵染的褐斑病和细菌侵染引起的角斑病等。草莓褐斑病发生初期在叶片上出现淡红色小斑点，以后逐渐扩大为直径 3～6 mm 的圆形病斑，病斑中央呈棕色，后变为白色，边缘紫红色，略有细轮纹。角斑病初侵染时在叶片下表面出现水渍状红褐色不规则形病斑，病斑扩大时受细小叶脉所限呈角形叶斑，故亦称角斑病或角状叶斑病，病斑照光呈透明状；发现病株及时挖除，摘除病叶、病茎集中烧毁。药剂防治：发病初期褐斑病可选用防炭疽病药剂，角斑病选用噻菌铜、噻森铜等杀细菌药剂每隔 7 d 一次，连续防治 2～3 次。

d. 蚜虫：发生较多时用啶虫脒、吡蚜酮、氟啶虫酰胺、乙基多杀菌素等喷施 1～2 次，同时也能兼治蓟马。

e. 螨类：发生初期防治用联苯肼酯、乙螨唑、螺虫乙酯、丁氟螨酯、哒螨灵和苦参碱等全田喷施 1～2 次，发病中心 3～4 次。

f. 斜纹夜蛾：前期少量集中发生期可人工捕杀，药物防治可用氯虫苯甲酰胺、茚虫威等喷施 1～2 次，也可采用性诱器控制。

3. 长丰县草莓育苗关键技术

（1）脱毒种苗。长丰县目前草莓种植品种 92％以上为红颜，该品种自 2008 年引进长丰已经超过 10 年，品种带毒率高，种性退化，种苗繁育系数、定植成活率低，产量下降，品种降低，严重威胁长丰草莓产业发展。2018 年起连续对草莓种苗脱毒组培进行财政支持，建设了 4 家草莓种苗脱毒组培实验室和原原种苗繁育基地，目前全县草莓全部应用脱毒种苗。

（2）轮作换茬。长丰县土地资源丰富，辖 14 个乡镇，拥有耕地 11.3 余万 hm^2，1.4 万hm^2 草莓集中种植在县城周边 5 个乡镇。为克服草莓育苗连作障碍，坚持每年轮换选择非草莓种植区水稻地进行草莓育苗，严禁使用旱稻地开展草莓育苗。

（3）冬季育雏。为加快草莓脱毒种苗应用，长丰县创新性开展了草莓脱毒种苗原原种苗供应莓农，莓农繁育原种苗直接定植的二级种苗繁育体系。为克服脱毒种苗变异影响以及更好地进行种苗提纯复壮，莓农在每年 11 月草莓结果后，选择符合草莓品种特性植株所生匍匐茎繁育雏苗，所繁雏苗下年做母苗繁育生产苗。

（4）超前定植。针对草莓育苗期间炭疽病属高温型病害的发生特点，避免草莓炭疽病防控与草莓种苗生长矛盾，应在 3 月中旬前完成草莓育苗母株定植，定植后使用 40 cm 宽薄膜覆盖，地温稳定上升后破膜放苗，4 月中旬前培育母株并摘除细弱匍匐茎，待匍匐茎大量发生时去除薄膜，并整理匍匐茎，确保夏季高温到来前，田间匍匐茎苗达到育苗理想株数。

（5）窄畦育苗。针对草莓炭疽病主要传播方式为借水传播特点，露地草莓育苗浇水方式为沟灌，因而草莓育苗畦宽应该缩小，特别是像长丰这样的黏壤土更应实行窄畦，一般畦面宽在 1.2 m 以内，确保畦沟浇水，整畦能吸足水。

（6）三沟配套。针对草莓育苗期间正处于梅雨和夏季多雨及炭疽病借水传播特点，必须做好草莓育苗地三沟（畦沟、腰沟、围沟）配套，做到雨停畦面不积水。

（7）病虫综防。草莓育苗期间主要有细菌性青枯病、炭疽病、白粉病、叶斑病和蚜虫、斜纹夜蛾，应该根据病虫害发生特点，采用综合防控措施。蚜虫坚持达标防治，斜纹夜蛾采用性诱器防控，在 6 月上中旬安装即可控制整个育苗期斜纹夜蛾的危害。育苗前期和育苗后期气温低，易发生细菌性病害，夏季高温期间易发生炭疽病，因而病害防控应在育苗前期和育苗后期重点防控细菌性病害，夏季高温期重点防控炭疽病，同时根据草莓炭疽病借水传播和伤口易感染特点，重点做好下雨前、浇水前、劈老叶等农事操作及暴风雨形成伤口前施药保护，下雨后、浇水后、劈老叶等农事操作及暴风雨形成伤口后施药防治，白粉病在非严重发生时不需防治，夏季高温时即可控制。

（8）合理控苗。夏季高温期间，草莓苗极易遭受炭疽病危害，应该合理控制草莓苗生长，控旺促壮，提高草莓种苗抗病性，应该合理控制肥水，必要时采用抑制剂处理，非特别旺长情况下，一般连续 2～3 次使用唑类杀菌药物即可。

（9）巧断氮肥。为促进草莓花芽分化，保证草莓适时定植，应该适时进行断氮处理，应该在草莓定植前一个月停止氮肥供应，一般在立秋前后断氮。

（10）适时移栽。当最高气温下降到 30 ℃ 以下，草莓种苗 50% 进入花芽分化后即可定植，定植前先铺设滴管设施，定植后采用滴管浇水，禁止大水漫灌。

三、草莓育苗典型案例

长丰草莓种苗产业的发展,除得益于科技工作者的持续攻关和广大莓农的广泛推广外,更得益于长丰县委县政府持续财政支持,培育了4家草莓种苗脱毒组培繁育专业化公司,其中长丰县恒进农业有限公司一直致力于草莓种苗脱毒组培繁育技术研究与推广,合肥市艳九天农业科技有限公司一直致力于草莓脱毒种苗扦插育苗技术研究与推广,2010—2012年研制的草莓扦插育苗技术于2014年获得发明专利授权(专利号:ZL.2012.1.0378782)。

1. 长丰县恒进农业有限公司组培育苗技术　长丰县恒进农业有限公司位于安徽省长丰县吴山镇龙门寺现代农业示范园内,成立于2012年,是合肥市农业产业化市级龙头企业。专业从事草莓脱毒苗与穴盘苗生产和品种选育的科研型企业,公司拥有采摘鲜食系列、高产加工系列、红花系列、白果系列等草莓品种。公司占地34 hm^2,建有4层组培大楼一幢(2 000 m^2),内设有脱毒组培中心、PCR病毒检测实验室、土壤检测分析实验室、草莓病理病害分析研究实验室、农残快速检测实验室,自动化连栋玻璃温室5 000 m^2,全程工厂化育苗,年可生产脱毒原原种苗50万株,原种苗400万株,良种种苗1 000万株。实现了草莓种苗的工厂化育苗,使原种苗达到了标准可控下的规模化、流水化生产。生产的草莓种苗近年来逐渐得到市场的广泛认可,产品行销吉林至云南的20多个省份;2019年公司冷藏苗初次销往海外至俄罗斯的克拉斯达诺尔地区。生产的原原种还被长丰县政府列入"草莓产业提升"政府采购项目,是长丰政府主要的种苗供应商。

(1)草莓组培脱毒技术方法。主要采用匍匐茎茎尖组织培养与物理高温热纯化方法相结合进行脱毒。茎尖组织培养方法:

① 培养基配制灭菌。使用MS基本培养基配方附加不同种类和数量的激素,pH 5.8~6.0。将制备好的培养基溶液分装于培养瓶,每瓶10~15 mL,在高压灭菌锅中121 ℃消毒15~20 min,冷却后备用。

② 采集外植体。采样最佳时间为3—4月晴天的上午,在采苗圃中,选择无病虫、品种纯正的健壮植株,切取带生长点的匍匐茎段2~3 cm,流水冲洗1~2 h。

③ 剥取茎尖组织。将表面清洗过的外植体置于超净工作台上,用75%乙醇表面消毒20~30 s后,用1%次氯酸钠消毒10~30 min或0.1%氯化汞消毒8~10 min,之后用无菌水冲洗3~5次后接种。在无菌接种箱中的解剖镜下用解剖刀挑取0.2~0.3 mm的茎尖,接种于茎尖诱导培养基(MS+6-BA0.5~1.0 mg/L+NAA0.1 mg/L)中进行培养,每瓶接种2~4个茎尖点。

④ 培养条件。温度23~25 ℃,暗培养7~10 d后,调至光培养,光照强度2 000~3 000 lx,每天照光14~16 h。

⑤ 病毒去除。茎尖分化出植株以后,将培养瓶移入人工气候箱进行热处理,39 ℃/18 ℃(昼/夜)变温30 d结合38 ℃恒温30 d处理,也可以采用38 ℃恒温46 d处理,这两种热处理的效果都很好。

(2)病毒的分子生物学检测。

① 检测病毒种类。主要 3 种病毒：草莓斑驳病毒（SMoV）、草莓轻型黄边病毒（SMYEV）、草莓镶脉病毒（SVBV）。

② 病毒检测方法。病毒检测有指示植物小叶嫁接检测法、电子显微镜检测法、血清免疫检测法和分子生物学鉴定。在生产中建议使用分子生物学检测法。

③ 分子生物学检测法。

A. 草莓 RNA 的提取。选取草莓样品，采回的样品保存在－80 ℃冰箱。具体步骤如下：

a. 称取 50 mg 新鲜叶片，放于研钵中，加入液氮后充分研磨。

b. 将磨碎组织转移至 1.5 mL 含有 2% β-巯基乙醇的 500 μL CTAB 提取缓冲液的离心管中，65 ℃保温 20 min，期间颠倒数次。

c. 加入 600 μL 的氯仿/异戊醇（v/v＝24∶1，下同），轻轻颠倒若干次后 4 ℃、10 000 r/min 离心 10 min。

d. 将上清液（约 400 μL）移入新的 1.5 mL 离心管，然后加入等体积的氯仿/异戊醇，轻轻颠倒若干次，4 ℃、10 000 r/min 离心 10 min。

e. 取上清（约 240 μL），加入 1/4 体积的 10 mol/L LiCl 溶液，颠倒混匀，－20 ℃放置 1 h，然后 4 ℃、10 000 r/min 离心 10 min。

f. 弃上清，加入 350 μL 含有 DEPC 水的 TE 缓冲液溶解沉淀，4 ℃下 10 000 r/min 离心 10 min。弃沉淀，加入等体积的氯仿/异戊醇，轻轻颠倒若干次，10 000 r/min 离心 10 min。

g. 将上清液移入新的 1.5 mL 离心管，加入 1/10 体积的 3 mol/L NaAc（pH 5.2），混匀后再加入二倍体积冰冷的无水乙醇，颠倒混匀，－20 ℃放置 30 min，然后 4 ℃、10 000 r/min 离心 10 min。

h. 弃上清，用 70%乙醇洗涤沉淀 2 次。

i. 超净工作台上吹干，用 50 μL DEPC 水溶解沉淀，测定总 RNA 浓度，立即进行反转录操作或保存于－80 ℃超低温冰箱中备用。

B. 草莓病毒 cDNA 合成与 RT－PCR 检测步骤。

a. cDNA 合成：在 0.2 mL 离心管中依次加入 30～50 ng 总 RNA，1 μL dNTP（dATP、dTTP、dCTP、dGTP 的浓度各为 2.5 mmol/L），0.5 μL 随机引物（50 μmol/L），0.5 μL oligo（dT）18（50 μmol/L），无菌超纯水定容至 14.5 μL。65 ℃处理 5 min 后取出置于冰上冷却 2 min。再加入 4 μL 5×AMV－RT 缓冲液、0.5 μL RNA 酶抑制剂（RNase）、1 μL AMV 反转录酶，混合均匀后 37 ℃处理 2 h 合成 cDNA，然后 70 ℃处理 15 min 以去除残余酶活性。

b. PCR 扩增：PCR 反应混合液共 20 μL，包括 2 μL cDNA、2 μL 10×PCR 缓冲液、1.6 μL dNTP（dATP、dTTP、dCTP、dGTP 的浓度各为 2.5 mmol/L）、上下游引物（表 6－1）（浓度为 10 μmol/L）各 0.4 μL、1 U 热启动 Taq DNA 聚合酶，用无菌超纯水定容至 20 μL。按如下程序进行 PCR 扩增：94 ℃ 2 min；94 ℃ 30 s、55 ℃ 30 s、72 ℃ 30 s，共 35 个循环；72 ℃延伸 5 min。

表 6-1　PCR 引物序列及扩增产物大小

病毒名称	引物序列（5′-3′）
草莓轻型黄边病毒（SMYEV）	F：GTGTGCTGAATCCACCCAG R：CATGGCACACATTGGAGTTGGG
草莓斑驳病毒（SMoV）	F：TAAGCGAACACGACTGTGAAAAAG R：TCTTGCCCTTGGATCGTCAAATG
草莓镶脉病毒（SVBV）	F：GAATGGCGCAATGAAATTTAG R：AACCTGAATCTACGTTCTTG

c. RT-PCR 产物检测：将 RT-PCR 产物在 1.5% 琼脂糖凝胶中电泳，电泳结束后置于 UV 灯下观察拍照。

d. 病毒分子鉴定的选择：PCR 扩增中出现特异带（不包括引物二聚体条带）在 250 bp 左右的条带，则该脱毒株系可能已经感染了上述的 3 种病毒（一种、两种或者全部都有），则该株系应该予以淘汰。

e. 去除带病毒株系：检测前先对茎尖脱毒组织培养试管苗进行株系标记，再进行病毒检测，根据检测结果确定无病毒株系和病毒株系，再根据标记淘汰病毒株系试管苗，保留无病毒株系进入继代培养和试管苗扩繁。

（3）继代增殖培养、生根和炼苗移栽。在无菌条件下，对确认的无病毒株系进行继代增殖培养，培养基为 MS+6-BA 0.3～0.5 mg/L+IBA 0.1 mg/L，培养条件同上。增殖培养每 20～30 d 继代 1 次，繁殖系数一般在 3～5（图 6-3）。

① 生根培养。选 2～3 cm 高的小苗转入 1/2 MS 生根培养基进行生根培养（图 6-4），培养条件同上。生根培养 4 片叶以上，苗高 4～6 cm，根长 3.0 cm，5 条根以上，可进行炼苗。

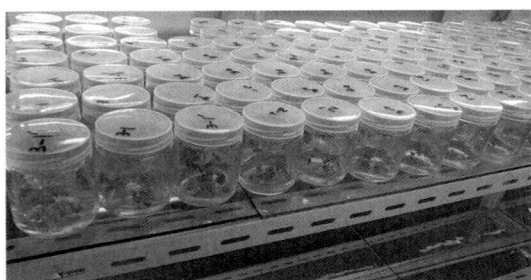

图 6-3　继代增殖培养

图 6-4　生根培养

② 炼苗移栽。在炼苗间内，打开生根苗瓶口，自然环境条件下放置 2～3 d。将培养瓶中经过炼苗处理的试管苗取出，清水小心洗净根上的培养基。

③ 基质配制。基质采用没有被使用过的蛭石、草炭按 1∶1 配制，同时添加 10% 的有机肥，pH 5.5～6.5。

④ 移栽。移栽时间在 10—11 月，在隔离网棚采用育苗床或营养钵、穴盘等育苗容器进行移栽（图 6-5）。移栽初期温度保持在 18～25 ℃，相对湿度 85%～90%，基质含水量 70%～80%，适当遮阴，2 周后转入正常管理，即为脱毒原原种苗。冬季适当增温补光，2～3 个月后可移栽定植到大田或网棚，进行原种苗繁育。

图 6-5　组培苗移栽

（4）草莓脱毒原种苗的遗传稳定性鉴定与脱毒原种苗的繁育。

① 设施条件。A 形高架栽培，排灌方便，结构疏松肥沃的微酸性草炭土，远离草莓生产地块 1 500 m 以上。

② 网室隔离。网室建造一般用钢架结构，宽 6～8 m，长 30～50 m，脊高 2 m 以上的拱圆形网室，上面覆盖 40 目的尼龙防虫网并固定。网室可为单栋或连栋。

③ 母株定植。使用品种纯正、健壮、无病虫害的脱毒草莓原原种苗。春季 3—4 月或秋季 8—9 月，当日平均气温达到 25 ℃左右时定植母株。将母株单行定植在高架的中间，株距 15～20 cm。植株栽植的合理深度是苗心茎部与地面平齐，做到深不埋心、浅不露根（图 6-6）。

图 6-6　母株定植

④ 田间管理。定植时浇足定根水，以后小水勤浇，直到草莓移栽成活。草莓开花结果发生期间，保持土壤湿润，具体方法按照当地常规方法进行。在草莓脱毒苗的结果阶段，对每个草莓株系的农艺性状和品质性状进行鉴定。农艺性状主要包括植株的高度、叶片颜色、花序生长方式、花粉大小、果实形状、糖酸度、果实颜色、风味等进行鉴定（图6-7），最终确定脱毒后的株系是否和原株系有差异，从而在最大程度上减小脱毒后的组培变异的比率，保证脱毒种苗的质量，是各个生产单位所追求的最终目标。在坚持并保证做到以上几点技术要求后，试管苗直接定植结果，多次剔除变异株，使草莓脱毒组培种苗纯正率达到99.9%以上。

图6-7 正常花（左）和花药败育（右）

如果脱毒原原种苗的特性和品种的原有特性基本保持一致的话（图6-8），则该品种可以作为草莓的脱毒原原种用作下一步的脱毒原种的繁育（图6-9）。

图6-8 结果正常

图6-9 大量扩繁

⑤ 脱毒原种苗的繁育。当脱毒原原种苗的匍匐茎发生后，应在母株四周均匀摆布，匍匐茎长成后进行扦插（图6-10），促进匍匐茎子苗生根。7—8月当气温高于35℃时，易造成热害，植株停止生长或死亡，可搭棚盖遮阳网降温。

图 6-10 原种苗及扦插成苗

成龄原种苗的叶片应该在 4 片以上，初生根 10 条以上，根系分布均匀舒展，叶片正常，新芽饱满，无机械损伤，无病虫害，即可出圃移栽定植。

⑥ 病虫害防治。以防为主，综合防治。提倡生物防治、生态防治和物理防治，科学使用化学防治技术。发现病株、病叶及时清除。利用网室条件防止害虫危害，在网室进出口处挂银灰色地膜条驱避蚜虫。7 月后，高温多雨，需每隔 10～15 d 喷一次杀菌剂，如甲基硫菌灵、百菌清、嘧啶核苷类抗菌素等，有效防治叶斑病、蛇眼病、白粉病等细菌性及真菌性病害。用武夷菌素、代森锰锌等，可有效防治草莓炭疽病发生。5—6 月注意及时防治蚜虫，一般每隔 10 d 左右喷 1 次吡虫啉等。并注意斜纹夜蛾、螨虫等喷药防治。

⑦ 露天繁育（两级繁育法）。露天两级繁育法，是长丰首创脱毒苗繁育法。该法是春季将脱毒原原种苗直接进入大田繁育生产苗（即原种），秋季进棚生产，同时繁育翌年种苗。该法既解决了脱毒苗变异带来的危害，又提高了脱毒苗的抗病性与繁殖系数。

a. 整地起垄：起高垄，宽 2 m，薄施复合肥、重施有机肥，预防地下害虫。铺设滴灌设施。

b. 母株定植：使用品种纯正、健壮、无病虫害的脱毒草莓原原种苗，剔除丛生苗。于春季 3—4 月定植母株。将母株单行定植在高垄的中间，株距 33 cm；或双行定植于两边，株距 66 cm。每亩用苗量不高于 1 000 株。植株栽植做到深不埋心、浅不露根。

c. 田间验证：定植后，给予充足肥水，促进母苗（原原种）快速生长，出现花序完全保留。让其自然开花结果，验证其结果性状（图 6-11）。

d. 田间管理：验证结束，及时去除果枝、花序，回流养分促发子苗（原种）。原原种不携带病原菌，可直接用作母苗，育苗田间病害发生率明显降低，但苗田控旺要做好。进

图 6-11　正常结果（左）及结果异常（右）

入 8 月，要充分重视花芽分化工作，确保定植前完成花芽分化的子苗（原种苗）要达到 55％以上才可定植。

e. 定植进棚二次验证（图 6-12），并繁育种苗：定植成活后，植株（原种苗）开始发匍匐茎，去除首批次匍匐茎，促进花芽分化、回流养分培育壮苗。为高产打好基础。进入 11 月开始留匍匐茎，这期间气温低，炭疽病已经不活跃，同时也能观察植株的结果性状，选取性状优良的植株匍匐茎进行扦插。此法选育出的匍匐茎苗，比经历过夏季高温的原种苗更健康，苗龄更短，更合适做种苗。同时提高了原原种的繁殖效率。以原原种 60 倍繁殖率算，每棵原种再繁育 5 棵匍匐茎苗，合计一颗原原种就能繁育出 300 棵无病无毒的优质种苗。

图 6-12　结果二次验证

2. 合肥市艳九天草莓扦插育苗技术 合肥市艳九天农业科技有限公司位于素有"中国草莓之都"的安徽省长丰县水湖镇，公司于 2009 年成立，占地面积 8.1 hm²，是一家集草莓新品种选育、脱毒种苗工厂化繁育、标准化生产示范、技术培训和草莓采摘观光休闲于一体的现代农业企业，同时担负长丰县草莓新品种和标准化栽培技术示范推广工作。建有组培室 600 m²，智能玻璃温室 7 000 m²，配套冷库 300 m³，高架立体栽培棚 1.6 hm²，立体育苗大棚 3.5 hm²。公司立足区位、技术、资源优势，着力打造国内一流、国际先进的专业草莓种苗繁育科技企业，是国家级高新技术企业、合肥市科技创新型企业。先后获得国家丰收奖，国家发明专利 12 项，省级科研成果 3 项，安徽省科技进步三等奖，合肥市科技进步三等奖。选育出 4 个优异草莓品种，经过不断探索先后建立了国内先进的脱毒草莓高架育苗及水肥一体化管理系统、草莓物联网管理系统以及农产品质量安全可追溯系统，2016 年在安徽省股交中心成功挂牌。2010—2012 年研制的草莓扦插育苗技术于 2014 年获得发明专利（专利号：ZL.2012.1.0378782）（图 6-13、图 6-14），扦插技术要点如下。

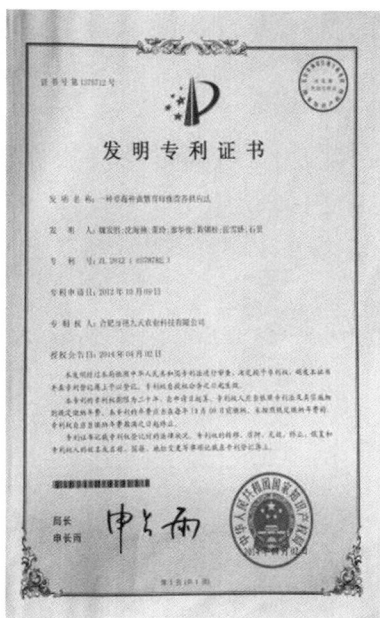

图 6-13 专利证书

图 6-14 艳九天公司种苗繁育现场

（1）扦插前准备。

① 基质配比。蛭石∶珍珠岩∶草炭为 1∶2∶7，建议草炭的纤维要大一些，有利于基质疏松、透气、导水。

② 穴盘选择。24 孔或 32 孔穴盘，建议采用 24 孔穴盘，可铺滴灌带，有利于后期给水、给肥，方便管理。

把装好基质的穴盘，浇透水，然后覆上薄膜，保持湿度，以便随时扦插。

③ 苗床。要选择地势高的空间作为苗床，或是搭建苗床架，宽度 1.3～1.5 m，方便插苗。

④ 大棚要提前搭建遮阳网，有条件的可以增加水帘、风机、喷淋等设施。

（2）扦插的时间。

① 一般种植冬草莓的扦插时间选择在 6 月以后，雨水多，气候凉爽，有利于子苗生根。

② 也可以根据草莓苗定植到大田里的时间往前推 60 d 左右，保证子苗的最佳状态。

（3）扦插。

① 采集子苗。选择粗壮、健康无病菌的匍匐茎是进行扦插，建议选择的匍匐茎苗有 3 根左右的小白根进行扦插，根系老化的（黑根）或者比较嫩没有小根芽的建议舍弃，这样能提高扦插苗的成活率。

② 修剪子苗。连接小苗的匍匐茎端建议留 3～5 cm，苗修剪成 1 叶 1 心，放到周转筐里，码放整齐，置于阴凉处保存。

③ 蘸根处理。药剂可选择生根剂和多菌灵或嘧菌酯，浸泡 10 min 左右，晾一下，再进行扦插。

④ 扦插。扦插的时候，可以将苗分等级、大小分开扦插，尽量靠在穴盘的边缘，一个方向扦插，做到深不埋心、浅不露根，及时浇足定根水。

⑤ 保湿。如果当地气候凉爽，白天最高温度在 25 ℃以下，可以选择吊喷，视情况前一周每天至少 3～4 次定根水，或者可以选择在苗床上面插小拱子，外面覆无纺布或 2 m 宽的透明薄膜，四周压严实，保持一定的湿度，如果温度过高要适度放风，一周之后可以去膜，正常管理。

⑥ 遮阴。扦插后 3～5 d 白天要全部遮阴，傍晚可去除，打造适合草莓苗生长的温度，之后可根据苗子长势，适当调整。

第二节　湖北省草莓育苗特点及关键技术

一、湖北省草莓生产概况

湖北省草莓商品化生产始于 20 世纪 80 年代初，一些市县进行露地栽培，品种主要有宝交早生等。90 年代，大量浙江种植户到湖北武汉、荆州、黄冈等地种植大棚草莓，将丰香草莓品种和大棚双层保温促成栽培技术引入湖北省各地，使草莓供应期提前至 12 月，并迅速在全省各地推广应用，至 2000 年，全省草莓大棚促成栽培快速发展，逐渐在武汉东西湖区、荆州沙市区、宜昌宜都等地形成了规模种植。

目前湖北草莓产业形成草莓苗、果品、观光采摘三大分支。2023 年全省种植草莓约 1.17 万 hm²，育苗面积约为 2 340 hm²，总产值约 60 亿元。湖北草莓栽培面积趋于稳定，但栽培区域日趋扩大，全省各地均有栽培，除武汉等产区向北上广深销售外，当地生产以就近销售为主要方式。主栽品种有红颜、晶瑶、宁玉、粉玉、白雪公主、红玉、香野、越秀等特色品种。草莓种植面积在 133.3 hm² 以上的地区有黄陂、东西湖、江夏、汉南、黄州、荆州、襄阳、宜昌、十堰等，草莓基本销往省内大中城市和满足当地观光采摘的需要。

近年来，在省市农业主管部门支持和种植业主努力下，草莓小镇、草莓家庭农场的生产基础设施不断改善，全省高架基质栽培面积约 33.3 hm²，新型职业生产群体不断壮大。设施土壤连作障碍综合绿色防控技术、草莓生产技术与轻简化栽培技术等推广应用，标准化生产技术水平进一步提高，促进了草莓产量与品质的提升和地方特色草莓品牌的创建。初步建立原种与生产苗的繁育技术体系，突破了草莓育苗难的技术瓶颈，在鄂西高山地区涌现了一批育苗专业企业和大户，使湖北省成为全国比较有名的高山草莓苗繁育销售基地。

二、育苗方式

草莓种苗质量在大棚草莓促成栽培中的重要性是不言而喻的，莓农中有"七分苗、三分管"之说。首先是种性好，具有品种固有特性；第二是无病菌侵染；第三是苗要粗壮；第四是定植时的草莓苗花芽分化状态要求处于生长点膨大期至萼片初期，草莓苗未通过花芽分化或已在雄蕊形成期定植，都会影响草莓产量和种植效益。

目前，湖北省草莓育苗主要以露地育苗为主，少数种植企业和种植户为了克服炭疽病的危害，方便促进花芽分化和有利于缩短定植缓苗期，纷纷到鄂西高海拔地区建立育苗基地发展高山露地育苗和基质育苗，或就近采取避雨遮阳的方式繁育基质穴盘苗。

1. 露地育苗方式

（1）育苗地选择与准备。育苗地应该选择土壤疏松肥沃、排灌方便，3～5 年内未种植过草莓的地块，尤以水稻田为宜，不宜选择前茬用了残留期长的除草剂的地块。年前深耕、过冬。开春后苗地按畦面宽 1.5～2.0 m、沟宽 30 cm、沟深 30 cm 整地作畦，苗地四周开深沟，沟深 40 cm，畦沟要求排水通畅，雨停后不积水。

定植前 5～7 d 喷除草剂封草，每亩可用 33％二甲戊灵乳油 120～150 mL，或用 50％丁草胺乳油 90～120 mL 兑水 45 L 喷雾苗床，如苗床已有小草，可加 20％敌草快水剂 50～70 mL（防除阔叶草）和 5％精喹禾灵乳油 100 mL 或 108 g/L 高效氟吡甲禾灵乳油 60 mL（防除禾本科杂草）兑水 45 L 进行喷施。施用时要注意土壤湿润才有效果，不漏喷、不重喷，两种除草剂混合使用时，用量减半。

（2）母株定植。母株的定植时间和株数依据品种匍匐茎抽生特性、育苗地点气候情况和准备起苗时间等而定，湖北地区母株定植时间一般在 3 月中下旬至 4 月上旬（气温稳定在 10 ℃左右），在畦侧单行、双行或畦中间单行，每亩栽母株 800～1 200 株，定植后浇足定根水。可在定植后 10 d、30 d 浇精甲霜灵或克菌丹＋噁霉灵，加促根液肥，每株浇液 150 mL，防治根腐病，促进生根。

（3）母株培养。在母株定植后一个多月，即 4 月上旬至 5 月上旬是母株培育阶段，重点是把母株培养健壮。主要管理措施有：及时摘除母株花茎，摘除细弱匍匐茎，减少养分消耗。如果遇上短期高温，原先感染病菌的母株会发病枯萎，要及时挖除发病株和生长不正常植株，不留残渣，用药水浇灌种植穴周围。及时松土、除草，可采用母株覆盖法进行化学除草，防除禾本科杂草，每亩用 5％精喹禾灵乳油 100 mL 兑水 45 L；防除阔叶草，每亩用 16％甜菜安乳油 100 mL 兑水 45 L，对准杂草喷雾。加强肥水管理，促进母株生长，浇水或灌水，保持母株周围土壤湿润；把握薄肥勤施原则，间隔 10～15 d 追肥 1 次，每次每株浇施浓度为 0.3％高氮型三元复合肥肥液 250～500 mL。适时防治炭疽病、白粉病、蓟马和蚜虫等。

（4）子苗繁殖。目前生产上栽培的品种休眠都比较浅，从春季至秋季都会抽发匍匐茎，一般从母株抽生匍匐茎主要在 5 月中旬至 6 月上旬，由子苗再次抽生匍匐茎苗集中在 6 月上中旬至 7 月上旬的梅雨季，此期气温高、日照长、雨水多，最适合草莓子苗繁殖。主要管理措施有：开始阶段从母株抽生匍匐茎时要及时疏导和引压，在苗床均匀摆放，如果挤在一起，容易引起徒长。间隔 10～15 d 追肥 1 次，每次每亩施三元复合肥 5～10 kg，以兑水浇施，肥液浓度在 0.3％为宜。

重点防控炭疽病、叶斑病、根腐病等，尽量做到不发病，及时清除病株。可结合喷药，添加芸苔素内酯＋磷酸二氢钾等可健壮子苗；另一方面，必须做好各种病害的预防工作，避免使用单一农药，否则容易产生抗药性。在雨水较多、湿度比较大的时段，要喷施防治细菌性病害的农药如噻菌铜、噻唑锌、中生菌素等。此阶段可选择防效高的预防类农药如代森锰锌、丙森锌、咪鲜胺、嘧菌酯等，使用三唑类农药时注意药剂浓度不能过高，避免抑制匍匐茎子苗发生。一般每周用药 1 次，雨后要及时喷药 1 次，喷药一定要仔细、全面、要打透。往往由于少部分草莓苗没有喷上药，结果草莓苗感染病菌成为发病中心，然后传播蔓延。

（5）子苗控苗。看苗情，进行"压苗"处理，目的是保持苗地通风透光，促进草莓植株粗壮，提高抗性。一般在 6 月下旬至 7 月上旬，每 1 m² 子苗达到 60～70 株时，可通过喷施三唑类农药或者植物生长调节剂等使植株矮壮，叶片增厚，药剂可选用 75％肟菌·戊唑醇（拿敌稳）水分散粒剂 3 000 倍液，或用 12.5％烯唑醇可湿性粉剂 2 000 倍液，或用 430 g/L 戊唑醇悬浮剂 4 000 倍液，根据苗长势情况，一旦长出新叶后，可再次使用控苗措施。8 月中旬后停止使用三唑类药剂。

摘除母株上的部分叶片，留出空间。一般在晴天可按 3 叶 1 心整理子苗，有空间可压入一些没扎根的子苗（俗称浮苗）、摘除多杂的浮苗和匍匐茎，保持一定的通透性，保证药液可以喷淋到根茎部。

7—8 月高温干旱季节，苗地适当干燥也是抑制草莓苗徒长方法之一，同时利用高温可杀死白粉病孢子，阻断白粉病孢子带入种植圃。但一旦持续干旱引起草莓苗缺水萎蔫，就需要灌水，灌水应在夜间进行沟灌，掌握"凉时、凉地、凉水"，切忌中午灌水和大水漫灌，以沟深的 1/2～2/3 积水为度，滞水 2～4 h，使土壤湿润，及时排水（俗称跑马水）。

（6）促进花芽分化。8 月中旬以后，草莓苗进入花芽分化促进阶段，育苗地管理要点一般是停止施肥，整理植株叶片，适当"放苗"，为促进草莓苗进入花芽分化，调节植株生理状态，提高对环境条件变化的感受度，但还是要做好"压苗"，只不过是在防治草莓炭疽病用药上减少使用三唑类农药或降低其浓度，避免草莓苗长得过高。若需要推迟花芽分化或避免断心株发生，可采用浇施液肥等措施，适当提高草莓植株体氮素水平。

草莓促成栽培技术体系中，草莓苗花芽分化是个非常重要的节点，花芽分化后的植株若延迟定植，就会出现花朵数减少、果实变小的情况，特别是在土壤肥力低的育苗地，穴盘基质育苗情况下更严重。在未分化期定植，容易导致开花不整齐，甚至开花延后。花芽分化开始后马上定植最为合适。

（7）起苗调运。起苗前最好进行花芽分化镜检，有60%以上草莓苗进入花芽形态分化时起苗，起苗前2～3 d，苗地要全面防治炭疽病、白粉病、蚜虫、螨虫和蓟马等病虫害。

草莓苗在起苗、运输和种植时非常容易出现生热和失水情况，会使草莓苗体内酶失去活性，这类苗在定植后不太会长新根。所以，起苗时以50～100株扎捆，用箱装或筐装，要快速集中放置在阴凉处，起苗后及时调运或冷藏，冷库温度设置为8～12 ℃，整个过程都应做好降温和根部保湿，防止草莓苗生热和失水凋萎。长距离运输时应使用冷藏车，温度设置为5 ℃左右。

2. 高山露地育苗方式 高山育苗就是在海拔800 m以上的高寒地进行苗木繁育。由于高山气温低，温差较大，草莓提早花芽分化，能避开7—8月高温对草莓苗生长的不利影响，减少病虫害，提高草莓苗质量。一般海拔每升高100 m，气温降低0.6 ℃，在海拔800 m处育苗，可比平地降温1.5～4 ℃，海拔越高降温越明显。

湖北高山育苗主要集中在鄂西山区，如恩施的巴东、利川、鹤峰和宜昌的长阳、五峰等地。育苗整个流程和平原地区露地育苗大致相似，下面以恩施利川市云发种植专业合作社汪营高山育苗基地为例，介绍湖北高山育苗关键技术要点。

2015年，利川市云发种植专业合作社承担了湖北省现代农业特色产业专项资金项目"草莓良种引进示范与苗木繁育"，在湖北省农业科学院草莓团队的技术支撑下建设了利川汪营草莓种植及高山育苗基地（图6-15），该基地占地8.7 hm²，其中种植面积约2 hm²，育苗面积6.7 hm²，年繁育草莓苗300万株以上，主要品种有红颜、晶瑶、宁玉、香野、越秀、白雪公主等。近几年，因土壤连作问题，育苗地更换为基地周边轮换流转的水稻田。

图6-15 湖北省利川市高山育苗基地

草莓育苗的基本原理及关键技术

（1）育苗地选择与准备。育苗地均为 3～5 年内未种植过草莓的水稻田，表层为沙壤土，但黏性较重，"水改旱"困难。需年前深耕、过冬，然后开春后按畦面宽 1.5 m、沟宽 30 cm、沟深 30 cm 整地做畦，苗地四周开深沟，沟深 40 cm，畦沟要求排水通畅，雨停后不积水。

高山气候适宜，育苗地杂草生长迅速、人工除草成本高。定植前 5～7 d 喷除草剂封草，每亩可用 33％二甲戊灵乳油 120～150 mL，或用 50％丁草胺乳油 90～120 mL 兑水 45 L 喷雾苗床，如苗床已有小草，可加 20％敌草快水剂 50～70 mL（防除阔叶草）和 5％精喹禾灵乳油 100 mL 或 108 g/L 高效氟吡甲禾灵乳油 60 mL（防除禾本科杂草）兑水 45 L 进行封杀。母株定植后，合理使用除草剂是关键。

（2）母株定植时间。高山地区早春气温偏低，母株匍匐茎抽生时间较平原地区晚20～30 d，匍匐茎抽生量也低于平原地区，为保证子苗发生量、生长发育时长和准备起苗时间，将母株定植时间设定为 3 月中旬，每亩栽母株数量提高到 1 200～1 500 株，双行定植，定植后浇足定根水。可在定植后 10 d、30 d 浇精甲霜灵或克菌丹＋噁霉灵，加促根液肥，每株浇液 150 mL，防治根腐病，促进生根。

（3）病虫害防控。高山气温低，温差较大，避开 7—8 月高温对草莓苗生长的不利影响，减少病虫害，提高草莓苗质量，大大降低了炭疽病危害，但高山冷凉气候利于白粉病的发生，将白粉病的预防提高到重要地位。近几年，针对白粉病预防筛选了很多白粉病的化学试剂，发现阳离子表面活性剂（改良的季胺盐杀菌增效剂）能很好地抑制白粉病孢子萌发，与其他白粉病杀菌剂配合使用能起到很好地预防效果。

（4）起苗调运。起苗前最好进行花芽分化镜检，有 60％以上草莓苗进入花芽形态分化时起苗，起苗前 2～3 d，苗地要全面防治炭疽病、白粉病、蚜虫、螨虫和蓟马等病虫害。

利川汪营高山育苗基地远离草莓种植基地，需要远程运送。该基地的起苗、包装和运输方式为：起苗为人工起苗，将工人分为 6～8 人 1 组，其中 2 人专门起苗、1 人转运草莓苗到遮阳伞下，剩余人员在遮阳伞下整理草莓苗成 50 株每捆，并及时转运到冷库预冷保存；依据运输车辆的不同分为网袋和筐子包装，上车时在网袋或筐子之间放置冰袋，防止草莓苗运输过程中出现生热情况；种植时，草莓苗从冷藏车内取出后放置在阴凉地方适应气温后再定植。

3. 基质育苗方式　为了克服炭疽病危害，方便促进花芽分化和有利于缩短定植缓苗期，近年来许多地区相继开展了在避雨设施下穴盘、营养钵、锥钵、U 形槽等基质育苗，以穴盘苗较普遍。基质育苗主要分为引插和扦插两种方式。引插指先把匍匐茎子苗插入穴盘基质内，等子苗成为独立个体苗后，再切断与母株的连接。扦插指把 2 叶以上的匍匐茎子苗从母株上剪下，扦插入穴盘基质。二者比较，在湖北高温高湿气候条件下，引牵成活率高。但在湖北鄂西高山地区或冷藏条件下扦插的方式也能够取得很好的效果。

目前，湖北省内引插或扦插繁育穴盘苗的方式均有成功案例。下面以武汉市禾盛吉农业开发有限公司育苗基地为例，介绍在湖北武汉采取遮阳避雨引插育苗法就近育苗的关键技术要点。

武汉市禾盛吉农业开发股份有限公司是武汉仟吉集团的子公司，基地位于武汉市黄陂区六指街道潘岗村，成立于 2012 年，基地面积 50.7 hm²，主要从事优质草莓及种苗的生产。公司与湖北省农业科学院草莓团队一起经过几年的不懈努力，于 2020 年利用避雨棚上增设遮阳棚的方法，使遮阳网与避雨棚之间形成隔热层，从而减低避雨棚温度的方式来克服武汉地区特殊的高温高湿气候对草莓繁育的影响，使引插繁育基质穴盘苗的方式获得成功。

（1）遮阳避雨引插育苗法。

① 育苗架的准备。

a. 安装育苗架：将育苗架安装在地上 70～90 cm 的高度，排列 6 根直管管道，用来支撑 1 排栽培母株的花盆和 2 排 24 孔穴盘。为了减少滴管带灌水法的灌水不均的情况，水平安装育苗台（图 6 - 16）。

b. 安装滴灌设施：安装灌水设施时，主管直径需达 63 mm 以上，每个育苗架铺设 7 条贴片滴灌带，如育苗架过长还需适当增加主管粗度，确保出水均匀。另外，为了防止滴灌管堵塞，还需安装盘式过滤器。

图 6 - 16　育苗架的安装

c. 准备穴盘：将基质均匀地填充在各穴盘种植孔中。将刚从袋子里取出的专用基质轻轻填充在种植孔中，随后使用相同类型的穴盘从上面用力压紧 2 次。随后，一边用手轻轻按压一边去掉穴盘上多余的基质。然后排列在育苗架上，手动灌水，直到穴盘下方出水为止。用细绳用力拉伸滴灌管末端的方式固定，以防左右移动。

d. 灌水量的调整：通过球阀的开闭来调整灌水量。将滴灌管每个孔的吐出量调整为 10～15 mL/min 左右。灌水量会随着水源的水压发生很大的变化，所以尽量利用稳定水压的水源。水压调整工作结束后，利用水肥一体机的定时器设置灌水时间，育苗架的安装工作完成。

② 避雨遮阳棚的准备。避雨棚大棚骨架长度为 6 m，骨架间距 1.0 m，5 纵 2 卡，顶端高度约为 2.8 m，两侧卡簧的高度为 1.6～1.8 m，棚两端薄膜可直接固定到棚顶大棚骨架上，以增加通风高度。

遮阳棚大棚骨架长度为 6.3～6.5 m，骨架间距 1.5 m，3 纵 1 卡，顶端高度约为 3.2～3.3 m。遮阳棚由以下部件组成：包括四根撑杆，每两根为一组对称设置遮阳棚纵向的两端，每根撑杆能绕下端的支点在大棚两端的横向截面上摆动，棚顶上铺设有遮阳网，且遮阳网中间与棚顶居中设置的纵杆固定连接，纵杆左右两侧均固定有与其平行的卷膜杆，遮阳网的另一端缠绕在卷膜杆上，卷膜杆端部与电机的输出轴传动连接，大棚两端对称且平行的两根撑杆的上端分别与一根卷膜杆的两端转动连接，电机与撑杆的上端固定（图6-17）。

③ 引插时间安排。湖北气候条件下，7月10日左右进入高温期，长根困难，所以，恰当的处理方式是在"出梅"前能长好根系。适宜的引插时间在6月中下旬。一个花盆（长46 cm）的母株需抽生约80株匍匐茎子苗，需根据不同品种匍匐茎抽生特性进行合理安排，若匍匐茎抽生少的话，可将第1株子苗先入穴盘进行发苗（图6-18）。

图6-17 遮阳棚搭设方式

图6-18 遮阳避雨引插繁育基质穴盘苗（湖北武汉）

（2）扦插育苗。匍匐茎子苗来源一般有3个途径，一是高架采苗法（图6-19），即搭建1.8 m高的栽培架，使用脱毒种苗，抽生匍匐茎子苗，让其从高处种植母株上垂下并采苗，可采摘大小一致的子苗，母株苗床行距小，所需母株苗床面积也很少。二是利用高架基质栽培的草莓株，当季（5月）草莓收获结束后，整理植株，继续肥水管理，可抽生大量匍匐茎子苗。三是利用露地育苗过程，通过密植母株，提前于5月底之前（梅雨季节到来之前），大量繁育匍匐茎子苗，然后采集匍匐茎子苗，冷藏上山扦插。以无纺

图6-19 匍匐茎从母株垂下的状态

布或园艺布铺垫防止子苗落地生根。

选在梅雨季进行采苗扦插，保留母株侧2～3 cm匍匐茎段，剪下子苗，剪下的子苗浸入水中保湿，扦插后要充分灌水，盖遮阳网一周左右，保证扦插苗在梅雨季结束前发根成活。在扦插前用杀虫剂液（主要防治螨类、蚜虫）完全浸没1 min，接着用杀菌剂液（主要防治白粉病、炭疽病、根腐病）完全浸没10 min，杜绝病虫带入扦插圃。匍匐茎子苗也可先剪下，浸液处理后，装入塑料袋或泡沫箱，放置在2～4 ℃冷库存放3～5 d后再扦

插，有利于发新根。

① 匍匐茎子苗来源。

a. 利用高架采苗系统（图 6-20）：

栽培槽：高架采苗法利用的栽培槽包括由 φ25 mm 镀锌钢管及扣件构成的栽培架、基质兜布、基质和滴灌系统等部分组成。其中基质兜布分为内外两层，外层为防水布用于排液，内层可选用 70 g/m² 无纺布或打孔防水布两种。

图 6-20 高架采苗系统的基本结构

基质：该采苗法的一个特征是，使用缓冲力大轻量基质。填充基质为品氏泥炭土（15~30 mm），与珍珠岩比例混合而成，该基质配比兼顾保湿和沥水功能，能满足母株正常生长需要。种植母株前，每升基质提前混合 2 g 缓效性肥料。

支撑材料、装置：栽培槽的支撑靠 φ25 mm 镀锌钢管及扣件构成的栽培架，支撑架由两根长度为 1.8~2.0 m 的镀锌钢管与 1~2 根连接杆构成的间距为 25 cm 的 H 形支架。架设时，地上部分保留 1.5 m，打入地下 30~50 cm，支撑架间距为 1.2~2 m。选择免烧焊、省时省力的扣件，栽培架承重能力强、抗腐蚀（图 6-21）。

灌水装置：为了尽量减少灌水时水滴飞溅，可采用滴箭灌溉、出水量为 0.5 L/h。另

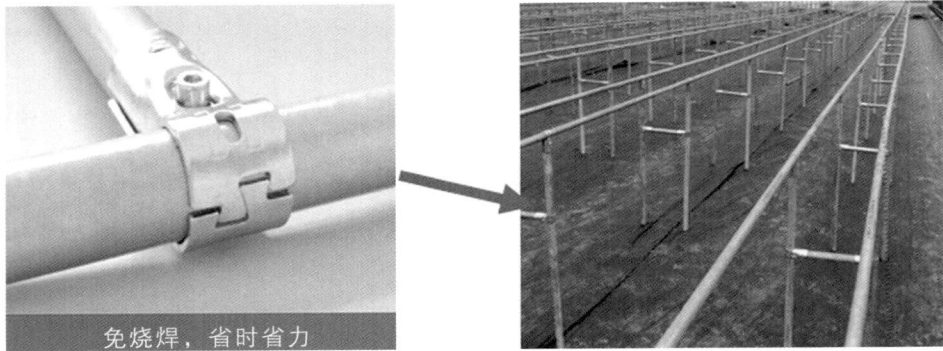

图 6-21　免烧焊扣件

外，将定时器、电磁阀和全自动水肥一体机组合在一起，实现水肥全自动化管理。

　　b. 利用高架基质栽培采集：利用高架基质栽培的草莓苗，当季（5 月）草莓收获结束后，整理植株，继续肥水管理，可抽生大量匍匐茎子苗（图 6-22）。或采集 10 月结果初期的匍匐茎，于 12 月至翌年 1 月扦插成苗，用于繁育种苗（同高架采苗）。

　　c. 露地育苗田间直接采取：利用田间地栽培育苗过程中，通过密植母株，提前于 5 月底之前（梅雨季节到来之前），大量繁育匍匐茎子苗，然后采集匍匐茎子苗（图 6-23），冷藏上山扦插。以无纺布或园艺布铺垫防止子苗落地生根。

图 6-22　高架栽培抽生匍匐茎

图 6-23　采收露地栽培抽生匍匐茎

　　② 扦插方式方法。

　　a. 冷库扦插：匍匐茎采摘后，用水冲洗干净，塑料袋包装，4 ℃冰箱低温处理 7 d 左右，根系长到 3～5 cm，开始扦插（图 6-24、图 6-25）。

　　b. 高山冷凉地区扦插：湖北省农业科学院草莓团队与建始、五峰企业合建的高山扦插育苗现场（图 6-26、图 6-27）。

　　③ 扦插苗与促进成活。扦插苗将匍匐茎侧对齐，用纸夹等固定在穴的中间，只要不埋心即可，比一般扦插苗稍深。

图 6-24 冷库扦插设备（韩国）

图 6-25 蔬菜嫁接苗愈合室改建的
冷库扦插设备（湖北武汉）

图 6-26 高山扦插育苗现场（湖北建始）

扦插苗之后，若利用头上灌水方式育苗的情况下，必须给叶片喷水 1 周左右，喷水频率为每天 10 次左右，从而促进成活。

④ 灌水方法。扦插苗成活后，用滴灌管灌水，每个滴孔的灌水量为 10～15 mL/min 较合适，可以给穴盘的各种植孔均匀地灌水。

（3）育苗管理。育苗管理措施主要有灌水、施肥、去老叶，病虫防治及遮阳网和避雨保护管理等。与大田露天育苗相比，在 3—5 月母株容易受白粉病、螨类侵染，要加强预防。在子苗抽生和穴盘育苗期间要重点防治炭疽病、细菌性枯萎病、镰刀菌枯萎病等病害，定期喷药防控炭疽病及虫害。子苗成活后，每棵苗施入 160 mg 氮素的固体肥（60 d 的缓释肥一次施入，30 d 的缓释肥分 2 次施入），也可滴灌追施水溶性肥，观察叶片颜色，在肥料不足时增施液肥或叶面喷施液肥（500～1 000倍液），在 8 月 15 日后叶柄氮含量降至 100 mg/kg 左右。基质水分管理原则上需每天进行，但根据天气状况做适

图 6-27　高山扦插育苗现场（湖北五峰）

当调整，过湿容易沤根死亡。定期摘去老叶，将叶片数控制在 3～4 片叶，去叶后及时喷药。穴盘间距小，苗易徒长，需要适当控苗，与土壤育苗比较，降低三唑类农药或生长抑制剂使用浓度。7—8 月高温时，应加强降温管理。

肥料可以使用 12-10-18（N-P$_2$O$_5$-K$_2$O）比例的复合肥，实际钾肥比例有 26 以上，这样氮肥使用量不大，控制长势。控制氮∶钾比<1∶2 最好。8 月中旬后控制氮肥，只施磷钾肥。

第三节　浙江省和江苏省草莓育苗特点及关键技术

一、草莓生产概况

浙江省和江苏省规模化草莓生产始于 20 世纪 70 年代，由于该地区经济、交通较发达，草莓生产发展很快，草莓经济效益高，平均每亩收入 3 万～4 万元。

草莓经历了 20 世纪 70 年代之前的零星种植阶段、70 年代后期至 80 年代商业化种植的起步阶段、90 年代以来的大面积发展阶段，不同阶段的品种因种植方式、技术水平等的发展而不同，见表 6-2，现生产主要以多层覆盖的钢管大棚的促早栽培方式，品种以红颜、章姬、宁玉、宁丰、紫金香雪、紫金久红、紫金硕艳、金陵丽丰、金陵红、越心、越秀、建德红、红玉、粉玉 1 号、粉玉 2 号、妙香 3 号等为主。草莓种苗以种植户自繁自育为主，也有专业育苗公司繁育生产苗供应。在风调雨顺的年份，本区域内草莓苗可以满足，但遇到高温或暴雨等恶劣天气的年份，草莓苗需从区域外调运。

表 6-2　不同时期草莓主要栽培品种

时期		品种	特性
20 世纪	70 年代之前	紫晶、金红玛、五月香、保定鸡心、烟台大鸡冠、上海宝山	果实小至中、风味淡至酸甜
	80—90 年代	戈蕾拉、哈尼、硕丰、硕蜜、韦斯达尔、马歇尔、全明星、明宝、春香、丰香	果实大、风味酸甜至甜

（续）

时期	品种	特性
21世纪初至今	丰香、明宝、甜查理、红颜、章姬、宁玉、宁丰、紫金久红、紫金香雪、紫金硕艳、金陵红、金陵丽丰、越心、越秀、建德红、红玉、粉玉1号、粉玉2号、妙香3号等	果实大、风味甜香。目前，丰香、明宝、甜查理基本无栽培

二、育苗模式及关键技术

草莓生产上通过匍匐茎进行繁殖育苗，根据匍匐茎苗的管理方式，草莓育苗方式有大田露地育苗（图6-28）、避雨育苗（图6-29）和基质育苗（图6-30）等。

图6-28 大田露地育苗图

图6-29 避雨育苗

图6-30 基质育苗（左：扦插 右：引插）

大田露地育苗：利用母株匍匐茎上发生的子株苗原地进行培育，子株不脱离母株，直到草莓定植时将苗移出繁苗田。其特点：投入相对少，技术要求不高，利于规模化、机械化生产。但在高温高湿的长江中下游地区容易发生草害、病虫害。

避雨育苗：草莓育苗期容易发生炭疽病，炭疽病的病原菌孢子随雨水及浇水时飞溅的水珠扩散传播，要预防炭疽病的发生，应彻底阻断病原菌孢子的传播途径。因此，在露地育苗田上方搭建避雨塑料大棚，使雨水不能直接降落到土壤及植株上，阻隔雨水，防止病害传播，同时可降低除草的压力。

基质育苗：为了防止土传病害的传播，将草莓母株抽生的匍匐茎子苗，在备有基质的苗床、穴盘、营养钵等容器中进行培育成苗。子苗培育方法有剪插法和引插法两种。剪插法指将子苗剪下来集中扦插于基质中培育成苗；引插法指将子苗直接引入基质中培育成苗。其特点：植株生长整齐，根系发达，移栽易于成活。

1. 大田普通育苗的关键技术 大田育苗从苗地选择、土壤处理、苗床制作、母株选择、母株与子苗整理到肥水与病虫草害的管理等每个环节都不能疏忽。

（1）苗地选择。育苗地应选择未种植过草莓的田块，上茬最好是水田，且未使用过对草莓生长有害的除草剂，还要考虑育苗地的土壤、水分等条件。育苗地应为平整、排灌方便、肥沃疏松、微酸性（pH 6.5）的沙壤土。育苗地四周的水源要充足，确保育苗期间用水，水源没有污染。在南方多雨地区，选择地势较高、地下水位低的田块，避免梅雨季节排水不畅，造成积水死苗。

（2）土壤处理。育苗田块选好后，越冬前进行深翻、冻伐，一方面可消灭一部分病原菌及害虫，另一方面，有利于土壤的疏松，同时一定要开好田块四周沟系，边沟宽度 40 cm 能排涝、旱能灌（图 6-31）。开春后草莓定植前，要施入充足的基肥，每亩施入过磷酸钙 30 kg，腐熟有机肥 300~500 kg 或腐熟菜籽饼 200 kg，同时施入50%辛硫磷 0.5 kg，以去除地下虫害。结合施基肥，再一次深翻土地，平整地面（图 6-32）。

图 6-31　田块四周挖排水沟系

图 6-32　深翻土地

（3）起垄作畦。耕匀耙细后，做成宽 1.2～1.5 m、高 20～30 cm 的畦面，畦面呈龟背型，苗床间的沟宽 20～30 cm（图 6-33）。有条件的地区可采用自动滴灌装置滴水保湿（图 6-34），做到苗床面土壤潮湿又不积水，为母株生长及匍匐茎抽生提供适宜条件。

图 6-33 起垄作畦

图 6-34 滴灌装置

（4）封草。苗床做好后地面湿时即用 50％丁草胺乳油 75～100 mL，或 33％二甲戊灵乳油 150 mL，或 35％二甲戊灵悬浮剂200 mL加水 50 kg 进行封草（图 6-35）。如地面干燥，待下雨后立即使用。如苗床已有小草时可加 20％敌草快水剂 50～70 mL（阔叶杂草）或 10.8％高效氟吡甲禾灵乳油 60 mL（禾本科杂草）加水 50 kg 进行封草，间隔 5～7 d 后开始种苗移栽。

（5）母株选择。选择具有所选品种典型性状的健壮植株，在秋季假植于露地，经过冬季自然休眠，翌年春天作为育苗母株（图 6-36）。有条件的话，最好选择脱毒种苗作为繁殖生产苗的母株。

图 6-35 封 草

图 6-36 母苗露地假植越冬

（6）母株定植。母株移栽时间一般为 3 月初至 3 月下旬，脱毒组培种苗早些，其次是越冬种苗，一般不提倡用生产苗繁育子苗。种植密度根据移栽时间和品种来确定，一般穴盘基质苗或越冬种苗每亩800～1 500株；移栽早的可适当种稀些，移栽迟可种密些；香野、红玉等繁殖系数较低的品种，可适当密植。种植方式有两种，单行的苗种在苗床中央（图6-37），株距40～60 cm；双行的苗种在苗床两侧，以三角形排列，短缩茎弓背朝床中间，株距70～110 cm（图6-38），栽后及时浇水确保成活。

图6-37　单行定植母苗

图6-38　双行定植母苗

（7）母株与子苗整理。及时摘除母株的枯老叶和抽生的花序，促进母株的营养生长和抽生匍匐茎。母株抽生匍匐茎后，要定期检查，及时将匍匐茎苗理顺，将相互靠得太近的匍匐茎适当拉开，使其分布均匀，同时用泥块或塑料小叉压牢（图6-39）。为了防止后期高温烫伤匍匐茎，要将匍匐茎放在滴灌带下面，在用塑料叉固定匍匐茎茎尖时，不能将匍匐茎拉的太直，不然贴着地面后期容易高温烫伤。

对于后期所抽生的匍匐茎（图6-40），因苗龄短，难以形成壮苗，应及时剪除（图6-41），以避免田间郁闭，保证早期子苗的健壮生长（图6-42）。

图6-39　匍匐茎苗整顺

图6-40　大量的匍匐茎使田间郁闭

图 6-41　摘除老叶和浮苗

图 6-42　保证子苗的健壮

在垄面发满子苗，基本看不到土壤时，基本达到了所需要的繁殖数量要求，因后期垄面上有很多浮苗，要每隔一段时间人工检查一遍，发现浮苗和爬到沟边的苗要找空余位置用塑料叉固定。在苗基本上发满后，常规的喷雾器已经喷不透垄面，需要使用高压喷药机喷雾，以每亩生产苗 4 万株为例，亩用药液量需达到 180 kg 以上，叶片背部要有药水。在这个标准下，如果喷药时不能喷透垄面，喷不到苗的短缩茎和叶背，就要进行剥叶，俗称打老叶。打老叶标准为：子苗留 3 叶 1 心，去掉老叶、黄叶、病叶、受伤的匍匐茎。打老叶时间宜在垄面干燥、前后 3 d 为晴天，早上叶片没有露水时进行。当天打老叶完毕时进行标记，当天就要进行药物喷雾，药水要喷匀喷透。注意：当天老叶打完，药水要及时补上，一定要做好标记，避免喷重复和漏喷的情况。

以浙江地区为例：第一次打老叶时间为 7 月中上旬。第二次为 8 月上中旬（根据苗田实际情况和天气而定）。

（8）肥水管理。

母株缓苗期：母株栽种当天浇透定根水，次日再浇水 1 次，此期间一直保持土壤湿润到草莓种株成活。定植后 6～20 d，每周在晴天浇水或滴 1～2 次低浓度水溶性肥（例如：第一次用 5 000～6 000 倍平衡肥＋2 000 倍氨基酸肥，控制肥水 EC 值在 0.3～0.4 mS/cm；第二次用 4 000～5 000 倍平衡肥＋6 000～8 000 倍黄腐酸钾，控制肥水 EC 值 0.4 mS/cm 左右，2 周后提高肥水浓度至 EC 值 0.5～0.6 mS/cm）。

母株生长期：母株长出新叶后，开始根据土壤特性和天气情况施肥。滴灌装置的地块，建议肥水浓度为 EC 值 0.6～1.3 mS/cm，沙性土壤在干燥条件下，肥水浓度为 EC 值 0.6～0.8 mS/cm，每周滴灌 1～2 次；黏土或土壤含水量较高时，适当提高肥水浓度，增加施肥间隔期至 7～10 d。没有滴灌装置的地块或有滴灌装置的地块在连续雨天（土壤含水量高）的情况下，在离母株短缩茎 15～20 cm 处穴施或环施三元复合肥每亩 4～6 kg，间隔 15 d 左右一次（注意：一定要在雨后或浇透水后，土壤水分充足时施复合肥，土壤干燥时施复合肥易产生肥害）。根据品种特性和植株生长状态适当调整施肥量和配比，若母株处于生殖生长状态，不断生成花枝可增施 0.2%～0.3% 尿素水溶液或在复合肥中添加 5%～8% 尿素，也可喷施 50～70 mg/L 赤霉素促进匍匐茎抽生（粉玉等对激素敏感的品种慎用）。

匍匐茎抽生期：5 月上旬至 7 月上旬，母株和早期生成的子苗大量抽生匍匐茎，在此期间要确保充足的肥水供应，每 5～10 d 施一次水溶肥，或每 10～15 d 施一次复合肥。为促进匍匐茎抽生，可在平衡肥中适当添加高氮肥、尿素或磷酸二铵等，建议 N：P：K 比例为（1.1～1.2）：（0.5～0.7）：1（仅供参考，实际配比应根据生长状况进行调整）。从 6 月中旬开始，选择在清晨或傍晚时间进行灌溉。水分管理应掌握保持土壤湿润而不积水的原则。连续阴雨天气要注意及时清沟排水，以保持良好的通气条件。7 月上旬梅雨结束到 8 中旬，长江中下游地区处于高温干旱期，要注意苗田补水满足草莓苗生长，有条件的话，可以适当遮阳。8 月中旬后停止使用氮肥，追施磷、钾肥以促进花芽分化。

（9）病、虫、草害治理。苗期主要有炭疽病、枯萎病、叶斑病及蚜蝻、蓟马和斜纹夜蛾等病虫害。病虫害防治以预防为主、综合防治的策略，具体措施有：母株选用健壮无病苗；清洁苗圃卫生，注意排水以防河水和雨水进入造成水淹；喷药要避开早晨露水的时间段进行；及时去除病株，并带出苗圃外集中销毁，用药剂控制发病中心，喷药时一直喷到根茎为止，特别是在降雨后、摘叶时和切断匍匐茎后容易感病，此时，应用药剂进行预防。对草害，做到早除、除小草。

（10）控旺。草莓匍匐茎大量抽生通常在 5 月下旬至 6 月中下旬，此阶段可依据苗田植株生长情况适当控旺，新生叶片不能太嫩，草莓苗株高控制在 15～20 cm 为宜。到 7 月之后苗子可适当压重，以确保高温高湿环境下苗子的抗病性、抗逆性要好。控苗应当循序渐进，在前期可使用肟菌·戊唑醇（拿敌稳）10 000～15 000 倍液轻控，到了中期可提升到 8 000～10 000 倍液。每个育苗户建议选用 1～2 种控旺药剂来使用，每次控旺时选择 1～2 个点进行标记，2～3 d 后根据控旺效果选择下次的药剂和浓度。在控旺阶段，要根据苗地的环境、土质、墒情及未来一周的天气来决定用药种类和浓度。

8 月初，使用 12.5% 烯唑醇 3 000 倍液喷雾 6 d 后草莓苗心叶生长至高度 5.5 cm（图 6-43）；未喷雾 12.5% 烯唑醇的草莓苗心叶高度为 9.5 cm（图 6-44）。

图 6-43 控苗植株

（11）植株管理。母株定植成活后，及时摘除花蕾，减少养分消耗，前期的主要任务就是将母苗培养壮，及时摘除掉老叶、病叶，前期的匍匐茎因太细，而且影响母株生长，在育苗过程中要摘除，5月初之后开始留匍匐茎，此时的匍匐茎粗壮，抗病性好，母株生长健壮。

（12）田间日常管理。加强巡园工作，尤其是中午高温时，一些病害的

图 6-44　未控旺植株

初期症状容易观察到。如发现田间有病害发生时，尤其是炭疽病，要将周围 3 m 内所有苗子全部清理干净，带出苗田，在苗田最下面地方（下风口，且保证此处雨水不会流到苗田）进行焚烧处理，并在发病清理出来的地方用氯溴异氰尿酸 500 倍液喷透，最后用无破损的薄膜进行覆盖。雨季来临前，要仔细察看沟渠、排水管道是否堵住，排水排涝的前期准备工作是否充足。高温干旱来临前期检查浇灌主管道、阀门、滴灌带等有无破损。

（13）控制子苗数量。为了很好地培育壮苗，根据不同草莓品种的特性控制草莓的繁苗数量很重要，一般每亩的育苗数量以控制在 4 万～5 万株为宜。

（14）起苗。起苗前一天要喷一遍杀菌剂。起苗时土壤要有一定的湿度，起好的苗要做好遮阳、保湿。要在当天或第二天及时定植，未能及时定植的苗要放冷藏库，温度设定在 5～8 ℃之间，入冷库苗的标准为：根系发达、茎基部粗壮，根系要湿润。时间为 10 d 之内。

2. 避雨育苗的关键技术　避雨育苗的主要技术要点：

（1）搭建避雨棚。避雨棚，一般要求在 3 月初搭建完毕，采用规格为宽 6～8 m、顶高 2.5～3.2 m、长 50～70 m 的镀锌钢管棚，或根据地形搭建竹木结构的大棚。

（2）棚膜要求。尽可能选择透光率好的薄膜，两边裙膜不围，形成简单避雨设施。有条件的话可安装手动卷膜机，不下雨时，尽量将棚膜卷起，让植株在自然条件下生长。

（3）铺设滴灌带。在每个苗床上铺设 2～3 条滴灌带，如铺设微喷带的话，将喷头朝向地面。

（4）植株管理、病虫害防治。参照大田普通育苗。

3. 基质育苗的关键技术　基质育苗的主要技术包括育苗场地选择、基本设施、基质准备、母苗培育、子苗培育等。

（1）育苗场地选择。育苗场地应设在交通方便、土地平坦、不积水，有水源、有电源的地方，并满足根据育苗规模建育苗棚等设施的需要。

（2）基本设施。包括育苗棚、育苗床、栽培槽、遮阳网、防虫网、滴管等，有条件的

配备降温设备如湿帘、风机等。

① 育苗棚。一般采用钢架单棚或连栋棚，单棚一般宽 6～8 m、棚高 2.8～3.2 m、长 40 m 左右，因为地处亚热带季风气候，一般搭建南北走向的大棚；连栋棚由 3～4 个单棚相连，面积 1 000～1 334 m² 为宜。

② 育苗床（架）。按设施高度可分为高架苗床、离地式（半高架）苗床、着地式苗床。随着农村劳动者不断减少和老龄化，为了省力化，越来越多地采用高架苗床。

A. 常见的高架苗床。

a. 移动苗床（图 6-45）：可手动驱动向左、右移动 300 mm，标准高度 0.7 m，标准宽 1.7～1.8 m，苗床边框为铝合金材料，钢管和苗床网都选用热镀锌材料，能在湿润环境下长期使用，使温室的使用面积达 80% 左右，可用于育苗和栽培等。移动苗床通常安装在连栋棚，长江中下游地区夏季高温气候条件，每亩配备 4 个 1 000 型或 1 100 型风机＋湿帘，可将大棚温度控制在 ≤35 ℃，其特点为使用方便，降温效果好，用途多，但设备成本高，用电量大，目前只有规模化育苗企业使用。

b. 固定苗床（图 6-46）：在地面未固化的大棚内，用镀锌钢管支撑做成苗床，铺上地布，放入基质，繁殖基质裸根苗。这种形式的优点设备成本低，操作省力，水分容易管理，不足之处是对病害的隔离效果不理想。

c. 一体式钢管高架（图 6-47）：用镀锌钢管制做一体式高架用于引插育苗，中间母苗栽培槽两侧各放 2 排穴盘，优点是操作方便，缺点是 7—8 月在 35 ℃ 以上的高温天，因高温或缺水造成死苗较多，但 9 月仍留存的子苗移栽存活率高，病害少，前期产量高。

d. H 形高架（图 6-48）：利用镀锌钢管等材料，搭建侧面呈 H 形架构，架上铺设栽培槽的一种栽培架，高度通常为 0.6～0.8 m，为了让匍匐茎有足够的悬挂空间，育苗部分使用 1.1～1.5 m 的超高架。优点是植株管理操作方便，成本适中，缺点是人工喷施农药时比较吃力。

图 6-45　移动苗床

图 6-46　固定苗床

图 6-47　一体式钢管高架

图 6-48　H 形高架

B. 离地式（低架）苗床。为了达到隔离土壤又降低成本，农户自制的各种苗床。

a. 用镀锌钢管制作高度为 20～30 cm 框架，铺上竹片和养殖隔离网做成简易苗床（图 6-49）。

b. 浙江建德农户的简易剪插苗床，高度约 60 cm（图 6-50）。

c. 农户自制的悬挂式引插苗床，高度约 60 cm（图 6-51）。

图 6-49　简易矮苗床

这些简易苗床的特点：成本低、隔离土传病害、操作较方便。

图 6-50　简易半高苗床

图 6-51　悬挂式苗床

C. 着地式苗床。利用夏季大棚内温度越靠近地面越低的特点进行着地式基质育苗。

a. 着地铺上地布，放上 6～10 cm 基质，引插基质裸根苗（图 6-52），特点：成本低，管理方便，仍存在部分土壤问题，未与土壤彻底隔离。

b. 着地铺上地布，放上栽培槽和穴盘，引插基质穴盘苗（图6-53）。

c. 将栽培槽和穴盘在靠近地面的位置用砖头、控根板等材料隔离（图6-54）。特点：隔离效果好，控温成本低，但铺设工作量较大，植株管理操作需要弯腰，比较吃力。

d. 高台面苗床，苗床四周用砖、水泥砌成，填入客土，特点：克服盐碱地上不能育苗，但苗床制作成本有点大（图6-55）。

图6-52 着地式苗床

图6-53 着地式引插穴盘苗

图6-54 近地引插育苗

图6-55 着地式高台面苗床

③ 栽培容量。基质育苗常用的母株栽培容器包括：

a. H形高架用防虫网或地布做的长条形栽培槽，宽约20 cm、深度18～22 cm（图6-56），外面包裹防水塑料布排液。

b. 梯形PVC栽培槽，上底约19 cm、下底约13 cm、侧边长约18 cm。这2种栽培槽在栽培上使用较普遍，用于育苗植株之间的隔离效果不理想的情况。

c. 长方形塑料种植盆，目前在高原基质育苗上使用较普遍，常用规格为长宽高为43 cm×19 cm×15 cm，在长江中下游地区也有使用，但保温、保水性不是很理想。

d. 泡沫栽培槽和泡沫箱因保温性好，2020—2022年也有种植户使用，但透气性不良，容易积水，目前应用较少。

e. 30 cm×25 cm的无纺种植袋（图6-57）因其透气性、隔离效果佳，近1～2年使用效果良好。

图 6-56 长方形塑料种植盆

图 6-57 无纺种植袋

f. 2022 年夏季≥35 ℃高温天多达 52 d，棚外最高气温达 41 ℃，在没有降温措施的大棚内最高气温达 48 ℃，只有半下沉栽培槽（图 6-58）种植的母株及其子苗几乎未受高温伤害（图 6-59），其结构侧面为 60 cm×30 cm×8 cm 轻质砖，底部用轻质砖和多孔砖交替摆放，铺上白地布或土工布确保透水性，填入基质，再铺上阻根板，两侧摆穴盘或 6 cm 高度的基质，分别引插穴盘苗和基质裸根苗。

图 6-58 半下沉栽培槽

图 6-59 基质苗

（3）大棚消毒。不同于土壤育苗需要每年更换新地，基质育苗重复利用相同的大棚，因此在每季育苗结束时，需将植株和基质清理干净，大棚进行彻底消毒。利用太阳能高温消毒，栽培槽内放满水，加入 1% 酒精，闷棚 30～60 d。

（4）育苗基质准备。基质可选用草炭、椰糠、珍珠岩、蛭石、陶粒等按比例进行配制，草炭、椰糠使用前需测定 EC 值，含盐椰糠用水浸泡脱盐至 EC 值≤0.5 mS/cm 方可使用，所用的基质须满足草莓生长所需的稳定、均衡、持水和通气要求，并提供相应的养分，基质的配方根据草莓品种特性、气候条件和设施情况不同而异，母株采用颗粒较大的基质，子苗宜用颗粒较小的基质，例如母株基质配方为草炭（0～40 mm）：椰糠：珍珠岩＝

40：50：10；子苗基质配方为草炭（0～20 mm）：椰糠：珍珠岩：蛭石＝45：40：10：5。也可选择购买商品基质：母株栽培用栽培基质，子苗用育苗专用基质。基质使用前需进行杀菌处理。

（5）母苗培育。母苗培育的目标是促进匍匐茎子苗的发生。母苗应选择具有所选品种典型性状的健壮植株基质苗，要求具有 4～6 片叶子，株高 10～15 cm，短缩茎直径≥1.0 cm；若不得不采用露地苗，应先将土壤用清水洗干净，全株用真菌＋细菌性药剂浸泡3～5 min。有条件的话，最好选择脱毒种苗作为繁殖生产苗的母株。于 2 月下旬至 3 月中旬定植于装有基质的栽培槽或花盆中。

与大田普通育苗的主要区别在于，基质栽培必须浇水带肥，人工供给全营养素平衡肥，全程严格控制肥水浓度。根据不同时期的气候条件和植株状态及时调整肥水方案。

① 缓苗期。前 15～21 d。母株栽种后马上浇水 1 次，过 0.5 h 再浇水 1 次；第二天可再浇水 1 次。如果是裸根苗前 5～7 d 中午前后各用花洒浇水 1 次，直到植株叶片挺起。第三天，用低浓度水溶性肥；观察基质水分状况，通常再过 5～10 d 后，施第二次肥水。从定植后第 3～21 d 内，基质保持半干状态，通常 5～10 d 浇一次肥水，控制 EC 值≤0.5 mS/cm，在中午前后施肥。此期间温度较低，主要是促进生根，在一定程上，生根量与基质水分含量呈负相关，水分过高会造成有些品种黑根，直至 1～2 片新叶生成。

② 生长期（3 月下旬至 5 月初）。根据植株长势和天气情况施肥。表面向下 5 cm 基质发干，开始施肥，浓度为 EC 值 0.5～0.7 mS/cm，通常 1～5 d 施一次肥水，连续阴雨天施肥频次较低时，可适当提高肥水浓度。若母株处于生殖生长状态，不断生成花枝，及时摘除花枝，配肥时加入适量尿素或高氮肥，提高氮肥水平至 N：K＝（1.1～1.2）：1。

③ 匍匐茎抽生期（5 月初至 7 月初）。母株大量抽生匍匐茎，在此期间要确保充足的肥水供应，1～2 d 施一次水溶肥，浓度为 EC 值 0.6～0.7 mS/cm。5 月初至 6 月初，为促进匍匐茎抽生，可在平衡肥中适当添加高氮肥、尿素或磷酸二铵等，建议 N：P：K 比例为 （1.1～1.2）：（0.5～0.7）：1（仅供参考，实际配比应根据生长状况进行调整）。从 6 月中旬开始，调低氮素水平，建议 N：P：K 比例为 0.8：1：1.2，选择在清晨或傍晚时间段进行灌溉。在晴天清除母株上的老叶，并于当天喷药，以防伤口感染。根据植株长势适度控旺。

7 月上旬梅雨结束至 8 中旬，长江中下游地区处于高温期，基质水分易蒸发，要加强补水。可用适量肟菌·戊唑醇（拿敌稳）＋磷酸二氢钾根据植株长势控旺。8 月中旬后停止使用氮肥，追施磷、钾肥以促进花芽分化。

肥水管理与植株整理和病害防治相结合，进行植株整理前应控制浇水，基质过湿或叶片带水时避免清除老叶、摘花枝等操作；喷施农药前应确保所有植株有充足的水分。

（6）子苗培育。子苗培育的容器可选用营养钵或穴盘。营养钵规格宜为 8 cm（口径）×10 cm（深）×6 cm（底径），配备营养钵托盘；穴盘宜选用草莓苗专用型，规格约为 52 cm（长）×32 cm（宽）×11 cm（高），12～24 孔。于 5 月下旬开始将匍匐茎分批引插或剪插到营养钵或穴盘中。子苗生根 1 周后即可开始补肥，肥料配方参考母苗，并适当调整，主要区别在于5—7月氮素水平低于母苗 N：K＝1：(1～1.2)，浓度为母苗的50％左右，每天滴灌肥水1～2次，出圃前2周停止施用氮肥。

（7）病虫害防治。参照大田育苗，主要区别在于红蜘蛛的发生概率会比较高，应以防为主，在缓苗期或营养生长期发现红蜘蛛，用2次化学药剂，再释放捕食螨500株/瓶，每月或在使用杀虫剂到达安全间隔期后补充释放量为1 000株/瓶。

（8）降温措施。江浙地区夏季炎热，高温持续时间长，通常单体大棚和连栋大棚内温度和湿度普遍比棚外高。

连栋大棚降温的常用措施：内外遮阳网；水源热泵基质降温；湿帘风机降温；喷雾降温系统。单体大棚降温：遮阳网；大棚降温剂，将降温剂用水2～10倍稀释，均匀喷涂在大棚外表面上，可降温3～8℃。

三、典型案例草莓育苗经验

1. 浙江省建德市已成农业开发有限公司草莓育苗情况　公司开展草莓母苗和生产苗繁育18年，现有种苗繁育基地2 hm²（建德市大同镇西乡草莓园），年产草莓母苗100万株；生产苗繁育基地8 hm²（上海崇明岛），年产草莓生产苗500万株（图6-60）。

图6-60　育苗情况

2. 江苏省芃泰种业科技有限公司草莓育苗情况 江苏芃泰种业科技有限公司注册于南京国家农高区，是根据本地草莓产业发展需求和前景创立的特色种业企业，公司借助省内外科教优势和资源优势，致力于优质草莓种苗和生产苗生产，现有草莓苗生产基地 13.3 hm²，其中大田露地育苗 12 hm²，大棚基质育

图 6 - 61　大田露地育苗

苗 1.3 hm²，年产生产苗 1 000 万株，其中基质苗 100 万株；组培室 260 m²，年产组培脱毒原种苗 10 万株（图 6 - 61 至图 6 - 63）。

图 6 - 62　脱毒原种苗育苗

图 6 - 63　穴盘基质育苗

第七章
云贵高原草莓育苗特点及关键技术

第一节　云贵高原草莓生产概况

云贵高原位于中国西南部，为中国四大高原之一，大致位于东经100°—111°，北纬22°—30°之间，西起横断山、哀牢山，东到武陵山、雪峰山，东南至越城岭，北至长江南岸的大娄山，南至桂、滇边境的山岭。东西长约1 000 km，南北宽400～800 km，总面积约5 000万hm²。

云贵高原包括云南省东部，贵州全省，广西壮族自治区西北部和四川、湖北、湖南等省边境，是中国南北走向和东北—西南走向两组山脉的交汇处，地势西北高，东南低。大致以乌蒙山为界分为云南高原和贵州高原两部分，海拔在400～3 500 m之间。

云贵高原属亚热带湿润区，为亚热带季风气候，气候差别显著。总的来说，云贵高原地处低纬高原地区，立体气候明显，垂直高度的差异和丰富的光热资源为草莓栽培提供了良好的环境条件。高海拔地区昼夜温差大，草莓光合作用好、呼吸代谢旺盛、糖分及营养物质积累多，完全满足生产优质果品的条件，草莓口感一流、色泽鲜艳、上市早，有利于参与市场竞争。由于高海拔形成的冷凉气候，对草莓的花芽分化极为有利，为草莓育苗提供了良好的条件，草莓种苗不仅能满足该区域草莓产业的发展，同时可面向全国，实现种苗南繁北育，甚至本区域就能实现低繁高育。夏季冷凉气候条件更造就了该区域四季草莓在全国的优势地位，该区域四季草莓种植面积占全国四季草莓的三分之二以上，是全国四季草莓栽培面积最大的区域，也是我国四季草莓的最佳种植区域。

云南和贵州草莓产业起步较晚，与其他主产区相比，技术相对落后，种植面积也不大。云南省草莓生产始于20世纪80年代初期，主要以庭院或零散种植为主，规模较小、生产水平落后。到20世纪90年代，云南省草莓产业进入快速发展阶段，昆明、玉溪等城市周边以采摘和鲜食为主要经营模式的草莓种植也开始起步。进入21世纪，随着农业产业结构调整和休闲观光农业的兴起，草莓产业又上了一个台阶。2012年世界草莓大会在北京召开，全国草莓产业进入飞速发展期，"三新"技术在草莓生产中不断推广应用。现阶段，由于种苗、生产技术、食品安全、采后处理等方面的问题，导致整个草莓产业处于一个持续、徘徊、不平衡、不稳定的时期，种植面积稳步增加，效益不均，企业和种植户均在比较和观望，试图闯出一条新路。随着时代发展和社会进步，草莓品种和技术不断更新。20 世纪 80 年代初期，种植品种主要是达娜；到 20 世纪 90 年代，是以丰香、鬼怒甘、赛娃为主；进入 21 世纪，章姬、鬼怒甘、卡姆罗莎等品种逐步扩大规模。近年来，新品种不断涌入，红颜、章姬、甜查理、香野、圣诞红、宁丰、宁玉、越心、越秀、京藏香、红玉、白雪公主、雪香、桃香等已家喻户晓，市场不断丰富。四季草莓的引入使云南草莓基本实现周年生产。栽培模式和栽培技术也逐步多样化，20 世纪 80 年代初期，主要以露地种植为主；到 20 世纪 90 年代，发展成露地、塑料大棚地栽并存；进入 21 世纪，出现塑料大棚槽栽。2017 年后，出现多种多样的立体基质栽培、雾培、水培等，栽培技术不断进步，外观、品质、安全性不断提高。截至 2022 年，云南草莓种植面积达 1.04 万 hm²，产量 20.7 万 t，产值 30 亿元以上。全国排名第 11 位左右。全省 16 个地州（市）具有草莓种植，基本实现周年供应，种植的草莓品种分为冬季草莓和夏季草莓（四季草莓），冬季草莓品种有：章姬、红颜、粉玉、香野、火焰、圣诞红、桃香、玖香、白雪公主、京藏香、京泉香等，夏季草莓主要以蒙特瑞为主，其次有阿尔比、圣安德瑞斯、波特拉等。冬季草莓种植的区域主要集中在昆明、玉溪、曲靖、楚雄等滇中大城市周边，夏季草莓（四季草莓）主要集中在曲靖会泽县周边。草莓种苗繁育面积（不含农户自育）133.33 hm²，产量 1 亿株，山地裸根苗和基质苗各占 50% 左右。建有组培脱毒快繁体系的科研单位和企业有四家，每年可生产组培苗 300 万株，专业化基质穴盘育苗企业 7 家（含卓莓、拉森峡谷和百果园），年产种苗 7 000 万株。

贵州省大部分地区气候温和，冬无严寒，夏无酷暑，四季分明，适合草莓种植。但由于光照条件较差，降雨日数较多，相对湿度较大。因此，要求草莓品种除高产优质外，还需耐阴耐湿、抗白粉病、易着色等，以适应贵州省的气候特点。随着脱贫攻坚和乡村振兴的步伐以及全国草莓产业发展速度的加快，贵州省草莓产业发展迅猛，引进大连、浙江、四川等地知名企业，进行规模化育苗和规范化种植。截至 2022 年，贵州省草莓面积已超过 3 333.33 hm²，产量 7 万 t，产值 10 亿元左右，主要分布在贵州中部、黔西北和黔西南。草莓种苗繁育面积（不含农户自育）66.67 hm²，产量 4 000 万株，主要以山地裸根苗为主，占 80% 以上。品种有黔莓 1 号、黔莓 2 号、章姬、红颜、粉玉、香野、甜查理等（表 7-1）。种植模式主要是结合乡村旅游、城市近郊休闲观光采摘为主。种苗除自用外，主要供云南、四川或返销大连、浙江等地。

表 7-1　云南及贵州农户育苗情况

地区	育苗基本情况	避雨栽培占比	露天栽培占比	黔莓 1 号占比	红颜占比	章姬占比	香野占比	妙香 7 号占比	其他品种占比
云南	农户育苗自用占比 80%，且多为重茬，但所育品种抗病，普遍成活率在 90% 以上。育苗农户多，平均面积不大	25%	75%	50%	10%	5%	10%	10%	10%

（续）

地区	育苗基本情况	避雨栽培占比	露天栽培占比	黔莓1号占比	红颜占比	章姬占比	香野占比	妙香7号占比	其他品种占比
贵州	农户育苗占比70％，有40％是非自用。公司化育苗30％。普遍成活率在90％以上。育苗农户平均面积在0.33 hm² 以上	15％	85％	50％	30％	2％	2％	5％	11％
备注	/	/	/	云南省主要集中在永仁县、文山市、玉溪市；贵州省主要集中在毕节和贵阳	云南省主要集中在曲靖；贵州各区都有	云南省主要集中在富民县、九溪及文山；贵州各区都有	云南省主要集中在研和；贵州省主要在贵阳	云南各区都有，其中西山区、九溪和文山居多；贵州省各区都有	多为新品种实验以及一部分红玉、粉玉

注：根据库森农业2023年3月种苗的销量情况制定本表。

第二节　云贵高原草莓育苗特点

近年来，云贵高原地区充分利用低纬高原夏季冷凉的气候特点，发展草莓种苗生产，高原苗具有根系发达、生长健壮、花芽分化良好、病虫害少，成活率高等特点，深受全国草莓种植户的喜爱。经过多年研究已形成一套"低繁高育、四季苗、周年果"的技术体系，在茎尖繁育、脱毒母苗和生产苗繁育技术方面也有重要突破，初步形成草莓脱毒种苗的区域性三级繁育技术体系。

一、一年四季均可进行草莓苗生产

云贵高原地区气候四季温和，昼夜温差大，大部分地区光照充足，一年四季草莓均可抽发葡匐茎，通常表现为花、果、葡匐茎同时存在于同一草莓植株，除四季草莓（日中性）品种如蒙特瑞、圣安德瑞斯、阿尔比、波特拉、静红、艳红、京滇红、中英红等外，一些短日照品种如香野、天使8号、粉玉2号、妙香7号在高海拔地区也表现出对光周期不敏感现象。通过试验，这些品种可以四季繁苗、周年产果，可根据市场需要通过肥水管理和环境调控进行草莓苗和果的生产调节。

二、高原苗用于生产独具优势

高原地区独具特色的自然地理气候优势，造就了高原草莓苗具有根系发达、生长健壮、花芽分化良好、病虫害少，成活率高等明显优势。云贵高原生产的草莓苗除本区域自用外，每年向全国各地输出近3 000万株，市场反映良好，普遍表现为成活率高、结果早、产量高等特点。

三、同区域内实现"低繁高育"

云贵高原独特的立体气候特点，可以满足在中、低海拔（800～1 500 m）温热地区繁育草莓茎尖，在高海拔冷凉地区（2 000～2 600 m）进行扦插繁育生产苗的条件。通过试验，在中、低海拔温热地区基质高架草莓匍匐茎的抽生和生长速度显著高于冷凉地区，产量比在高海拔冷凉地区高出 2～3 倍；而在高海拔冷凉地区扦插成活率可提高至 98% 以上，且避免高温高湿造成的病害，适当的低温有利于草莓花芽分化，生产过程中能节省人工和农药费用 20% 左右。因此，同区域草莓采用"低繁高育"的方式不仅可以提高草莓苗的质量，还可节约生产成本，经济、社会和生态效益显著。

四、育苗方式多样，技术体系完善

云贵高原草莓育苗方式多样，从匍匐茎和茎尖繁育来分，有组培脱毒苗、高架空中育苗系统、露地和保护地繁育；从子苗和生产苗来分，主要包括传统大田育苗、山地坡地育苗、无杂草基质裸根苗、基质穴盘苗等，基质穴盘苗又有扦插和引插两种方式。经过多年实践，在生产上应用较为广泛的主要是组培脱毒苗、高架空中育苗系统、传统大田育苗、山地坡地育苗、基质穴盘扦插苗。这些育苗方式大多以专利、企业标准、团体标准和地方标准进行了注册和备案。截至 2023 年，云南和贵州在草莓育苗方面备案的各类标准超过20 项。

五、云贵高原将成为中国草莓种苗繁育的新高地

云贵高原是中国草莓产业发展的新区，独特的自然地理气候资源是草莓生产和种苗繁育的最佳适宜区，连作障碍问题相对国内其他老产区发生较轻，山区、半山区面积占比大，草莓发展的空间较为广阔。2023 年，云南、贵州草莓繁育面积约 200 hm²，繁育草莓种苗 15 000 万株，30% 左右的种苗销往外地，国内包括大连、广西、重庆、山东、浙江、江苏等，部分出口越南、缅甸等东南亚国家。随着国家乡村振兴战略不断深入实施和农业现代化不断地加快，全国草莓产业将不断推向新高，依托高原气候优势，不断完善草莓种苗繁育技术体系，不久的将来，云贵高原必将成为中国草莓种苗繁育的新高地。

第三节　云贵高原草莓育苗关键技术

一、草莓茎尖脱毒组培快繁体系

1. 原原种的获得与保存　通过研究集成草莓茎尖外植体，采样最佳时间为每年 3—5月，最佳的灭菌技术为：0.2% $HgCl_2$ 灭菌 8～11 min，无菌茎尖获得率达 77.33%；直接茎尖培养＋冷处理（草莓茎尖放置于 5 ℃ 的冰箱中培养 60 d），操作简单且完全脱除病毒

（图 7-1、图 7-2）。生产综合素质优良草莓种苗的组织培养技术，初代培养配方：MS＋6-BA 0.5～1.0 mg/L＋NAA 0.01 mg/L＋糖 30 g/L＋琼脂 6～7 g/L，无菌系获得周期 45 d，作为原原种保存更新。

图 7-1 草莓脱毒瓶苗生产流程

图 7-2 草莓脱毒瓶苗

2. 原种苗的生产 原种生产采用继代培养配方：MS＋6－BA 0.5～1.0 mg/L＋NAA 0.01～0.05 mg/L＋糖 20～30 g/L＋琼脂 6～7 g/L，继代培养周期 25 d，增殖系数平均为 7.80，生根培养配方：MS＋NAA 0～0.01 mg/L＋IBA 0～0.1 mg/L＋IAA 0～0.1 mg/L＋糖 30 g/L＋琼脂 6～7 g/L，培养 30 d，生根率 100％，株高 2.34～2.38 cm，叶片数 6.90～7.90 片，根长 2.47～2.75 cm，根粗 0.17～0.19 mm，生根量 6.80～7.40 条。

同时，研究提出了草莓脱毒原种种苗规模化漂浮苗驯化的最佳技术。育苗的成活率为 82.25％、商品苗率为 85.6％，商品苗的株高 17.32 cm、叶片数 5.8 片、茎粗 1.3 cm、根长 15.7 cm、生根量 9.4 条；最佳的移栽时间是 11 月下旬至 12 月初，育苗期大约 90 d。

3. 草莓组培苗的最佳扩繁代数的确定 用组培驯化的原种苗，组培大田扩繁的一、二、三、四代苗及四年生常规苗的扩繁苗进行对比，从物候期、植株生长势、果实性状和丰产性等指标来看：组培苗均优于常规苗，其中二代苗、三代苗的早熟性较好，较其他代数提前 3～6 d 上市，植株生长势强，坐果率高，大果多，单果重，产量高，每亩较其他代数增产 18％～26％，抗病性较强。

二、大田裸根苗繁育技术

大田育苗是利用母株匍匐茎上发生的子株苗原地进行培育，子株不脱离母株，直到草莓定植时将苗移出育苗田。大田普通育苗的特点：设施投入相对较少，技术要求不高，利于规模化、机械化生产。

1. 大田扩繁技术 针对草莓生产中存在的种苗繁育问题，开展了不同定植时期对草莓脱毒种苗大田扩繁的影响、"3414"肥效对草莓脱毒苗及常规苗繁殖产量的影响、草莓脱毒种苗和常规老苗的大田扩繁对比试验研究，研究表明：

从子苗数量、壮苗数等综合分析，脱毒种苗定植的最佳时间，即 2 月中旬至 3 月下旬，也说明开春后母株苗定植越早，其产生子苗数量越多，素质越高，而定植越迟，子苗的数量和素质越差。

脱毒苗育苗施肥技术氮肥的最佳施用量 193.95 kg/hm²，磷肥的最佳施用量为 133.65 kg/hm²；钾肥的最佳施用量为 128.55 kg/hm² 的繁苗量最高，商品苗量为 155.57 万株/hm²。

常规苗育苗施肥技术氮肥的最佳施用量 200.4 kg/hm²，磷肥的最佳施用量为 151.35 kg/hm²；钾肥的最佳施用量为 158.25 kg/hm² 的繁苗量最高，商品苗量为 119.45 万株/hm²。

2. 露地大田育苗的优质种苗标准的确定 从苗质量、单株产量和商品率等几个因素综合分析，草莓苗以株高 16.5～21.9 cm，叶片数在 3.8～5 片，根状茎直径在 7.96～11.5 mm，根数在 15～18.8 条，根冠比在 0.195～0.215，壮苗指数在 0.134～0.380 的苗综合素质最好，产量和商品率较高。

3. 最佳移栽期的确定 从单株产量和商品率等几个因素综合分析，产量和大果率以 7 月下旬移栽较好，分别较其他移栽期高出 5.6％以上，高 0.5～5.7 个百分点；中上果率和糖度以 8 月下旬移栽较好，并且可有效降低红心中柱根腐病发生。

通过试验研究结果应用于草莓种苗规模生产，总结制定了 3 项种苗繁育技术规范，详见：《草莓脱毒瓶苗生产技术规范（DG 5304/T001—2015）》《玉溪市原种苗培育技术规范（DG 5304/T002—2016）》《草莓生产用苗繁育技术规范（DG 5304/T014—2016）》，建立流程清晰、系统性较强的种苗繁育技术体系。扩繁出的种苗数较传统老苗繁种提高 5.24 倍，每亩种苗可满足 0.75 hm² 大田种植，草莓脱毒种苗在全市推广应用率到 90% 以上，实现草莓种苗高效、优质生产。

三、山地裸根苗繁育技术

云南地处低纬高海拔地区，垂直高度的差异，丰富的光热资源，由于高海拔形成的冷凉气候，对草莓的花芽分化都极为有利，为草莓生产和种苗繁育提供了良好的自然条件，通过研究建立了一套草莓高山育苗技术体系。

1. 育苗地环境要求

（1）环境条件。应选择海拔 1 800～2 300 m，年平均温度 14～15 ℃，年平均降水量 800 mm 以下，昼夜温差大，有利于草莓光合作用、呼吸代谢、糖分和养分积累的生态条件良好，远离污染源，并具有可持续生产能力的农业生产区域。

（2）土壤条件。应选择排灌方便、土壤肥沃疏松、3 年以上没有栽植过草莓的地块，连作地应先进行土壤消毒。

2. 育苗技术措施

（1）品种选择。根据生产计划选择适销对路的品种。云南主栽的草莓品种有章姬、红颜、香野、圣诞红等。

（2）母株选择。优先使用脱毒种苗，也可以从生产园田间选择有 3 片以上新叶、根系发达、无病虫害、叶柄短而粗壮的植株作为母株。

（3）母株定植。

① 定植时间。于每年的 3—5 月定植。

② 苗床准备。在土壤中施入腐熟农家肥 30～45 t/hm²、磷酸二铵 150～225 kg/hm²、硫酸钾 75～150 kg/hm²，耕匀耙细后做成畦宽 1.2～1.5 m、畦高 10～20 cm、畦沟宽20～30 cm 的高畦。

③ 定植方式。双行"品"字形定植。定植时应摘除老叶和花序，以带土移栽为宜。确保苗心茎部与地面平齐，做到深不埋心，浅不露根。

（4）育苗田管理。

① 水肥管理。母苗定植后立即浇透水。清晨母苗叶缘无水珠时应及时浇水，保持整个育苗期土壤湿润，避免畦面畦沟积水。7 月以前追施氮肥 2～3 次，每次 30～75 kg/hm²，7 月停止使用氮肥，增加磷肥、钾肥的施用量，可用 0.2%～0.5%磷酸二氢钾溶液根外追肥 2 次，每隔 10 d 一次。

② 中耕除草。结合中耕及时人工除草，不使用除草剂。

③ 匍匐茎管理。

a. 引压匍匐茎：母苗抽生匍匐茎后，及时梳理，用育苗叉或细土使匍匐茎均匀分布，确保由匍匐茎产生的生产苗间的株行距不小于 10 cm。

b. 去除多余匍匐茎：每株保留 30～50 棵生产苗，生产苗控制在 75 万株/hm² 以内，去除后期抽生的过密的匍匐茎，保证通风透光，并具合理营养面积。

（5）母株管理。

① 摘花疏叶。及时去除母苗的花序、老叶和病叶。待田间的生产苗数量足够后剪除母苗的所有叶子，提高田间的通风透光。

② 病虫害防治。重点防治炭疽病、叶斑病、根腐病、白粉病、病毒病、蚜虫、螨类等病虫害，农药使用应符合 NY/T 1276 的规定。防治草莓炭疽病可用 45% 咪鲜胺微乳剂 1 000～1 200 倍液喷雾，用药 3～5 次，每次间隔 7～10 d。防治叶斑病可用 70% 甲基硫菌灵或 80% 代森锰锌可湿性粉剂 800～1 000 倍液喷雾，用药 3～5 次，间隔 7 d；白粉病可用 250 g/L 吡唑醚菌酯乳油 2 000 倍液喷雾，用药 3～5 次，间隔 10 d。蚜虫防治可用 10% 啶虫脒微乳剂 5 000 倍液喷雾，或 10% 吡虫啉可湿性粉剂 2 000 倍液喷雾。红蜘蛛防治可用 20% 哒螨灵可湿性粉 2 500 倍液喷雾。

③ 起苗。7 月中旬至 9 月上旬起苗，土壤干旱时，起苗前 2～3 d 适量灌水。从苗床一端起苗，切断匍匐茎，去掉老叶、病叶，剔除弱苗、病虫危害苗，按表 7-2 生产苗分级标准进行分级。

表 7-2　基质穴盘苗分级标准

级别	根茎粗（cm）	展开叶数（片）	苗龄（d）	其　　他
一级	≥1.0	4～5	50～60	叶柄短而粗壮，根系发达，无褐变。无病虫害。根系全包裹基质，取苗后基质不散落
二级	≥0.8 且<1.0	3	40～50	

注：以指标最低级别为生产苗的定级标准。

四、无杂草设施基质裸根苗繁育技术

无杂草设施基质裸根苗繁育是在大田育苗的基础上发展起来的一种育苗技术，目的是解决大田育苗草害严重的问题，是一种省力化育苗技术，每亩地一个育苗季节可节约拔草人工成本 500～600 元。同时，利用该技术繁育出的裸根苗具有根系发达、须根多、植株健壮、起苗容易、成型苗地可更换补充基质或进行消毒处理后重复利用等优点。

1. 整地做槽　育苗棚地以 8 m 宽、30～50 m 长为宜，现将地翻耕 20 cm，耙平，按照示意图（图 7-3）所分区域和规格整成凹凸一致的槽埂地，凸出的部分作为管理步行道，需压实深凹区作为母苗定植区，浅凹区作为匍匐茎生长区。棚头留 1 m 宽的过道，将棚周围的杂草清除干净。

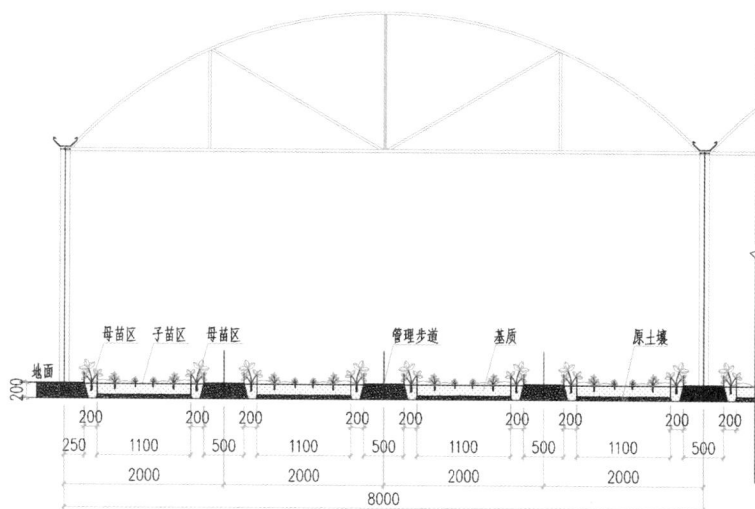

图 7 - 3 无杂草设施基质裸根苗繁育示意图（单位：mm）

2. 铺无纺布 选择 300 g 厚度 1 mm、宽度 3.2 m 或 1.6 m 的无纺布将地面横向铺严，过道裁剪后单独铺严。沟槽按地形压实，无纺布相互搭接严密，尽量少露土，避免杂草滋生。

3. 填基质 将自己配置好的基质或者成品烟草、蔬菜育苗基质回填至凹槽中，回填高度与管理步道相平齐或略低 1 cm 左右。基质填充区域即为苗床。

4. 母苗定植 母苗定植于母苗定植区，即苗床的两边，株距 30～40 cm，弓背朝内。

5. 肥水管理 肥水管理母苗采用滴管系统，子苗采用喷管系统，其他管理与基质穴盘苗相同。

五、基质穴盘苗繁育技术

1. 母苗培育

（1）品种选择。根据生产需要选择适销对路的优质抗病高产品种。

（2）母苗选择。采用脱毒种苗，质量标准为有 3 片以上新叶、根系发达、无病虫害、叶柄短而粗壮的植株。

（3）母苗定植。

① 定植时间。3 月下旬至 5 月上旬。

② 苗床准备。每亩施入腐熟农家肥 2 000～3 000 kg、磷酸二铵 10～15 kg、硫酸钾 5～10 kg，耕匀耙细后做成畦宽 1.2～1.5 m、畦高 10～20 cm、畦沟宽 20～30 cm 的高畦。

③ 定植方式。双行"品"字形定植，株距 20 cm 左右。定植时应摘除老叶和花序，以带土移栽为宜。确保苗心茎部与地面平齐，做到深不埋心、浅不露根。

（4）母苗管理。

① 肥水管理。母苗定植后立即浇透水。清晨母苗叶缘无水珠时应及时浇水，保持整

个育苗期土壤湿度在60％以上，避免积水。滴灌施肥，施肥原则为适氮，重磷、钾。

② 植株管理。及时摘除老叶和花序，注意病虫害的防治。待穴盘中的苗长满后，将母苗的所有叶子剪除，提高田间的通风透光率。

2. 基质穴盘苗培育

（1）基质选择。育苗基质宜选用无毒无病原、保水、透气性好的材料，如椰糠、草炭、蛭石、珍珠岩等。可适当加入红土，起到保水作用。

（2）穴盘选择。穴盘选用24孔或32孔的大穴盘，规格为4×6或4×8，苗穴孔的高度为9～13 cm。

（3）匍匐茎引插或扦插。母苗抽生匍匐茎后，及时梳理，用育苗叉使匍匐茎分布在穴盘中。或者当母苗抽生的匍匐茎长出3～4株子苗时，将其剪下，每个子苗分别留0.8～1.0 mm的匍匐茎，扦插到穴盘中，用育苗叉固定，保证根原基接触到基质。

（4）基质苗管理。待穴盘中的引插苗长满后，剪除多余的匍匐茎。及时去除老叶、病残叶。

（5）肥水管理。保持整个育苗期基质湿润，避免积水，以利幼苗生根。滴灌施肥，7月以前以氮肥为主，7月以后停止使用氮肥，增加磷肥、钾肥的施用量，促进花芽分化，可用0.2％～0.5％磷酸二氢钾溶液根外追肥2次，每隔10 d一次。

3. 病虫害防治 重点防治炭疽病、叶斑病、根腐病、白粉病、病毒病、蚜虫、白粉虱、蓟马、螨类等病虫害，农药使用应符合NY/T 1276的规定，禁止使用国家法律法规规定的禁用农药品种。

4. 起苗分级 7月中旬至9月上旬起苗（表7-2），与母体相连的匍匐茎（弓背内侧）保留2～3 cm，其余全部剪除。去掉老叶、病叶，剔除弱苗、病虫危害苗。

第四节　典型案例育苗经验介绍

在云南以玉溪市农业科学院为主的草莓团队主要开展草莓大田育苗（图7-4）技术研发和推广，玉溪市农业科学院研究了不同施肥配方对草莓脱毒苗繁育量及经济效益的影响，通过不同的氮磷钾配比了解草莓的生育变化并进行其产量比较，从中筛选出合理的氮磷钾配比，并得出最佳繁育量。结果表明：氮肥对草莓脱毒种苗繁育量的影响最大，磷肥其次，钾肥最小；当氮磷钾配施为N 180 kg/hm²、P_2O_5 150 kg/hm² 和K_2O 150 kg/hm² 能获得最高的经济产量和效益，繁育量、产值和产出分别为155.57万株/hm²、622 272 元/hm²、619 862.4 元/hm²。在玉溪研和每亩大田草莓育苗产量高达10万株以上，生产中为了保证种苗质量，结合通风透光减少病害发生等因素，建议每亩草莓苗产量控制在5万～6万株。

在贵州主要是引进省外企业如华晟草莓育苗基地作为东西部产业合作企业，是一个以草莓种苗繁育、科技示范为主的高原苗繁育示范基地。通过冷链车将草莓种苗从大连市运至海螺村，利用海螺村的冷凉气候实现草莓的提早花芽分化，再把繁育好的草莓苗运回大连种植，从而带来良好的经济效益和社会效益。华晟草莓育苗基地的建立，是大连市在对口帮扶六盘水市过程中，走出的一条农业帮扶创新之路、双赢之路。目前，该基地的育苗面积达 19 hm²，带动建档立卡贫困户 48 户务工增收。

图 7-4　草莓大田育苗

一、昆明库森农业开发有限公司

公司成立于 2017 年，坐落于云南省昆明市寻甸县。占地面积 43.13 hm²，海拔 2 060 m，全年可对外供应的优质穴盘苗 7 000 余万棵（彩图 7-1）。

1. 草莓高架基质栽培技术要点（彩图 7-2）　最常见的高架模式有：①固定式单行平行种植架；②可升降式悬挂平行栽培架；③固定式"品"字形栽培架；④固定 H 形栽培架。

目前最常用的是①和②两种栽培模式，也是最实用的两种模式。第①种栽培模式在一般大棚和普通大棚都可用，而且投资成本小，被采用的最多；第②种栽培模式由于对大棚建造要求高，投资成本高，多数在大公司玻璃温室做采摘观光用。第③和④种栽培模式由于农事操作不便，光照不足等问题，现在已经很少被采用。

基质的材料与配比。材料选用：脱盐椰糠、椰块、调好 pH 的泥炭、珍珠岩。基础配方按体积比 5∶2∶2∶1，按各地气候不同进行配比，如果冬季光照少的地方，椰块和珍珠岩要多，泥炭和椰糠要少，另外还要按 3∶1 000 的比例加入缓释肥（6 个月）；如果光照充足的地区，泥炭、椰糠可以适当多一点。

将配好的基质装入栽培槽，第一次装槽的时候可以平平的装好，然后用清水浇透，使其下沉，等充分下沉后再填充一次基质，这次填充要让基质冒出槽沿，形成弓背形状，然后再浇一次透水，最后将下沉后的地方补到弓背状态即可。注意：在做基质填充的时候不要使劲用手压，轻压就好，浇水时一定浇透水。

栽培时选用营养状态良好，花芽分化已经完成的无病基质穴盘苗，栽培时认好方向按45 度角倾斜，斜的定植在离栽培槽边 3 cm 的地方，不要靠紧栽培槽边上，定植好后打开滴灌滴透定根水，注意要用清水滴透，如果基质湿润度不够的要在栽培前先用清水浇透基质方可栽培。

定植后，前 3 d 用清水每天浇 1～2 次（根据气候来决定次数），3 d 后可用 EC 值为 0.3～0.4 mS/cm 的营养液浇。次数根据气候决定，每次要有排液，第一张心叶正常抽生后 EC 值可加到 0.5～0.6 mS/cm 之间，两片心叶正常抽生后 EC 值管理在 0.8 mS/cm 左右。基质栽培重点管理在肥水，所以每天监测营养液的浓度和进排液的数量很重要。营养液要选择全营养元素的肥料，可以用配置好的成品水溶肥，也可以用单质肥自己进行配置，浇灌营养液的设施一定要精准。

基质栽培病虫害和土壤栽培基本相同，只是因为基质栽培营养管理更合理，它的发病几率会小很多，但定植前期叶部病害还是要正常预防，预防方案参照露地育苗栽培方案。

2. 露地育苗技术要点

（1）定植前后的技术要点。保证土壤、水源的干净，安装好滴灌设施，定植前用滴灌湿透箱面或定植坑，定植时土壤干湿度以不粘手为标准，定植坑周围的土壤要细腻。

定植前用药水泡苗 5～10 min，药剂配方：阿米西达 2 000 倍液，春雷霉素 1 000 倍，根罗 500 倍液，泡苗后请及时定植，如间隔时间太久怕引起药害烧根烧苗。

定植后浇透定根水，让土壤和基质充分结合紧密，让根系更容易往土壤生长，避免因根系生长不良导致植株抗病力下降和早衰。前半月内每隔 3～5 d 可适当浇一些海藻类肥料促进根系生长，正常生长后可 1 个月浇一次。

定植后用药物灌根两次，预防根腐病和炭疽病。用喷雾器对每株根部施药，要求每株药水不少于 100 mL。配方如下：定植 3 d 后，精甲·咯·嘧菌＋春雷霉素＋高效氯氟氰菊酯；定植 7 d 后，春雷·王铜＋根罗＋甲霜·噁霉灵。

（2）定植后的植保方案。定植初期到植株正常生长期（长出 2～3 片叶时）是植株最脆弱的时间段，药物防控一定要勤，最好每 3 d 一次药水喷雾。

以后每隔 3 d 一次，正常生长后间隔 7 d 一次。药水配方：双丙环虫酯＋丁氟螨酯＋左旋游离氨基酸＋噻螨酮；吡唑醚菌酯＋多抗霉素＋氨基酸。第一棵子苗扎根后药水配方：苯醚甲环唑＋春雷霉素＋亚磷酸钾镁＋45％咪鲜胺；代森联＋噁霉灵＋吡唑醚菌酯＋中生菌素。

雨季后的管理要及时间苗，去除多余老叶，适当地运用抑制剂防止植株徒长，增施磷钾肥，子苗满圃前喷透杀菌剂。每次防控的药物要喷到植株基部，每次农事操作后必须做药物防控，雨后及时药物防控，注意田间排水，做到雨后厢干。注意排查病株，一旦发现立即清除并药物防控。

3. 主要病害防治

（1）红叶病。红叶病（彩图 7-3 左）是由拟盘多毛孢属真菌引起的病害，发病初期叶片产生红褐色的小圆斑，逐渐扩展为椭圆形或不规则病斑，边缘呈红褐色，病斑周围褪绿，具有黄色晕圈，发病后期整个叶片呈黄褐色干枯死亡。红叶病多在高温多雨的季节发生，25～30 ℃最适宜病菌的发展，病原菌随着水扩散传播。

防治措施：选择抗病品种，选择地势高、不积水的地段种植草莓，远离蓝莓、月季、柿树等易感拟盘多毛孢属真菌的果树产区，在高温、高湿的天气，含水量高的地里，田间操作时要避免草莓短缩茎、叶片和果实人为造成伤口，减少田间操作可以最大程度减少病菌的扩散，雨后天晴及时喷施杀菌剂，减少病害的传播。

药物防治：克菌丹、苯醚甲环唑、咯菌腈。

（2）细菌性角斑病（空心病）。角斑病（彩图 7-3 右）是由黄单胞菌引起的细菌性病害，角斑病的典型症状是在叶片背面出现水渍状小病斑，病斑呈半透明状，用光照射受害叶片时，会产生半透明的窗格效应。在潮湿条件下，病斑会产生黏滑的脓状分泌物，侵染通常沿主叶脉进行并产生水渍状病变，老病斑坏死后会在叶片表面变为浅红棕色，严重时侵染短缩茎，形成空心病。侵染短缩茎后植株生长缓慢，黄化矮小，难坐果，易折断。切开短缩茎后呈水渍状或有孔洞，叶柄充水透明状，沿叶脉两侧流脓。

防治措施：选择无病菌、健康的种苗、生产苗。低温、高湿、密度大容易导致细菌性角斑的发生。注意农事操作的消毒，如剪匍匐茎的剪刀，劈老叶的农具等。雨后和农事操作后及时喷施杀菌剂，并定期进行药物预防。

药物防治：空心病一旦发病即使用再多的药剂也很难控制，没有特效药。预防可以使用枯草芽孢杆菌、铜制剂（氢氧化铜、喹啉铜、噻菌铜）、噻唑锌、中生菌素、四霉素、春雷霉素、噻霉酮等药剂轮换使用，必要的时候两种药剂复配使用。

草莓空心病，病害通用名：草莓叶角斑病，病原体：草莓黄单胞菌（*Xanthomonas fragariae*），是一种生长缓慢、革兰氏阴性、能运动的细菌。

最近几年，草莓叶角斑病在国内外只有危害叶片的报道，很少报道有侵染短缩茎造成空心的表现，只是最近两年大量出现空心。

草莓叶角斑病危害短缩茎出现空心可能是管理操作方式造成的（比如劈叶后病菌直接入侵短缩茎），也可能是草莓黄单胞菌的一个致病变种造成的。不管是哪种，只要掌握发病规律，并不影响人们对病害的化学防治。

草莓叶角斑病（空心病）发病规律：很多人问，为什么空心病是现蕾前后才发病，空心病是最近两年刚出现的，国内几乎没有关于这方面的报道，经查阅荷兰食品和消费者安全局发表的一篇文献，做了详细的介绍。草莓叶角斑病（空心病）是一种适宜中低温度发生的病害，1997 年分别在四个不同温度下（16 ℃，20 ℃，23.5 ℃，27 ℃）做过病菌的接种试验，2005 年又有专业人士在六个不同温度下（5 ℃，10 ℃，15 ℃，20 ℃，25 ℃，30 ℃）做了病菌接种且繁殖的测试，得出的一致的结论是气温在 20 ℃左右最适宜病菌的发展，25 ℃以上病菌发展缓慢，高于 30 ℃不发病，但病菌不会消失。待到温度降低后会造成再次侵染，湿度高的环境更有利于病菌的扩散传播。

在 8—9 月草莓定植阶段，大多数地区白天气温在 28～33 ℃，所以定植后这段时间的气候并不利于病菌的发生，直到现蕾前后，气温也开始下降，在这种冷凉湿润的环境下潜伏的病菌会再度活跃造成发病。

草莓叶角斑病（空心病）侵染过程：叶角斑病初次侵染（彩图 7-4），由叶片的气孔、水孔、伤口侵入，气候潮湿时会产生菌液，菌液干燥后会成为黄色的胶状颗粒，这些渗出液和胶体颗粒会随着雨水、或喷灌浇水的飞溅水滴进行传播扩散；彩图 7-5 是叶角斑病在叶片产生的病原物，在雨水、灌溉水、风、农事操作等方式的作用下通过根、茎的伤口入侵。主要是劈叶留下的伤口，劈叶当天又没有用防治细菌性病害的药进行消毒。彩图 7-4 是病菌初次侵染，这个时候进行有效的防治可以将病害控制，彩图 7-5 是病菌二次侵染的表现，也是大面积暴发阶段，这时候再进行防治已无济于事。

初次侵染和二次侵染的症状区别是：初次侵染表现在叶背部不规则的分布，单个点发生，逐步增多；二次侵染是短缩茎病变（出现水烫状、空心），湿度大的环境下病菌沿着短缩茎往上侵染（短缩茎-叶柄-叶脉），导致叶柄、叶脉出现水浸状，并伴随白干枯。

草莓叶角斑病（空心病）的传播：通过携带病菌的种苗、繁殖苗，分散到各地；气溶胶传播，即接触到病菌的雨水或灌溉水会吸附病菌后蒸发，病菌飘浮在空气中进行扩散，就像是雾霾一样，四处飘散，落到湿润的草莓叶片上可以进行侵染，不过通过这种方式远距离传播的有效率比较低。雨水和灌溉水传播是病菌的主要传播方式，病菌通过雨水或喷灌水飞溅的水滴传播到周边未发病的植株上，用微喷浇水的发病率高；土壤传播，病菌不能独立在土壤中存活，必须依附在草莓植株残体上存活；接触过病菌的工具、或其他的人为方式传播（打叶、摘匍匐茎等）。

草莓叶角斑病（空心病）的防治方法：购买没有病菌、健康的脱毒种苗、生产苗；育苗期间，或大田定植后避免使用喷带或微喷浇水，改为滴灌，尤其是育苗地 7 月之前，如果某些情况下需要使用，减少使用次数，尽可能使用滴灌；每次打叶之后当天及时喷防治细菌性病害的药剂＋魔油助剂，重点喷短缩茎，病害高发区可以将劈叶改为剪叶，减少伤口面积。种苗或生产苗定植前进行药物蘸根处理，可使用 0.3％四霉素水剂 400 倍，或 40％噻唑锌悬浮剂 750 倍，或 12％中生菌素可湿性粉剂 2 000 倍，定植后用同样的药剂及浓度进行灌根；喷施药剂，空心病主要是在于预防，尤其是育苗期的防治。空心病一旦发病即使用再多的药剂也很难控制，没有特效药。预防可以使用铜制剂、氯溴异氰尿酸、中生菌素、四霉素、春雷霉素、噻霉酮等药剂轮换使用，必要的时候两种药剂复配使用。已经发病的生产田，在草莓生产结束后清理干净植株，进行高温闷棚消毒，温度高于 55 ℃以上可以将病菌杀死。

二、昆明惠燊农业科技有限公司

公司 2015 年开始利用 3.33 hm² 山坡地和果树行间空地进行山地草莓裸根苗繁育，每年可繁育草莓生产苗 20 万～30 万株，除自用外全部销往全省各地，仅种苗一项年平均销售收入达 10 万～20 万元。草莓山坡地育苗（图 7-5）可有效防治积水，大幅度降低根腐病发生率，利用果树枝叶适当遮阴有利于提高成活率、诱导花芽分化和减少灌水次数，节约成本。

2013—2016 年，云南省农业科学院园艺作物研究所依托云南省外国专家局"引智成果示范基地"项目在嵩明研发推广草莓无杂草设施基质裸根苗繁育技术（图 7-6），项目

图 7-5 云南山地育苗

组借鉴韩国设施简易育苗方式（图 7-7），利用 0.1 hm² 试验大棚，每年可生产不同品种基质裸根苗近 10 万株，发往全省各地开展区试引种试验，反馈信息表明该方法培育出的草莓苗具有根系发达、植株健壮、成活率高等优点。2017 年后开始推广基质穴盘育苗技术后，该技术就很少使用了。

图 7-6 无杂草设施基质裸根苗繁育

图 7-7 韩国设施简易育苗

草莓基质穴盘育苗技术（彩图 7-1）是 2017 年后在全国兴起的一项草莓育苗技术，该技术包含匍匐茎茎尖的繁育和基质穴盘扦插或引插两个部分，由于草莓种苗出圃时，根系被基质包裹，与根系融为一体，具有方便运输、保水保肥、定植成活率高、没有缓苗期、结果早等优点，但该方法繁育出的种苗苗龄和基质的松散度是移栽后成活和连续结果能力的关键，苗龄过长超过 70 d，表现为根系老化变成黄褐色，不利于成活；苗龄过短少于 40 d，表现为根系未与基质完全包裹，容易分离脱落，起不到基质苗的效果，因此，苗龄最好是在 50~60 d。基质如果采用椰糠和岩棉，椰糠需进行脱盐处理外，岩棉配比需超过 20%，以增加基质松散度，避免移栽后成坨不能融入土壤或栽培基质。此外，基质穴盘苗移栽时通过适当处理，也可提高成活率和促进根系生长，如去除根茎部表面基质和底部三分之一的基质和根系，适当捏松基质再移栽。生产上实际操作，用泥炭、草炭及岩棉配置育苗基质效果明显优于椰糠＋岩棉。

三、凉山州的育苗经验

凉山州地处四川省西部与云南省交界，背靠甘孜州川藏高原，安宁河谷平原是四川省第二大平原。州内适合粮经作物种植的海拔高度在 1 200～2 500 m 为主。其中粮经作物主产区集中在安宁河谷两岸。气候属于亚热带干热型河谷气候，每年的 11 月至翌年的 5 月中旬为干热季风型旱季气候，5 月中旬至 10 月底为雨季。全年基本无霜冻，昼夜温差大，光照强时间长，空气质量全年优良，水质好。土壤以沙壤土质为主，有基质含量较高，也是草莓种植繁苗的理想之地。夏季育苗工作一般在 2 月底至 3 月初开始种苗定植，匍匐茎一般在雨季到来的 6 月至 8 月大量抽生，前期主要以养根养苗为主。夏季昼夜气温一般在18～32 ℃之间，气候凉爽宜人，空气湿度不大，昼夜温差较大，炭疽病和细菌性病害相对较少发生，植保用药量大大减少，草莓苗的营养积累较好，植株健壮，同时因为高原气候特点，苗子的花芽分化会比低海拔地区相对提早完成。生产苗定植后会提早果品上市时间。冬季草莓种植在安宁河流域大部分地区可做露天种植，大大降低种植成本和风险。

目前，州内草莓种植面积约为 666.67 hm^2 左右，其中 80% 为露天种植，主要集中在德昌县境内。品种以早熟型抗病性较强、产量较好的黔莓 1 号、2 号品种为主，较多农户采用宽垄平箱种植模式（图 7-8）。另外 20% 草莓种植集中在西昌市区域为主，少部分县为辅，农户基本采用钢管大棚模式，种植品种以红颜、香野、凉山黑珍珠等品种为主，起高垄栽培。由于独特气候因素，一般在 8 月中旬至 8 月下旬完成定植，10 月中下旬产品即可上市，是目前国内草莓上市较早的地区。

图 7-8 凉山育苗情况

1. 草莓育苗现状及存在的问题 草莓育苗是草莓生产的重要环节，俗语有"苗好七成收"的说法。

目前，草莓育苗主要采取露地匍匐茎育苗方法。露地育苗易感染炭疽病、根腐病、黄萎病等多种土传病害，种苗质量无法保证。

裸根苗在运输和移栽中根系和叶片严重脱水，导致定植后成活率低、生长弱、成花晚、上市迟。

2. 草莓露天育苗存在的问题

（1）匍匐茎繁苗问题——多。草莓通过匍匐茎繁苗的，容易受到多种病原菌的侵染，同时体内积累浓度相当高的病毒。匍匐茎繁殖过程中，由于病毒通过营养钵进行传递，在母株内逐代积累，危害日趋严重。病原菌的侵染不一定会造成植物的死亡，却会大大降低植物的生长发育及产量和质量，从而影响其栽培的经济效益。因此，脱除病毒及其他病原菌对植物栽培生产是非常必要的。

（2）选择合适育苗圃——难。地势：较平坦，稍高；土质：水稻田（前茬种过茄科蔬菜地禁用）等；有较好的水源及排灌条件；土壤要求：疏松、肥沃、透气良好、保水保肥能力强，中性或微酸性沙壤土。

3. 发病原因

（1）种苗带菌。杀菌处理：注意农事操作后的伤口处理，进棚提前用杀菌药，进程后杀菌间隔不能太久。

（2）管理漏洞。遮盖地膜，过度喷淋，大水漫灌，打药水量不足，药物复配不全，药品使用量不准，打药器械不完备。

（3）重茬带菌。杀菌处理：土壤熏蒸剂，微生物菌剂，氯溴异氰尿酸等。

（4）时间漏洞。打药间隔时间久，雨后打药时间长，错过最佳打药时间。

4. 雨前雨后用药重点

（1）雨前。保护性杀菌剂；耐雨水冲刷；广谱杀菌剂。

（2）雨后。内吸性杀菌剂首选咪鲜胺，早用药，可带雨用药。重点喷积水、流水处，空地过道无缝覆盖处。

（3）推荐防治方案。

表 7-3 推荐防治方案

常用药	雨　前	雨　后
广谱杀菌剂	保护性杀菌剂	内吸性杀菌剂
炭疽病	硫酸铜钙	咪鲜胺
细菌药	恶唑菌酮	三唑类（控旺）
杀虫药	唑醚·代森联	溴菌腈
助剂叶面肥	百菌清 二氰蒽醌	啶氧菌酯 氟啶胺（棚内禁用）

第八章
西部地区草莓育苗特点及关键技术

西部地区海拔高，夏季凉爽、冬季严寒，为繁育花芽分化早、病虫害少的苗木提供了得天独厚的条件，尤其是青藏高原海拔 2 300 m 以上的区域，具备短日草莓周年花芽分化和结果的气候。同时，西部高原光照充足，利于草莓果实发育和品质形成。因此，西部高原地区具备实现高品质草莓周年结果的潜力。西部地区幅员辽阔，气候类型多样，育苗模式和技术选择并不完全相同。下面分别介绍几个典型区域的草莓育苗情况。

第一节　青海省草莓育苗特点及关键技术

一、青海草莓生产概况

1. 青海省地理气候条件　青海省位于中国西部青藏高原东北部，东经 89°35′—103°04′，北纬 31°40′—39°19′，东西长 1 200 km，南北宽 800 km，80％ 以上的地区在海拔 3 000 m 以上，和西藏共聚形成了地球"第三极地"独特的地理单元。青海省属于高原大陆性气候，冬季严寒而漫长，夏季凉爽而短促，具有海拔高、气候冷凉、昼夜温差大、太阳辐射强、农作物病虫害少等特点。东部湟水谷地，年平均气温在 2～9 ℃，无霜期为 100～200 d，年降雨量为 250～550 mm，主要集中于 7—9 月，热量、水分条件皆能满足一熟作物的要求。

2. 青海草莓生产现状　青海省草莓产业发展起步较晚。随着青海省经济社会的不断发展，城乡居民生活水平逐步提高，消费观念逐渐改变，消费者对草莓鲜果的需求日益迫切，供需矛盾越来越大。近年来，青海省依托独特的冷凉气候资源积极发展草莓产业。据统计，截至 2022 年，青海省草莓种植面积达 226.67 hm²，主要集中在东部农业区的西宁市、海东市、海南藏族自治州、黄南藏族自治州等地区，栽培品种主要有章姬、红颜、越秀、妙香 3 号等。日光温室短日草莓鲜果供应期从 11 月至翌年 7 月，互助县已经实现了周年供应，平均每亩产 2 300 kg，最高 4 000 kg，既填补了北方水果淡季的空白，又满足了广大民众休闲采摘的需求。草莓产业已经成为高原观光休闲农业发展过程中不可或缺的新兴产业之一，产生了较好的经济效益和社会效益。

然而，草莓苗木的来源和质量已经成为了制约产业进一步发展的瓶颈。2018 年以前，青海栽培草莓种苗从东部平原及南方苗圃引进，因栽培环境差异，其适应性、抗逆性、丰产性较差。随着重茬问题日益严重、全球气候变暖、生产与育苗的专业化水平要求不断提升，长江以南的夏季高温高湿区域已经不宜繁育草莓苗木，土传病害日益严重，尤其是炭疽病、空心病和红叶病三大草莓苗期病害，尚无有效的治疗措施。目前，苗期病害最有效的防控方法就是在高海拔冷凉少雨区域进行苗木繁育。

二、青海高原草莓苗木繁育

1. 育苗方式 目前青海省草莓苗木繁育的方式有 2 种，分别是：茎尖组培育苗和花药离体育苗。

2. 茎尖组培扦插育苗 2018 年以来，互助县高原特色现代农业示范园区管委会以北京市林业果树研究所、中国园艺学会草莓分会为技术依托，开展高原草莓基质苗扦插繁育技术攻关获得成功，并实现成果转化落地，在园区核心区及基地进行草莓苗木规模化、集约化繁育。同时，开展组培扩繁，从源头上保证种苗质量，加快科学化、规模化、集约化育苗进程，降低基质扦插育苗成本，获取最大收益。同时，在生产中推广运用本土草莓基质苗，逐步减少对外购种苗和土壤裸根苗的依赖，降低种苗成本，有效减少土传病害异地交叉感染等问题。

三、青海高原草莓基质苗扦插繁育技术

1. 匍匐茎子苗繁殖技术

（1）繁殖隔离要求。为培育优质壮苗，种苗（子苗）繁殖和果实生产不要在同一个基地，要实行产业分离。

（2）母苗种植模式。草莓繁殖匍匐茎子苗时，其母苗采用高架基质栽培模式，高架（含种植槽）1.2～1.3 m 为宜，基质为草炭、珍珠岩、蛭石混配，或成品草莓育苗专用基质，基质深度 0.3 m（图 8-1）。

（3）母苗定植时间。在青海高原日

图 8-1 匍匐茎子苗繁育

光温室设施条件下，3 月上旬定植越冬母苗。有时为了培育健壮的母苗，在上年 11 月定植母苗，在生长发育过程中利用冬季长低温打破休眠，以增加匍匐茎的发生量。

（4）母苗定植方法。定植时选用较大的健壮母苗。匍匐茎与花序的生长属于同方向，定植时将母苗短缩茎弓背朝向种植槽外侧。株距 0.15 m，行距 0.2 m，每亩定植母苗 800～1 000 株。摘除老叶、病叶、顶花和果实。

（5）温光管理。温室内温度 12 ℃以上、日照长度 13 h 以上时，一般在 4 月上旬匍匐茎开始发生。长日照和高温条件下适合匍匐茎的发生，发生数量最多的条件是 28 ℃以上

的高温和 16 h 的日照长度。

（6）肥水管理。定植后 7～10 d 左右，用氮、磷、钾平衡性水溶肥滴灌，每亩用肥料量 2～3 kg，每天通过滴灌施肥 2 次，一般早晨和傍晚各施肥 1 次，每次 5～10 min，每次施肥后灌溉清水，保持基质湿度 65%～70% 左右。5 月初视母株植株长势酌情喷施 8～10 mg/L 赤霉素进行调节。

（7）病虫害防控。病虫害防控应遵循预防为主、综合防治的原则。草莓育苗期间病虫害主要有白粉病、炭疽病、红蜘蛛、蓟马、蚜虫等。通常用阿米西达与噁霉灵混配灌根，7～10 d 一次。若发现病虫危害，立即用相应的药剂进行防治。同一种病虫，用 2～3 种药剂交替轮换使用，以免产生抗药性，降低防治效果。

2. 匍匐茎子苗采收和运输技术

（1）匍匐茎子苗采收。采收标准：当高架母苗上的匍匐茎垂吊至地面、每条匍匐茎上有 3～4 株子苗时即可采收。采收时选择无病虫、无机械损伤的健壮子苗，带有 2～3 片展开叶片，基部有几个凸起的、小于 1 cm 的小根。

剪切方法：将每株子苗在靠近母苗端的匍匐茎（匍匐茎轴）2～3 cm 处剪下（图 8 - 2），作为扦插入土的支撑。子苗采收后立即扦插栽植，若不能及时栽植，则把留有子苗的整条长匍匐茎或剪切好的子苗装在塑料袋中，储存在 0～0.5 ℃ 温度和 90%～95% 相对湿度环境下，10 d 内扦插完毕。

子苗规格：每条匍匐茎从靠近母苗一侧的顺序分别称为一级苗、二级苗、三级苗、四级苗，一般情况下一级苗容

图 8 - 2　匍匐茎子苗

易老化，四级苗没有根原基，主要利用的是二级苗、三级苗，大小分级后分别扦插。

（2）子苗预冷和冷藏。如果匍匐茎子苗繁殖基地距离扦插育苗基地较远，子苗采收 2 h 内装在黑色胶框入冷库进行预冷，库温 -2～2 ℃（设置 0 ℃），至胶框中心的子苗温度为 0 ℃ 时出库运输。从匍匐茎子苗剪切到扦插，最长冷藏时间 10 d。冷藏保存时间越长，成活率越低。预冷 24 h 扦插，可保证扦插成活率 95% 以上；间隔 10 d 成活率 92%；若间隔 15 d 成活率降至 85% 以下。

如果匍匐茎子苗繁殖与扦插育苗在同一基地，则即剪即扦插，扦插成活率 98% 以上。

3. 匍匐茎子苗扦插、驯化和基质苗培育技术

（1）育苗区域要求。青海省高海拔区域，海拔 2 100～2 800 m。海拔高、夏季气候冷凉少雨、昼夜温差大、太阳辐射强、自然环境纯净。

（2）育苗模式要求。匍匐茎子苗扦插，采用 32 穴的林木专用高脚穴盘，深度 10 cm 以上；基质为草莓育苗专用商品基质。

（3）育苗设施要求。以拱棚避雨育苗为主，棚高 1.5 m 以上，有上下通风口，地面铺设园艺地布，白天温度控制在 30 ℃以下，夜间棚内自然温度。昼夜温差越大越有利于花芽分化。

（4）育苗时间。种苗扦插培育时间为 5 月上旬至 10 月下旬。

（5）扦插时子苗处理。如果匍匐茎子苗繁殖与扦插育苗在同一基地，子苗采收分级后，用阿米西达与噁霉灵、代森锰锌、氨基酸、腐殖酸类水溶液浸泡 10 min 左右，即可扦插；如果匍匐茎子苗繁殖基地距离扦插育苗基地较远，匍匐茎子苗预冷后全程冷链运输到育苗基地，用同样的方法处理，然后尽快扦插。

（6）光照与湿度。匍匐茎子苗扦插前需要在拱棚上覆盖透光率为 30%的遮阳网；将匍匐茎子苗根部插入穴盘基质中固定，深不埋心，浅不露根；然后将基质浇透水，随扦插随浇水。

扦插栽植后根据天气情况，定期喷雾化水，要求雾化效果较高。晴天多喷，阴天少喷，雨天不喷，保证空气相对湿度保持在 85%～90%，但不能导致基质涝害。喷雾驯化时间 7～10 d 左右，子苗生新根、长新叶后撤除遮阳网，进入常规管理阶段。

（7）肥水管理。定植 7～10 d 后用水溶性平衡肥滴灌，每亩用肥 3 kg，每天 2 次，每次 5～10 min。苗龄 35 d 以后，控制氮肥，叶面喷施磷酸二氢钾等叶面肥，必要时浇灌营养液补充植株营养。

（8）病虫害防控。高原育苗主要病虫害是白粉病和红蜘蛛，同时也要做好炭疽病、青枯病等其他病害的预防工作。叶面喷施阿米西达与噁霉灵，7 d 喷雾防治 1 次。常见病虫害以预防为主。

白粉病是高原育苗的防控重点。预防采用 25%吡唑醚菌酯乳油，或唑醚·代森联水分散粒剂，5～7 d 喷雾 1 次；刚发病时用 40%苯醚甲环唑悬浮剂，或 36%硝苯菌酯乳油喷雾治疗，间隔 3 d 喷雾 1 次，连续 2～3 次；白粉病发病严重时，采用氟吡菌酰胺·肟菌酯，或施辛疏磷＋乙嘧酚磺酸酯，间隔 3～5 d，连续 2 次喷透，第 2 次后再间隔 7 d，用腈菌唑＋宁南霉素，或苯醚菌酯＋多抗霉素，连续喷施 2 次。不论是预防还是治疗，用 2～3 种药剂交替轮换使用，以免产生抗药性。

（9）花芽分化调控。扦插的二级苗培育 30～35 d 以上成苗，三级苗 40～45 d 以上成苗。成苗后根据草莓花芽分化期对温度和光周期的要求，进行花芽分化调控。采取适当控水，控氮肥、增施磷、钾肥，增大昼夜温差等措施促使穴盘苗花芽分化。若有冷库，穴盘苗（图 8 - 3）起苗后，装入铺有报纸的塑料箱或纸箱内，入库冷藏，温度控制在 5 ～ 8 ℃，

图 8 - 3 穴盘苗

15～20 d 即可完成花芽分化。

壮苗标准是根系长满整个穴孔，短缩茎粗 0.8 cm 以上且出现明显弓背。

（10）起苗。苗龄 70 d 左右最适宜，达到壮苗标准时即可起苗，按需进行定植或冷链运输。

第二节 甘肃省草莓育苗特点及关键技术

一、甘肃草莓育苗情况

甘肃省草莓种植面积约 2 333.34 hm²，其中可利用的野生草莓约 666.67 hm²，种植栽培品种草莓约 1 666.67 hm²，野生草莓主产区域主要以岷县为主，栽培草莓主产区域主要以永靖县为主，永靖县草莓生产面积近 666.67 hm²，其他均在全省各地市近郊栽植。品种主要以引进品种妙香 7 号、章姬、红颜、宁玉等品种为主。栽培方式以日光温室栽培为主。种植以农户分散种植形式为主，集中连片种植园区 3～5 个，规模为 4～20 hm²。但草莓生产品种较杂乱，种苗质量参差不齐。

西北冷凉地区相对于我国西南省份的高原育苗有更加优越的自然条件，夏季气温较低，同时又有降水量少、空气干燥等气候条件使得草莓育苗发生病害的概率极低，并且由于海拔较高，昼夜温差大，繁育的草莓苗植株矮壮、花芽分化也相对平原地区更早，秋季栽培后草莓上市时间普遍提前。优质无病的草莓生产苗是草莓种植的基础，可充分发挥自然条件优势，将草莓育苗业打造为当地优势特色产业，建设草莓优质脱毒种苗示范生产基地，建立以草莓脱毒种苗为基础的草莓三级良种繁育推广体系，改变目前"自繁、自育、自用"为主的基本模式，减轻草莓产业中带病毒种苗的传播，提高种苗质量。

二、典型案例

酒泉龙德盛农业科技有限公司地处酒泉肃州国家现代农业泉湖镇万亩核心区内，主要从事草莓新品种的研发、引进、推广、销售和草莓种苗（原原种、原种苗、商品苗）繁育。为了促进一、二、三产业融合发展，至目前公司已投 4 900 万元新建 600 m² 草莓组培实验室一个、3 000 m³ 恒温库一座、1 000 m² 草莓加工车间一处、3 800 m² 连体日光温室草莓新品种展示区一处、4 000 m² 草莓工厂化育苗中心一座、512 份草莓原原种资源圃一处（图 8 - 4）。年产组培草莓原原种苗 10 万余株，原种苗 50 万余株，商品苗 30 万余株。公司采取"公司＋合作社＋农户"的经营模式，以土地入股的方式，可带动周边农户 200 户，开展草莓种苗繁育和种植，并负责种苗繁育技术指导和销售。公司年繁育草莓种苗 2 000 万株，与北京、广东、安徽、四川、新疆、甘肃、青海、宁夏八个地区的 240 多家草莓种植基地和种植户建立了销售关系。

图 8-4 草莓资源圃

目前公司保存有草莓野生品种、绿化专用品种、加工专用品种、反季栽培品种、露地专用品种等中外优良草莓品种 1 270 份。主要利用西北干旱少雨、昼夜温差大，以及祁连山脉特有的冷凉气候培育品质优、产量高、抗病强的草莓苗。培育的各类草莓苗销往国内各大种植基地。为我国草莓新品种研发、育苗技术、鲜果生产和精深加工起到积极的推动作用。

第三节 西藏自治区草莓育苗特点及关键技术

一、西藏自治区育苗特点

西藏自治区平均海拔在 4 000 m 以上，是青藏高原的主体部分，有"世界屋脊"之称。这里地形复杂，气候多样，具有河谷冲积平原的地貌和独特的高原气候环境，野生草莓资源极其丰富。

西藏自治区人工种植草莓时间较短，除个别极高原地区外其他均有种植，规模化主要集中在拉萨、林芝、昌都等大城市周边。据 2023 年最新统计数据，西藏自治区草莓栽培面积约 33.33 hm²，主要集中在拉萨、林芝、山南及日喀则，西藏草莓冬季种植以红颜为主，分布在拉萨周边地区，销售模式为采摘形式；西藏人口数量随季节变化流动性较大，春夏季旅游季节人口较冬季能增加数倍，为提高栽培效益，种植园多采用秋季种植春夏采收的策略，种植品种比较多样，香野、宁玉、妙香 7 号、甜查理均有种植。

西藏自治区光照充足，昼夜温差大，露天育苗由于积温不足，匍匐茎抽生存在极大的困难，只能通过设施保温满足匍匐茎生长条件。2022 年之前西藏草莓种植所需生产苗全部需要从外省调运，成都、云南、东港、郑州、西安等地均是生产苗供应区域。为保证成活率草莓生产苗入藏均采用空运方式，运费通常与苗木价格本身相等，生产成本较内地有明显提高。为促进本地化草莓育苗的发展，林芝地区在 2017 年开始尝试设施育苗，最后因为温度控制、栽培模式、日常管理等一系列尚未解决的参数问题导致并未达到预期效果。2023 年中国农业科学院郑州果树研究所与西藏江平生物在西藏山南地区开展规模化设施育苗试验（图 8-5），设施面积 3 hm²，全部采用基质栽培高架育苗模式，试验品种涵盖西藏自治区栽培的所有品种，并增加部分国内新品种。结果显示，在合理的控温、控光及水肥管理下，山南地区海拔 3 700 m 高度下可以进行有效的草莓生产苗繁育，高架基质栽培模式最高繁殖系数可达到 15，穴盘扦插后成活率与低海拔地区相当。基质选择、栽培时间、温度控制、水肥管理等方面仍有一定改进空间，具备满足西藏草莓生产用苗的潜力。

图 8-5　西藏扎囊县现代农牧产业园育苗情况

二、西藏高原设施育苗技术要求

1. 设施条件　西藏高原环境白天日照充足，夜间迅速降低导致草莓匍匐茎生长受限，因此育苗设施需要能降低日间高温并满足夜间保温需求，一般采用连栋温室进行育苗，为保证降温效率，单个主体面积不宜超过 2 000 m³，立柱高度不低于 3 m，单栋 6 m 或 8 m 跨度，单栋长度不宜超过 60 m。日间降温主要采取遮光和通风两个手段，遮光采用自动化外遮阳系统，遮光率 75%，设施内温度超过 30 ℃时开启；西藏地区风力资源丰富，自然通风完全可以满足降温需求，育苗设施四周需要能全部打开进行通风，西藏地区自然环境下虫害极少，通风口防虫网可以用防鸟网替代以增加通风量；顶部天窗有效开合长度应大于 1.5 m，单栋两侧顶天窗都能开启。夜间保温采用关闭所有通风口的形式，保证植株在匍匐茎旺盛生长期（5—7月）夜间温度不低于 20 ℃。设施内需配置水肥一体化灌溉系统、废水回收系统。

2. 栽培模式 为避免连作障碍，设施育苗需采用基质栽培配合高架扦插模式。以 8 m 跨度连栋温室为例，每栋内按照 6 条高架，材料为热镀锌 6 分管，地下需有不低于 30 cm 水泥桩，地上部分高度为 120 cm，宽度 18 cm；灌溉方式为滴灌，并配备水肥一体化设施，每个高架预留 2 条滴灌带，规格为 16 mm 口径贴片式滴灌带，滴口间距 10 cm，每个滴灌带需有单独阀门；为降低劳动强度，采用育苗盆进行种植，规格为 50 cm × 38 cm × 18 cm，容积 22 L，每盆栽培 6 株母苗。

3. 基质选择 选择商品性育苗草炭，减少人工用量。西藏地区运输困难，从外界调运成本高昂，可尝试采用松针等落叶发酵后与羊粪等动物粪便混合作为原料，但应提前检测混合原料的 EC 值（低于 1 000 μS/cm）和 pH（低于 7.0），必要情况下可提前几个月进行栽培试验，观察植株长势，如果出现叶片焦边、黄化、长势缓慢等问题应谨慎使用。

4. 种苗及定植 选择品种纯正、无病虫害、休眠或者刚开始生长的脱毒种苗作为繁殖生产用苗的母株。优先选择秋冬季节扦插的穴盘苗作为种苗，具有需冷量足够、根系发达、地上部分生长量少，定植后成活率高、不容易徒长、匍匐茎数量更多的优点。

母苗定植时间从 3 月初开始，在使用裸根苗作为种苗时，定植早期避免快速升温，白天温度低于 25 ℃，夜间关闭风口进行保温，避免新叶冻伤，保持 20 d 左右，促进母苗自然萌发及根系发育，并可有效防止苏醒过快导致的母苗徒长，避免白粉病发生并能有效增加匍匐茎数量；使用穴盘苗作为种苗时可将日间温度直接保持在 30 ℃。

5. 生长期管理 匍匐茎一般从 4 月底开始抽生，日间保持温度 30 ℃以下，太阳落山 1 h 提前关闭风口进行升温，将温度提升到 35 ℃左右，保证夜间有足够温度，减少花芽形成。低温强光照能强烈促进匍匐茎的产生，并且低温能延缓母苗的老化；西藏地区光照资源丰富，太阳直射温度较低海拔地区更强，光照度可达 15 万 lx，优先采用自然通风将温度控制在 30 ℃以下，温度超过 30 ℃时打开遮阳网降温；

母苗老化与温度密切相关，最高温度低于 30 ℃不会引起老化，且 2 年内繁殖系数不会发生明显变化，通过合理化的温度控制有极大减少育苗期投入。

匍匐茎的节间长度在不同温度及肥料供应的情况下会表现出长度差异，合理的节间长度应该在 20～30 cm 之间，控制过短会影响子苗数量，过长会导致徒长。节间长度可通过肥料（0.5%磷酸二氢钾）、夜间温度或者药物进行控制。连续使用 0.5%磷酸二氢钾进行叶面喷施、将夜间温度降低到 15 ℃、苯醚甲环唑 3 000 倍液、15%调环酸钙 1 500 倍液进行叶面喷施均可有效减少节间长度，但是对匍匐茎的数量影响较小。

匍匐茎的抽生是持续性的，养分、光照和温度条件足够会一直抽生，大田种植情况下最多能到 40 条以上，高架无土栽培中浅休眠的母苗也可以短时间内抽生 10 条以上的匍匐茎。匍匐茎抽生持续时间与母苗的营养积累密切相关，母苗养分积累越多，抽生时间越短，匍匐茎一致性越好，匍匐茎分叉能力越强，但是容易造成母苗短缩茎发育成长茎从而引起植株倒伏。

单株母苗的匍匐茎数量一般控制在 8 个以内，每根控制在四级以内，超过四级是可以进行断头处理，促进新匍匐茎的生长，单株母苗理想情况下可繁育 15～20 个匍匐茎子苗，生长状态为 2 条四级匍匐茎，3 条三级匍匐茎，3 条二级匍匐茎。各匍匐茎子苗需为有效子苗，即达到 3 片以上新叶的状态，因此在剪苗前 15 d 需要做对子苗长势进行固定处理，避免无效子苗，同样可以采用低温、药物或者人工断头处理。不同品种匍匐茎生长性状不一样，对药物的敏感度也不一样，应该对其进行特异性管理，例如宁玉匍匐茎分叉能力极强，单个匍匐茎子苗数量可达 15 个，单株母苗最大繁殖系数 50 以上；香野不仅匍匐茎数量少，匍匐茎分叉及延伸能力也较差，多数只能生长三级，繁殖系数一般在 15 以下。

叶片的寿命与植株生长状态相关，徒长与非徒长差别巨大，叶片寿命越长对植株的作用越大。不同品种对环境的敏感度不同，相同条件下红颜更易发生徒长，而四季品种不容易发生徒长。不同品种尽量不定植到同一个设施内，避免在管理时出现问题。徒长的典型标志是叶柄伸长、叶片增大，叶片寿命会显著减少，从而加速植株老化。低温及叶面喷施水溶肥可有效延长叶片寿命。

6. 病虫害防控　高架育苗种苗采用物理隔离的方式进行种植，种苗间病害传播风险较小，母苗携带病菌引起的病害危害较轻。引起高架育苗原发性病害发生的最主要因素为太阳直射导致的基质高温，主要病原菌为胶孢炭疽菌，能够引起的草莓根茎部位腐烂、植株枯萎，主要发生在每年 7、8 月光照最强季节。因此病害的预防首先是完善设施应对强光导致的高温高湿环境的能力，避免夏季苗木长时间在高温高湿环境下生长。

母苗发生病害后会通过匍匐茎传播给子苗，潜伏期病害主要通过剪刀及修剪后的药物浸泡进行传播。因此在匍匐茎采收之前需要将有病苗的花盆进行清理，采收时每采收一盆匍匐茎需要对剪刀重新消毒 1 次，匍匐茎采收后不进行药物浸泡，扦插后再进行药物喷施，避免交叉感染。

病虫害预防的最基本原则：

① 控制环境温度、湿度，调查水质。除温度需要降低外，排水设施也需要进行合理规划，避免雨水进入设施内，同时滴灌回水也需要有专门管道排走，避免引起湿度增大；灌溉用水定期调查 EC 值，超过 $700\ \mu S/cm$ 时需要进行水处理。

② 控制传染源，包括病苗和用后的基质。基质、病苗及时转运，园区设置多个垃圾桶，做到病苗和基质不落地，当日完成转运。

③ 阻断传播途径。园区环境整治做到园区无暴露土壤，设施之间硬化或种植草坪，防止尘土被风吹起，定期检测园区裸露土壤微生物成分，地面需要干净整洁不能有尘土，浇水及雨后设施内不能有长时间潮湿，因此地面下雨进行适度硬化并且有排水管道，花盆下部最好有回流设施，避免灌溉水引起地面潮湿。生产工具定期消毒，筛选合适的消毒液。

④ 药物预防。病虫害预防主要是根腐病（噁霉灵、甲霜灵、乙蒜素、福美双）、炭疽病（咪鲜胺、吡唑醚菌酯、咯菌腈；苯醚甲环唑、戊唑醇等）、蓟马、蚜虫、螨虫（吡虫啉、螺螨酯、螺虫乙酯）、细菌病（氯溴异氰尿酸、中生菌素、春雷霉素、喹啉铜等）、菜青虫（高效溴氰菊酯）和地下害虫（辛硫磷）。预防次数上，根腐病、炭疽病、细菌病、螨虫、蓟马每半个月 1 次，蚜虫、菜青虫每个月 1 次，地下害虫 5 月及 6 月中旬各 1 次。

病害防治区域包括育苗地外围1 m缓冲区，虫害需要扩大到育苗地周边尽可能多的区域，周边的杂草一律需要打草莓专用除草剂。

7. 水肥管理 从新叶开始萌发后半个月开始补充肥料，按照每株5 g缓释型氮磷钾颗粒肥进行埋根施肥，每月追施1次；同时每次进行病害预防时可添加0.5%水溶肥进行叶面喷施，早期以速效氮磷钾为主，匍匐茎大量生长后喷施0.5%磷酸二氢钾抑制植株长高。采用水肥一体化设施补充有机肥促进根系发育，以黄腐酸、海藻酸等肥料为主。

8. 扦插与管理 匍匐茎剪断之前需要提前处理掉病苗，出现病苗的盆需要整盆淘汰。专人负责进行收集，每个盆剪下的苗单独捆扎，单独修剪，剪刀每次需进行消毒。匍匐茎的整理需要在避光环境下有专门的操作面，避免在光照直射的地上进行操作，一个品种没完全处理入库前不能做其他的品种。匍匐茎剪下后需尽快扦插，如果进行短期冷藏需要进行喷淋消毒，由自封袋单独包装，尽快转移到冷库内，吊牌用笔标记好品种、日期、经手人。

种苗扦插一般采用50孔穴盘，深度8～10 cm，时间为7月初开始，用专用压蔓叉将修剪后的子苗固定在穴盘上，扦插后需要及时浇水，设施内需要有废水回收装置，避免内部地面存水、湿度过大。扦插当天需要喷施1次杀菌剂，预防炭疽病、细菌病、红蜘蛛等病虫害，并增加促生根类药物和0.5%水溶肥，此后每7 d喷施1次，预防病害并促进生长。扦插后3 d内避免阳光直射，保持设施内温度低于30 ℃，适当保湿可加快子苗成活，扦插3 d后可逐渐增加光照及通风，7 d后即可按照正常苗木进行管理，扦插后40 d左右可达到移栽的标准。

第四节 内蒙古自治区草莓育苗特点及关键技术

一、内蒙古自治区草莓育苗情况

1. 内蒙古自治区的草莓栽培历史 内蒙古自治区草莓栽培起步时间较晚，20世纪60年代初才被引入内蒙古，当时引入的品种少，发展缓慢。20世纪80年代初开始大量引种，草莓栽培面积逐年扩大，西起乌海东至海拉尔，整个内蒙古自治区地方盟市均有栽培，但草莓栽培仍是零星栽培，栽培形式以露地栽培为主，庭院栽培是当时比较流行的一种栽培模式。自1988年开始，呼和浩特市等地开始采用小拱棚、塑料大棚和日光温室进行草莓栽培，并取得了不错的经济效益，日光温室栽培开始逐渐成为草莓栽培的主要形式。

20世纪80年代，内蒙古自治区的草莓主栽品种为日系品种春香和宝交早生。20世纪90年代初，自河北省保定市满城县引入美系品种全明星进行生产推广，并逐渐成为主栽品种，国内品种星都1号、星都2号也是生产上推广的品种。2000年以后，草莓作为一种高档水果，因其较高的经济效益，呼和浩特市等地区开始引入试验日光温室草莓促成栽培模式，尤其以呼和浩特市新城区推广力度大，日光温室草莓促成栽培面积得到迅速发展。

2. 内蒙古自治区的草莓栽培现状 自2013年开始内蒙古自治区草莓产业开始进入快

速发展时期，从初期的零星种植，发展成初具规模、产业链完整的地方特色产业。截至2022年，内蒙古草莓种植总面积为 900 hm²，鲜果总产量为 2.4 万 t。内蒙古草莓种植区域主要集中在呼和浩特市、包头、鄂尔多斯市地区，占内蒙古自治区草莓种植面积的50%以上。

目前，内蒙古自治区草莓栽培模式以温室促成栽培为主，品种以短日型草莓品种为主，部分地区诸如呼和浩特市武川县利用高纬度高海拔冷凉气候优势，采用四季草莓品种进行日光温室栽培，实现草莓在 6—12 月上市。内蒙古自治区草莓生产中应用的品种有20 多种，主栽品种有红颜、甜查理、香野、圣诞红、妙香 7 号、甘露等。内蒙古自治区中部地区温室促成栽培的草莓上市时间在 11 月底至 12 月初，持续到翌年 5 月。

3. 内蒙古自治区的草莓育苗现状　草莓种苗是草莓生产的关键，内蒙古自治区本地育苗企业相对较少，草莓育苗总面积在 66 hm² 左右，年培育草莓苗仅有 3 000 万株左右，无法满足本地草莓种植用苗需求，主要依靠外地购入草莓苗，但购入的草莓苗质量问题对本地的草莓生产影响很大。目前，内蒙古自治区草莓育苗主要以避雨育苗方式为主，占草莓育苗面积的90%以上，育苗设施类型主要有塑料大棚和日光温室。草莓苗有裸根苗和基质苗等类型，以基质苗为主，其占草莓苗总量的 60%。内蒙古自治区的大规模草莓育苗区主要集中在呼和浩特市、乌兰察布市等内蒙古自治区中部地区，占内蒙古自治区草莓育苗面积的60%，位于北纬 40°—42°之间，海拔在 1 000～1 700 m，主要特点是夏季气候冷凉，夏季平均温度在 10～26 ℃，非常有利于草莓苗的花芽分化，属于典型的高纬度高海拔草莓育苗区。

二、典型案例育苗经验介绍

1. 内蒙古乌兰农业技术研究所　内蒙古乌兰农业技术研究所，位于内蒙古自治区乌兰察布市，曾在国内率先尝试应用南繁北育技术，利用内蒙古高原独特的气候优势繁育高质量草莓苗，在最初的尝试中证明了气候优势对草莓苗质量的影响，也暴露出气温低导致整体繁殖系数低的问题，后来经过反复讨论、考察，发现北京市农林科学院提出的南繁北育设想能够弥补乌兰察布育苗的短板，并最大限度地发挥其气候优势。于是成立了内蒙古乌兰农业技术研究所，专门从事南繁北育模式下的优质草莓种苗繁育工作，目前已经建成以乌兰察布扦插基地为重点，云南丽江、河北石家庄两个匍匐茎繁殖基地为基石的草莓育苗企业联盟，形成了一整套成熟的南繁北育技术体系。

（1）匍匐茎繁育操作规程。

① 设施准备。选择避雨设施，高架或者苗床基质繁育。

a. 避雨：可以选择日光温室、或者温暖地区的连栋温室、春秋棚。

b. 高架或苗床：高架的高度一般在 1.3～1.6 m，尽量选择高一些的，减少匍匐茎接触土壤的机会。如果选用苗床，应在苗床上铺设毛毡或者无纺布，防止匍匐茎烫伤并利于匍匐茎根的养护。

c. 基质繁育：选择草莓专用基质来栽培母株。

② 种苗的选择和定植。选择经历过充分低温的、健壮、无病虫害的脱毒一代或二代

草莓苗作为种苗。因为植株体内激素水平不稳定，所以一般不选择组培苗的瓶苗作为种苗。而脱毒三代之后的草莓苗被病毒等污染的几率增加，也不建议使用。

定植的时间。能够安全越冬的地区，建议秋天定植，让其在秋天先生长一定量的根系，然后冬天经历足够时间的 0～5 ℃低温，满足其需冷量的要求。定植时株距根据品种不同而略有差异，因为繁育匍匐茎阶段主要是促进营养生长，植株长势会比较旺盛，最小株距一般是生产上株距的 1.5 倍以上。

③ 肥水管理。此阶段主要任务是促进营养生长，施肥以氮肥为主，兼顾均衡。可以用高氮复合肥和平衡性复合肥交替使用，配合使用其他中微量元素。

基质栽培根据基质配比不同和天气情况确定灌溉频率，保证母株基质含水量保持 25%～80%，基质 EC 值保持在 0.35～1.2 mS/cm，尽量保持含水量、EC 值的稳定性。

④ 温湿度管理。抽生匍匐茎的适宜温度为 20～30 ℃，管理上尽量让棚室保持在这个温度区间；高的湿度利于病害的发生，也利于匍匐茎的生长，所以在管理中，既要尽量保持低的空气湿度，减少病害的发生，又要定期喷水，促发、促壮匍匐茎。

（2）匍匐茎扦插操作规程。

① 设施准备。扦插基地要选择在冷凉的高海拔地区，扦插一定在避雨设施内进行，扦插后前一周时间需要遮阴、喷灌浇水。

② 匍匐茎小苗采收和保鲜。采收时选择 2 叶 1 心以上、有根突形成的，健壮、无病虫害苗木采收，匍匐茎保持 5～10 cm；匍匐茎苗的采收、运输中最关键的环节就是冷链，采收后 2 h 内，送进温度为 5 ℃的冷库中充分预冷（6 h 以上），如需运输，要求全程冷链运输。因为现在冷库多为风冷，所以在冷库打冷期间要将苗木放在保鲜袋内防止风干。

③ 匍匐茎小苗的修剪和扦插。

a. 填装穴盘：填装基质后必须压实；压实后基质距穴盘不得大于 1 cm；填装的基质要保持湿润，填装后扦插前需喷水。

b. 子苗修剪：子苗粗度须在 3 mm 以上；去掉下级匍匐茎，主匍匐茎留 3～5 cm；要求有根突，不留老根；修剪后保持 1 叶 1 心（图 8-6）。

图 8-6 子苗修剪前与修剪后

c. 子苗扦插：扦插位置，距穴盘边缘 1 cm；叉子位置，距根茎不超过 1 cm，但不能卡在根茎上（图 8 - 7）；扦插深度，用叉子将匍匐茎压与基质平，保持根茎处与基质接触。

④ 扦插后管理。扦插后用高遮光率的黑色遮阳网或者黑白膜遮光 5～7 d，至新根 3～5 cm 时，逐步撤掉遮阳网；扦插后前 3 d 尽量保持饱和空气湿度，待开始长新根时，逐渐减少喷灌次数；扦插当天喷洒低浓度的保护性杀菌剂，比如丙森锌。扦插一周左右，心叶开始生长后去掉遮阳网，开始正常的病虫害防治工作。后期管理中掌握预防为主，综合防治原则，定期喷洒杀菌剂、杀虫剂。

（3）促进花芽分化的措施。

① 促进花芽分化的时间。一般草莓定植时间是 8 月底，在低温短日照条件下，花芽分化从开始到初期大约需要 7 d，加上前期的生理分化准备阶段，再定植前 20 d 左右开始促进花芽分化的操作。

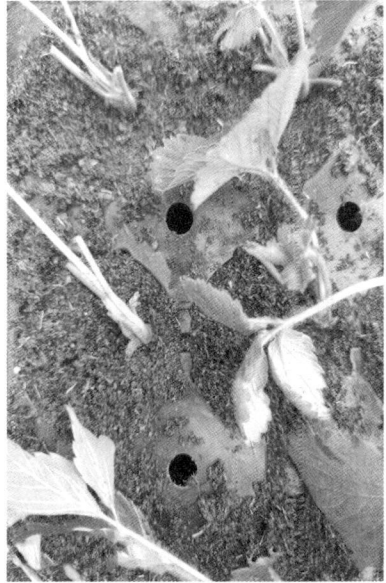

图 8 - 7　叉子的位置

② 促进花芽分化的措施。

a. 营养管理：断氮肥、断根、劈叶。

b. 温湿度管理：适当控水、尽量把温度控制在 10～25 ℃。

c. 化学调控：喷施磷酸二氢钾促进花芽分化的产品。

（4）病虫害防治。

① 病虫害预防。病虫害的防治原则是预防为主，综合防治。具体实施原则为：

a. 在病虫害发病前定期预防性药物防治，一般间隔 7～10 d，喷洒的药物为：保护性杀菌剂＋杀细菌剂＋广谱杀菌剂（高等真菌＋低等真菌)＋杀虫剂＋叶面肥。

b. 尽量创造不利于病虫害发生的环境，比如不让高温和高湿同时出现。

c. 及时清除病原和潜在病原，将发病植株及时拔出、消毒，将棚内枯叶、杂草及时清理，不形成病原菌滋生条件。

② 炭疽病。病症为切开短缩茎发现从外向内侵染坏死，侵染叶片有墨绿色斑点，侵染匍匐茎有菱形病斑；发病条件为高温高湿，淋雨水。具体防治措施为：

a. 控制扦插的匍匐茎小苗带病，方法是扦插前用炭疽病防治药剂浸泡。

b. 给苗木造成伤口的操作后及时打药，防止病菌感染。

c. 如有发病后用咪鲜胺、溴菌腈、咯菌腈、氟啶胺等药剂及时治疗。

③ 白粉病。病症为叶片皱缩变形，叶背面有白色粉状物；发病条件为低温高湿。具体防治措施为：

a. 育苗后期及时预防，可以用十三吗啉预防。

b. 白粉病在湿度高、温度低条件下易发生，所以在育苗后期温度下降后，注意湿度调控。

c. 如有发病后用乙嘧酚磺酸酯、氟吡菌酰胺·肟菌酯、四氟醚唑等药剂治疗。

④ 细菌性枯萎病。病症为叶片出现透光角斑，后期叶脉透明、叶背面有流脓。根茎部剖开髓部出现空洞；发病条件为低温高湿，有伤口，淋雨水。具体防治措施为：

a. 选择无病害苗木，及时处理伤口，不淋雨水。

b. 药剂防治使用中生菌素、春雷霉素＋铜制剂。

⑤ 黄萎病。病症为大小叶，短缩茎切开后导管病变；发病条件为高温土传病害。具体防治措施为：

a. 土壤处理，减少病原菌数量。

b. 严格控制母株带病，母传子，发现发病后把母株和子苗都去掉。

c. 发病后用噻呋酰胺＋甲霜·噁霉灵淋根。

2. 内蒙古百鲜农业有限公司 内蒙古百鲜农业有限公司依托内蒙古农牧业科学院技术支撑，合作开展草莓组培脱毒种苗三级育苗技术体系的应用推广（图 8-8），年培育 500 万～1 000 万株草莓穴盘苗。该公司草莓育苗的特点：一是全程采用基质进行育苗，有效防止了土传病害的发生。二是利用玻璃日光温室进行低温短日诱导草莓苗花芽分化。

图 8-8 穴盘苗繁育

第九章
日本草莓育苗技术特点

第一节　日本草莓生产及进出口概况

一、日本草莓生产概况

根据栃木县农业试验场草莓研究所的资料显示，2021年日本草莓栽培面积约为4 930 hm²、草莓总产量为164 800 t、单位面积产量为33 t/hm²、产出金额为1 809亿日元。其中，栃木县面积为509 hm²、产量为24 400 t、产出金额为238亿日元，位居第一。从生产量来看依次有福冈县16 600 t、熊本县12 100 t、爱知县11 000 t、长崎县10 700 t、静冈县10 500 t、茨城县9 200 t、佐贺县7 380 t、千叶县6 630 t、宫城县5 000 t，这就是日本的主要产地10个县。

图9-1是日本草莓主产县草莓栽培面积每5年1次的统计结果。从图中可见，栃木、埼玉、福冈、奈良等县的栽培面积均呈减少趋势。栃木县栽培面积自2000年已连续20年保持第一。

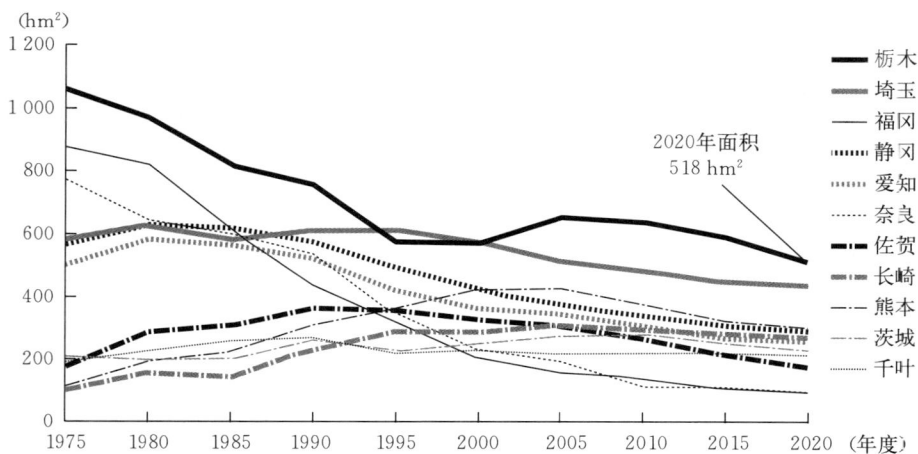

图9-1　日本草莓主产县的栽培面积变化

图9-2是日本草莓主产县每5年1次统计的果实产量。从图中可见，草莓果实产量下降较平缓，有的县还略有增加。年产量栃木县已连续54年保持第一。

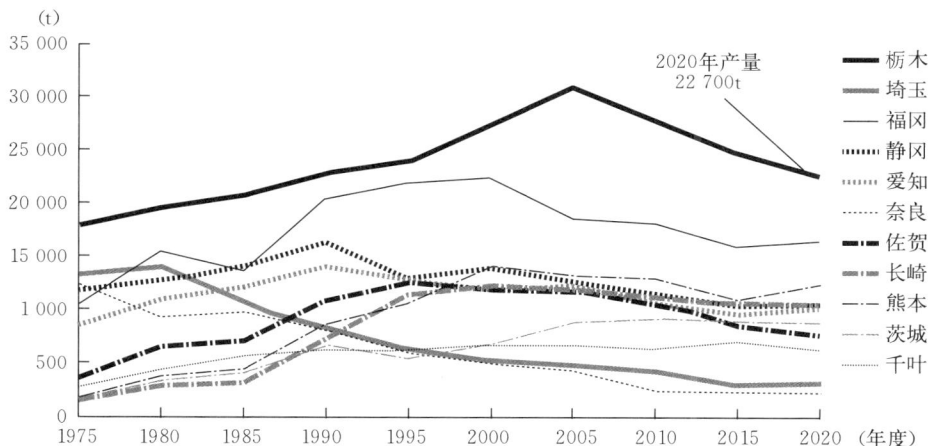

图9-2 日本草莓主产县果实产量的变化

二、日本草莓进出口概况

日本是鲜果草莓的出口国。根据日本农畜产业振兴机构《今月蔬菜》的统计显示，2021年出口量达1 776 t，为2014年的8.6倍。主要出口至中国香港、台湾等地，以及泰国、新加坡、马来西亚等国，其中中国香港出口量占总出口量的70%以上（图9-3）。

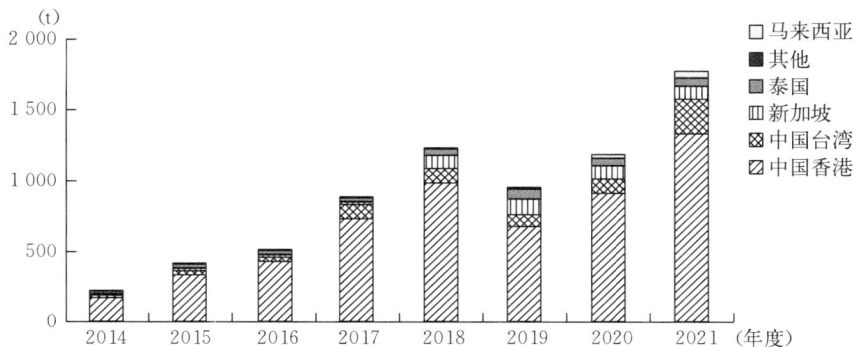

图9-3 日本草莓鲜果出口量的状况

日本每年需从美国及荷兰进口3 000 t以上的鲜果，主要是夏季草莓、用于蛋糕烘焙等。日本每年还从中国、埃及、美国、智利、摩洛哥等国进口冷冻草莓果约3万t，供果酱加工等所需。因人工费、物价上涨等原因从中国进口的冷冻草莓呈减少趋势，从埃及、摩洛哥等国的进口量有所增加。日本每年累计共进口草莓37 500 t左右，人均约310 g，与本国鲜果相加，人均年消费草莓果1 kg左右。

可见，即使是处于人均消费鲜果草莓量世界第一的日本，其人均总消费量也仅1 kg

左右，那么世界整体的草莓消费量还不多，要让更多的民众买得起、吃得上草莓，实现草莓的自由消费还任重而道远。

第二节　日本草莓育苗技术的变迁

一、日本草莓育苗技术的变迁概况

草莓生产是集约型、劳动密集型产业。日本草莓生产追求高品质和高产量。体现在育苗技术上也经历了复杂而不懈的变革过程。施山（2010）将日本育苗技术的变迁归纳为以下5点：

（1）从母株的栽培方式看，日本草莓经历了从露地土栽到大棚内的土栽、再到大棚高架的变化。在大棚栽培形式下，不断更新基质和容器的大小、种类；在高架栽培形式中，不断更新栽培槽及容器形式、材质以及基质种类。

（2）从子苗的育成场所及方式看，经历了土栽、假植、断根移苗、接插、空中采苗扦插等形式变化。育成容器从容量较大的普通营养钵到更小容量、便于多量搬运操作、省力的穴盘，再到容量更小、可随意调节苗的密度、且可集中搬运的小型营养钵等的变化。

（3）从促进花芽分化技术看，经历了就地普通育苗、就地断根移苗、假植、氮素中断到中山地、高地、寒冷地、夜冷短日处理、低温暗黑处理、间断性冷藏处理等变化。随后，随着早熟的章姬、红颜和极早熟香野等品种的问世，繁重的促花处理操作逐渐减少。

（4）日本从20世纪70—80年代初即出现了农业从业人口的急剧减少和老龄化。草莓育苗也针对不同品种特性、不同地区环境气候特点，坚持不懈地朝着轻量、省力、防病、早熟、低成本、提高综合效益等方向不断改进。

（5）进入21世纪，日本相继登记了几个种子繁殖型草莓品种，让人看到了彻底改变草莓育苗费工、费时、高成本等状况的希望。

二、日本草莓育苗的轻量省力化

为解决露地土栽育苗土传病害严重等缺点，诞生了穴盘育苗。传统的普通营养钵育苗一般是指口径为12 cm左右、容积为400～800 mL的塑料钵。育出的苗大、苗质好、开花数多，加上夜冷短日处理等措施可达到丰产、早熟、早上市的目的。可是，传统营养钵育苗又存在需基质量多、搬运沉重、占地面积大等缺点，为此，在20世纪90年代又诞生了穴盘育苗。研究者们对穴盘育苗做了大量试验研究。

表9-1是佐贺县农业试验研究中心在丰香上对营养钵和穴盘育苗质量影响的调查。结果表明，穴盘苗虽然短缩茎直径、地上部和地下部重量均有减少，但根部的呼吸量明显增高、根的活性明显提高。由此，定植后每1 000 m² 的果实产量差异不大（表9-2）。而穴盘育苗却能很大程度节省人力、物力和财力（表9-3）。

表 9-1　穴盘苗与营养钵苗定植时的苗质

| 试验年度采苗月日 | 育苗法 | 短缩茎直径（mm） | 地上部重（g） | 地下部重（g） | T/R | 根数 | | 褐变根率（%） | 根部呼吸量[1]mL/(h·g) |
						总根数（个）	褐变根数（个）		
1992 年6 月 15 日	营养钵苗	10.9	4.05	2.37	1.7	53.6	17.8	33.2	0.16
	穴盘苗	8.1	1.74	0.79	2.2	27.0	12.4	45.9	0.34
1993 年6 月 23 日	营养钵苗	9.2	2.67	1.44	1.9	35.7	10.1	28.3	
	穴盘苗	7.8	1.71	0.65	2.6	33.0	12.6	38.2	

注：[1]根部呼吸量：使用 O_2 上升测试仪，在水温 20 ℃的情况下各区测量 6 株。

表 9-2　穴盘苗与营养钵苗的产量（每 10 株）

| 试验年度 | 育苗法 | 商品果产量 | | | 商品果率（%） | 每 1 000 m² 的商品果产量（kg） |
		个数（个）	重量（g）	穴盘/营养钵（%）		
1992 年	营养钵苗	499.3	6 862.0	100	71.1	4 777.0
	穴盘苗	377.7	5 942.2	86.6	73.8	3 963.4
1993 年	营养钵苗	412.0	6 813.8	100	88.6	4 544.8
	穴盘苗	405.0	6 650.2	97.6	88.8	4 435.7

注：调查期间从开始收获到 4 月最后一天。

表 9-3　穴盘与营养钵育苗作业性的比较

项　　目	穴　　盘	营养钵	穴盘/营养钵
容积（mL）	153	600	26%
种植 1 000 m²（8 000 株）所需苗床面积（m²）	45	256	18%
一次的搬运量（株/次）	32	20	12%
种植 1 000 m² 所搬运的总重量（kg）	4 125	20 400	20%
100 株苗所需定植时间	14 分 10 秒	46 分	31%

　　在同期，栃木县农业试验场为了探明穴盘育苗穴孔小到何等程度既轻便省力、节约成本又能获得好的栽培效果，用女峰品种进行了穴盘容积大小的比较试验，结果如表 9-4 所示，在单孔容积为 270 mL、200 mL、130 mL 的穴盘中，虽然随着单孔容积的减小，苗的地上部和地下部重量均有减少，但折合 100 mL 基质中的根重反而呈明显增加的趋势。定植以后的生育状况及单株产量仅略微减少。从综合效果看单孔 130 mL 的穴盘为最佳。

　　继而，又用单孔 130 mL 穴盘与普通营养钵作了对比试验，结果穴盘育苗所用劳力与经费分别为营养钵育苗的 47.6% 和 57.7%，分别节约 52.4% 和 42.3%（表 9-5）。

表 9-4 不同穴盘容积草莓苗的生育及产量比较[①]

| 穴盘单孔容积（mL） | 定植时的生育指标 | | | | 大田生育状态[②] | | 第一花序 | | 单株产量（g） |
	株重（g）	根重（g）	根密度[g/L（基质）]	短缩茎直径（mm）	叶柄长（cm）	小叶面积（cm²）	花数（朵/株）	始花日	
130	12.0	5.4	42	9.2	11.6	77.0	21.3	10.10	497
200	16.2	6.2	31	9.5	12.1	77.7	20.6	10.09	502
270	14.9	7.5	28	9.4	12.2	78.1	19.4	10.10	504

注：①枥木农试，1994；②12月2日调查。

表 9-5 定植 1 000 m² 苗的穴盘和营养钵育苗所需劳动时间与经费比较[①]

项　目		穴　盘	营养钵	穴盘/营养钵（%）
劳动时间（h）	育苗准备	8	81	9.9
	采苗扦插	70	72	97.2
	育苗管理	33	105	31.4
	夜冷处理	8	35	22.8
	定植	41	43	95.4
	合计	160	336	47.6
经费		36.7 万日元	63.6 万日元	57.7
1 株苗育成经费		40.8 日元	70.7 日元	57.7

注：①枥木农试，1996。

研究者们并未止步，继续挑战轻便、省力的极限。川下等（1998）用丰香尝试了 128 穴、单孔容积 32 mL 的穴盘育苗，其结果是定植时苗的短缩茎较细、叶柄较长、苗显得徒长、年前产量较低；但年后产量与小型营养钵育苗差异不大。而育苗耗费时间与定植时间节省一半，也不需低温处理等促花措施，研究者认为是极为省力的育苗法。

山崎等（2011）进一步用 72 穴、单孔容积 37 mL 的圆形孔、45 mL 角形孔和 70 mL 圆形孔穴盘对章姬、红颜和枥乙女进行育苗试验的结果显示，从扦插后 20 d 的苗看，容积为 37 mL 的圆形穴盘苗中只有章姬苗的短缩茎直径、地上地下部重量低于 70 mL 容积的苗，但起苗时掉落的基质量反而是 3 个品种中最少的。由此，报告者认为 3 个品种 37 mL 穴盘苗均不逊于 45 mL 和 70 mL 穴盘苗（表 9-6）。又用红颜进行 20 d、30 d 和 40 d 育苗期长短比较试验，其中苗期为 20 d 的优于 30 d 和 40 d（表 9-7）。

表 9-6 在不同容积、形态穴盘育苗 20 d 后苗的生育状态比较[①]

| 品　种 | 穴盘种类 | 短缩茎直径（mm） | 植株鲜重（g） | | 植株干重（g） | | 起苗时掉落的基质量（mL）[②] |
			地上部	地下部	地上部	地下部	
章姬	37 mL、圆形	6.5 b[③]	1.44 b	0.82 b	0.31 b	0.08 b	0.0
	45 mL、角形	6.6 b	1.63 b	0.81 b	0.35 b	0.08 b	1.3
	70 mL、圆形	8.1 a	2.64 a	1.47 a	0.60 a	0.16 a	0.0

（续）

品　种	穴盘种类	短缩茎直径（mm）	植株鲜重（g）		植株干重（g）		起苗时掉落的基质量（mL）[2]
			地上部	地下部	地上部	地下部	
栃乙女	37 mL、圆形	5.2 a	1.27 a	0.70 a	0.34 a	0.07 a	0.0
	45 mL、角形	6.4 a	1.64 a	0.75 a	0.33 a	0.07 a	1.7
	70 mL、圆形	5.8 a	1.56 a	0.76 a	0.37 a	0.07 a	4.0
红颜	37 mL、圆形	6.3 a	1.67 a	0.70 a	0.42 a	0.08 a	1.4
	45 mL、角形	6.2 a	1.57 a	0.68 a	0.37 a	0.07 a	13.0
	70 mL、圆形	6.1 a	2.02 a	0.72 a	0.47 a	0.08 a	22.7

注：① 数据为 6 株的平均值。

② 起苗时掉落在穴孔及周围的基质量。

③ 不同字母间有显著差异（Tukeys HSD Test，$p < 0.05$）。

表 9 - 7　育苗期长短对定植 20 d 后苗生育情况的影响[1]（品种：红颜）

测定时间	育苗天数[2]（d）	短缩茎直径（mm）	完全展开第 2 叶				植株鲜重（g）		植株干物重（g）		起苗时抵抗值（N）[3]
			叶柄长（cm）	中央小叶			地上部	地下部	地上部	地下部	
				叶身长（cm）	叶宽（cm）	叶色（SPAD）					
定植后 20 d	20	7.2 a[4]	8.9 a	5.2 a	4.5 a	36.7 a	4.12 a	1.33 a	0.80 a	0.14 a	10.07 a
	30	7.1 a	7.2 a	4.4 b	3.4 b	36.4 a	3.01 b	1.37 a	0.60 b	0.15 a	9.22 ab
	40	6.4 a	7.9 a	4.4 b	3.6 b	34.7 a	2.78 b	1.69 a	0.57 b	0.19 a	8.23 b

注：① 数据为 8 株平均值。

② 分别在育苗天数为 15、25、35 d 时以单株氮肥为 5 mg 计，追施大塚 A 处方肥。

③ 数字化强度计（FGP - 1，日本产）：将其固定于植株接地部并与自动升降装置相连，记录上升时拔起植株时的强度值，换算成牛顿 N 值。

④ 不同字母间有显著差异（Tukeys HSD Test，$p < 0.05$）。

第三节　日本草莓育苗技术方法实例

多年来，在草莓栽培上，日本国内开发了很多新的技术、方法和资源，包括全新的品种。

一、种子品种的应用实现草莓育苗产业的彻底变革

在日本，通过长年的努力，2008 年终于在千叶县诞生了第一个果实生产用的种子繁殖型草莓品种——千叶 1 号。千叶 1 号属于一季性品种，播种后成花条件要求较高，并且由于产量等因素也未得到大面积推广。随后，作为日本的第二个种子繁殖型草莓品种，2009 年至 2012 年，由三重县、香川县、千叶县和国立九州冲绳农业研究中心联合开发并于 2014 年申请品种登记了四星。该品种在中国也申请了品种权的保护。

四星品种是由三重县育成的香野的 4 代自交纯和系作母本、千叶县育成的具四季性株系的 4 代自交纯和系父本杂交而来，具有种子发芽率高、早熟、肉质较硬、果味酸甜、气味较香、果色红艳、有四季性等特点。品种名四星有两个层面的意思，一是由四个单位协作育成，二是好吃度具四星级标准。四星是日本第一个得到商业推广的种子繁殖型草莓品种。因其早熟性可实现 11 月下旬收获。具有接受低温短日照条件成花能力的同时，25～27 ℃下也可接受 24 h 日长诱导成花，也就是四季性的体现。在日本正逐年被推广。其育苗方法主要有两阶段育苗法和生产园直接定植法两种方式。两阶段育苗法是 5 月播种到穴盘，7 月上旬转移至营养钵，9 月定植到生产园。生产园直接定植法是从育苗企业购入穴盘苗或自己育出的穴盘苗 7 月直接定植到生产园。

在四星之后，由三好株式会社研究开发并于 2020 年发表了铃、春日和红樱 3 个种子繁殖型草莓品种。后两个品种在中国也进行了品种登记申请。

草莓主要是用营养器官匍匐茎来繁殖，也就是营养繁殖，子苗的遗传基础与母株相同，可以获得均匀一致的苗木。相反，其繁苗过程不如用种子播种进行种子繁殖或有性繁殖的茄果类、瓜类蔬菜或水稻、小麦农作物那样简单高效。而且长期多代使用匍匐茎苗，病害沉积严重，还可引发病毒病的繁衍。种子繁殖不但可以克服这些营养繁殖的弊端，还可以实现机械化、自动化管理，适合种苗机构集中大规模育苗，减轻莓农的育苗时间和繁重劳动，省力又省心。毫无疑问，种子繁殖型品种的出现，实现了草莓育苗业的革命性变革。获得种子繁殖型的草莓品种是行业内一直是梦寐以求的。日本已初见成效，据说我国也有多个单位开始试验研究，真切期待种子繁殖型的草莓品种的尽早诞生和推广，实现草莓育苗业的彻底革命，并给整个草莓产业带来红利。

二、日本的草莓育苗方式

1. 母株定植盆＋营养钵引插 这种方式或类似这种方式的草莓育苗被日本很多的小农户采用。将母株定植于槽盆内，在母株盆的周围、两边或一边用营养钵接受匍匐茎，直接用小叉固定在营养钵的基质表面（图 9-4）。

图 9-4 母株定植盆＋营养钵引插

2. 母株定植盆十穴盘引插 前述方法中的营养钵被穴盘所代替，大大提高了效率（图9-5）。

图9-5 母株定植盆十穴盘引插

3. 穴盘扦插 母株定植场所和苗床分离。一般来说是将母株定植于高架上，采集匍匐茎进行整理成1叶1心或2叶1心后，为了防治病害，充分浸药后扦插至穴盘或营养钵。这种方式被很多育苗较多的农户或企业采用（图9-6，图9-7）。

图9-6 穴盘扦插苗

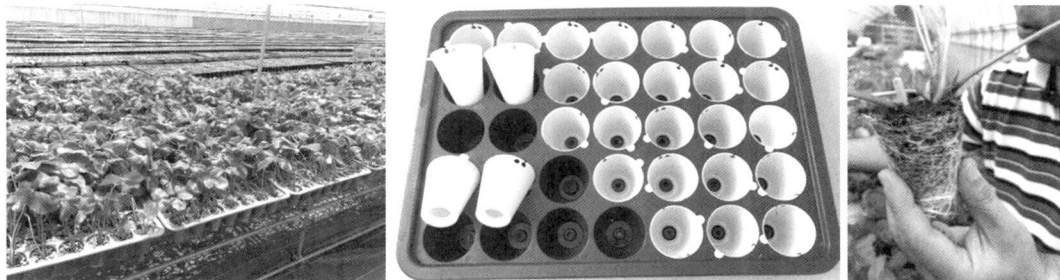

图9-7 穴盘扦插苗及穴盘十营养钵的式样

日本国内的草莓栽培面积比中国少，总产量也低，但是东西南北的分布范围广，气候环境各异，再加上品种保护意识强及地区间、企业农户间的竞争强烈，因此各县在培育各自品种的同时，也都积极研究开发育苗栽培方式方法及技术。日本穴盘产品种类繁多，列举几个专利产品，仅供参考（图9-8）。

图 9-8　穴盘样式

4. "山"字形高架多层育苗　株式会社诚和开发的一种育苗方式。将母株定植盆放置于"山"字形高架的顶层，两侧多层放置营养钵接收匍匐茎，根据需要切离母株（图 9-9）。

图 9-9　"山"字形高架多层育苗

5. 爱钵育苗 爱钵是指上口外边径为 5 cm、内径 4 cm、深 15 cm、钵体下段开 3～4 条缝口的小型营养钵。因其小巧可爱、轻便、整个育苗体系省力而得名。爱钵草莓育苗体系具有部件器材组装简单、收纳管理方便、所用基质量少、轻便可以自动化管理等优势，使育苗劳动时间减少为过去的 1/5，劳动强度降低一半，全过程与传统营养钵育苗相比，总能耗为后者的 1/10，轻松省力效果极其显著（图 9 - 10）。

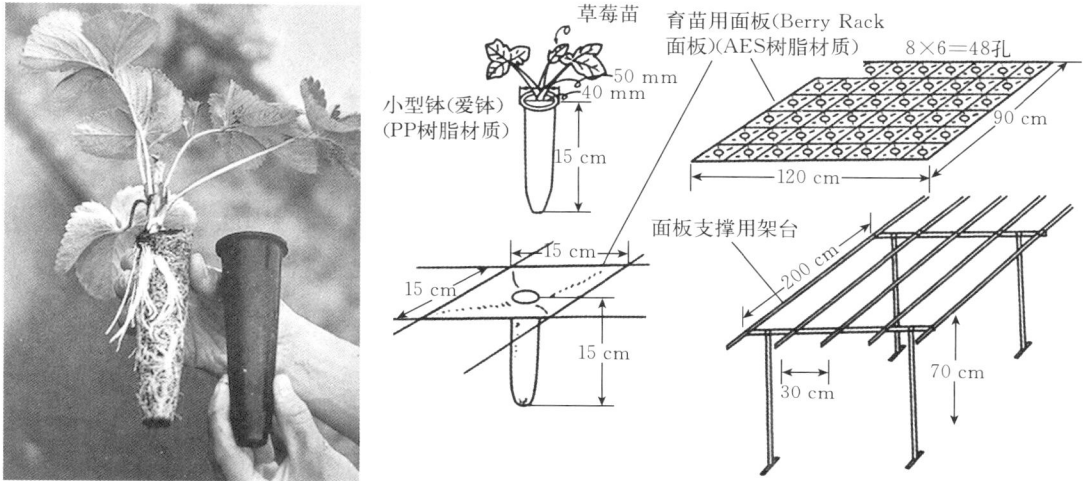

图 9 - 10　爱　钵

高架定植母株，将装有基质的爱钵固定在架上压入匍匐茎苗，达到目标数量后从母株剪切后放置于专用有孔的板材台面上继续生长成苗。因此属于两阶段育苗，而且高架和苗床分别放置（图 9 - 11）。爱钵的基质根团直径小，近于圆柱体，表面分布的一次根比例大，便于定植后一次根与土壤或新的基质接触，易于成活；爱钵口径小，减小根系向下牵引植株时所受的阻力，中后期高脚苗的发生也少，使后期短缩茎能被比较容易地牵引入土，抽出新的一次根，维持植株活力，增加中后期产量；根据板材的选择决定苗的密度，避免形成徒长苗；便于深植栽苗促进发根，比裸根苗和普通营养钵苗方便定植作业。

图 9 - 11　爱钵育苗及苗床台面的器材

三、利用稻壳为基质的大床育苗

图 9 - 12 是日本北海道北三株式会社开发的用稻壳作为基质育苗，充填在大床的中间。充填之前土面彻底消毒后铺上塑料薄膜保证易于排水。两边放置母株盆，匍匐茎发出后诱引向床中央。供水可以铺设滴灌带也可使用迷雾。前期不用供水，等匍匐茎铺满后，定植 45～60 d 前供水促使发根。起苗时轻轻抖掉稻壳以裸根苗的状态定植。除了新鲜而干净的稻壳外，也可将稻壳进行烧制成炭化状使用。

图 9 - 12　稻壳基质大床育苗

四、底面供水及无纺布根际灌水防病育苗系统

雨水及上方灌水的水滴是病害传播的主要途径，为了避免炭疽病、疫病以及镰孢枯萎病（黄萎病）等土传病害，必须使用避雨棚。即便是使用了避雨棚，育苗过程中的灌水若是从上方浇水的话，仍然容易引发炭疽病。而且，极小范围内发病后，上方浇水将会引起扩散。因此为了彻底防治土传病害，用苗床底面供水是非常有效的方法。

1. 营养钵的底面供水系统的设计实例　图 9 - 13 提示了一种比较严密的使用营养钵的底面供水系统的设计。在使用穴盘时，也可以参考。

2. 无纺布根际部灌水穴盘育苗法　德岛县立农林水产综合技术支援中心在 2005—2007 年间设计开发了用无纺布直接对草莓苗进行根部灌水的系统。其原理是利用水的浸透性强及无纺布的毛细管现象，让滴灌管穿过并供水浸润无纺布，直接给草莓植株的根部灌水的技术（图 9 - 14）。此技术又称为"无纺布灌水法"。此法避免了上方灌水引起的水滴飞溅，能有效地控制病害蔓延。

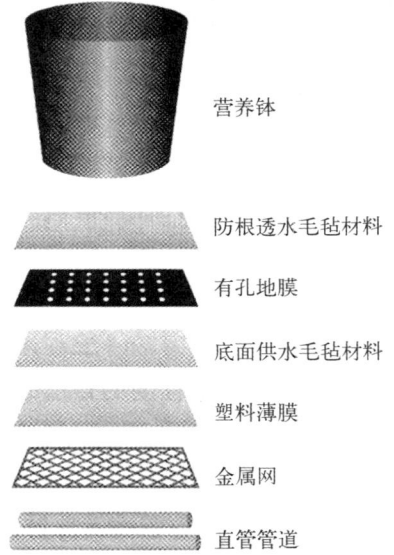

营养钵

防根透水毛毡材料

有孔地膜

底面供水毛毡材料

塑料薄膜

金属网

直管管道

图 9 - 13　底面供水系统的设计
（西泽，2017）

（1）育苗系统的准备。

① 安装育苗架。苗架高 70～90 cm，水平排列 4 根直管管道，管道上放置填充基质的穴盘，基质用手动灌水将其充分浸润。其上覆盖事先浸润的无纺布，黑色面朝上。

② 安装滴灌设施。安装灌水设施时，安装球阀确保可以调整水压。将管道正确地配置在穴盘种植孔之间。另外，为了防止滴灌管堵塞，还须安装过滤器。

在无纺布上安装滴灌管时需用细绳拉伸滴灌管的末端以固定，防止左右移动。

③ 灌水量的调整。通过球阀的开闭来调整灌水量。将滴灌管每个孔的吐出量调整为 10～15 mL/min 左右。灌水量会随着水源的水压发生很大的变化，尽量使用水压稳定的水源。

水压调整后，安装计时器可以设置自动灌水时间。系统安装好后若未马上扦插苗需防止无纺布干燥，即自育苗台安装完成后，则要开始定时灌水。

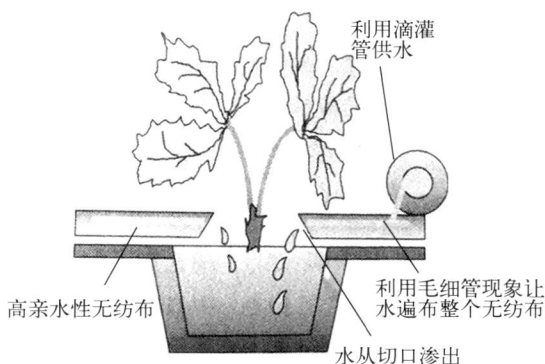

图 9-14　无纺布灌水法的模式图
（三木敏史，2007）

（2）白色聚酯扩展型无纺布遮阴促成活。扦插苗时用小叉固定，比一般扦插苗稍深，只要不埋心即可。扦插之后，一般情况下需每天喷水 10 次，约 1 周时间可成活。研究者们在开发无纺布根部灌水技术的同时对无纺布在促进扦插成活方面也进行了多种试验，结果发现，50％遮光＋白色聚酯扩展型无纺布全覆盖区的植株成活情况最好，产生的新叶数也多。

具体做法是：扦插苗之后，马上将白色聚酯扩展型无纺布盖在穴盘上，用晒衣夹等固定。将两侧用力拉紧，防止无纺布浮起来。这样全覆盖之后每天只需从布的上表面充分手动灌水 1 次即可，7 d 后拆除无纺布。而为防止避雨棚内温度过高，整个育苗期内都持续遮光。

（3）灌水方法。用滴灌管灌水，研究者们还比较了灌水 7 min 时其每分钟流量大小对穴盘孔灌水均匀度的影响。结果发现，在 10 mL/min、15 mL/min、20 mL/min 的 3 个处理中，20 mL/min 的情况下，穴孔接收水量差异大，但 10 mL/min 和 15 mL/min 的情况下，各种穴灌水量差异很小。因此认为 10～15 mL/min 的流量可以给穴盘的各种植穴均匀地灌水。

无纺布一旦变干，灌水就会变得不均匀。所以，每天通过无纺布灌水的次数需设置为 5～6 次。而且，为了防止夜晚干燥，日落后需灌水 1 次 3 min 左右湿润无纺布，这样几乎不会有变干的危险。

即其灌水方法为：每天 5～6 次、每次 7 min、流量 10～15 mL/min、日落时再灌 1 次 3 min。

（4）无纺布根际灌水苗的特点。研究者们对无纺布根际灌水育苗法与上方灌水育苗法进行了比较，此法育出的苗有以下特点：①苗状均匀，避免了头上灌水法因叶片妨碍等引起的苗间差异；②因叶部湿度较小，叶片也较小，地上部生长量看起来小一些，但短缩茎反而更粗，植株更健壮；③定植后的生长状况及 4 月为止的产量与平均果重，几乎未见差异。

（5）施肥方法。如果施肥不及时的情况下，叶片比起上方施肥易快速表现出缺肥，因此要及时。施肥水平与上方灌水相似。扦插 7～10 d 成活后每株氮素成分 70 mg，使用肥效 30 d 左右的缓释肥即可。

（6）注意事项。为提高此法灌水精度，需注意以下几点：①台架必须水平，防止穴盘倾斜等；②穴盘基质填充要均匀，以减少灌水偏差；③育苗期间地上部分未喷水，红蜘蛛等虫害会多一些，需注意预防。

五、降温效果明显的明凉遮阳网

草莓育苗的夏季，为了减少阳光的照射或避免棚内温度上升过高，常用遮阳网。日本引能仕科技材料株式会社开发的一款白色遮阳网叫明凉，其遮光率可以在 20％～50％ 范围内选择，与一般黑色遮阳网相比，其可降温 3 ℃ 以上。对于夏季的草莓育苗来说这 3 ℃ 价值非凡。其主要的原理是用网线的密度控制遮光率，在网线表面上涂有反射红外线的成分。虽然单价比较高，但具有遮光率较小而降温效果好的特点。明凉遮阳网已出口到中国，青旗农业的大棚夏天都在使用，部分棚都用了 6 年以上。如图 9 - 15 所示，将明凉遮阳网设置于外膜的上表面和棉被下表面之间。一般大棚放置于棚膜之上压膜绳之下即可。

图 9 - 15　明凉遮阳网

六、发苗前的病虫害的特殊防治措施

1. 利用 CO_2 熏蒸灭杀害虫　完成草莓育苗后发苗前，如果有红蜘蛛残存的风险或为了断绝红蜘蛛，可以考虑使用此法。试验证明使用浓度 60％，25 ℃ 下处理 20 h，可 100％ 杀灭雌性成虫，96％ 以上杀灭卵，处理时的环境温度高的话灭杀时间更短。实际推广时，常温下 60％ 的 CO_2 处理 24 h 后定植的苗，前期没有发现红蜘蛛，后期发生的密度也极低，整个过程中也未发现对草莓植株的生长发育及开花结果造成负面的影响，是一项非常有效的措施，在日本被推广使用（图 9 - 16）。

图 9 - 16　CO_2 处理灭杀草莓红蜘蛛（友人提供的照片）

2. 蒸气处理 发苗前利用水蒸气熏蒸草莓苗也是一项防治病虫害的措施。将培育好的苗比较稀疏地放入可适当保温的容器库内，在测量库内草莓苗叶温的同时，导入饱和的水蒸气至库内，叶温将逐渐升高，当叶温升至 50 ℃时维持在 50 ℃，10 min，即可灭杀红蜘蛛、蚜虫，同时也可消杀白粉病菌。当然本方法使用上也要特别注意处理装置的精密性。50 ℃，10 min 处理时因品种不同可能个别品种会出现一定程度的叶片灼伤，但对定植成活及其之后的生长发育不会造成大的影响。处理温度稍稍过高、时间过长都将影响定植成活和植株的生长发育（图 9-17）。

图 9-17 蒸气处理杀灭病虫害（友人提供的照片）

第四节 日本草莓育苗的促进花芽分化技术

日本的草莓栽培经历了从传统的露地栽培过渡到半促成栽培、促成栽培再到早熟栽培的发展。其中心技术之一就是育苗过程中的促进花芽分化技术。

从技术观点来看，育苗过程中的断根移苗、假植、氮素中断等先期的技术到中山地育苗、高冷地育苗、寒冷地育苗、夜冷短日处理、低温暗黑处理、间断性冷藏处理等都是促花技术。现重点介绍以下技术。

一、高冷地育苗

高冷地育苗这项技术是在海拔 1 000 m 附近的冷凉高地育苗，促进花芽分化，也称为高山育苗。以前在北海道进行过异地育苗，但因病害发生以及运输等困难未能持续。高冷地育苗几乎都能实现提前近 1 个月开始花芽分化。提早成花之外还可省力，由于气候阴凉，减少病害或杂草的发生。当然，因灌水条件、运输、设施配套、土地使用等困难，再加上其他促花技术的诞生，成花容易品种的推广等因素，近年高冷地育苗面积不断减少。

二、夜冷短日处理

1980 年以后，随着促成品种的诞生，通过人工方式诱导花芽分化的夜冷短日处理得到快速普及。这项技术是以 1 天为 1 个周期，人工创造短日和低温条件而促进花芽分化。白天暴露在阳光下，下午尽早转移到遮光的库内，实现日长不大于 8～10 h 日照，冷却温度约 10～15 ℃，14～16 h（图 9-18）。早熟品种诱导 10～14 d 即可

图 9-18 夜冷育苗设施

成花，晚熟品种需要 3 周或更长。要注意的是，处理结束后不要让其经受极端高温，否则成花效果就会消失。另外，夜冷短日处理后也会出现营养生长持续的情况，要适当调控。本技术的效果很好，美中不足就是设备投资较大。

三、低温暗黑处理

低温暗黑处理方法是将苗放入 10～15 ℃的冰箱内约 3 周。也可变温处理，比如刚开始 9 d 在 10～13 ℃，随后 9 d 在 15 ℃下处理，处理效果会更稳定。处理过程中仍会长叶，只不过因为没有阳光形成黄白色徒长状叶。另外处理过程中没有光合作用，植株消耗严重。徒长变黄的状态定植时很容易折断，定植初期叶片光合能力也较差。为此，处理过程中加补红光可以在一定程度上得到缓和。

另外，将夜冷短日处理与低温暗黑处理的组合，开发了间歇冷藏法。比如冷藏 2 d 后阳光下处理 2 d，反复实施 4 个周期，或者冷藏 4 d 后阳光下处理 4 d，反复实施 2 个周期，总计各处理 16 d 即可实现促花。

四、赤霉素处理

促成栽培的理想状态是第 1 花序开花期为 10 月中下旬为宜，但此时的自然日长为短日条件。一季性草莓为短—长日植物，即诱导成花需要短日条件，但花芽发育及开花又喜欢长日条件。另外，自发休眠深的品种，此时的自然日长条件将会进入休眠状态，所以整个植株会慢慢变矮，虽能开花结果实但产量很低。因此，必须通过人为处理的方式让植株处于半休眠状态，不能进入深休眠。赤霉素处理还会让果柄变长，花序将伸长出树冠的外面，所以像丰香这样低温期容易出现着色不良的品种使用该处理，可用来减少着色不良果。

赤霉素处理的浓度为 10 mg/L 左右，但温度越高处理效果越好，最好是先让大棚内处于高温潮湿状态，然后再进行赤霉素处理。赤霉素处理的效果并不会持续很长时间，属于即效性。特别是自发休眠深的品种，反应非常敏感，用于休眠状态的植株效果明显。

五、电照处理

促成栽培的电照处理与赤霉素处理一样，该手法用来防止植株进入更深的休眠状态，从而促进已经被诱导成花的植株尽早开花，也可并用赤霉素处理。一般电照处理从 11 月上旬开始。处理方法：日落后开始电照处理，照明延长昼长；或者光中断，夜间照射 3 h 左右，缩短夜长；或者间歇照明，以 10 min 左右的间隔反复。电照处理在枥乙女的主栽地枥木县被广泛使用。

草莓的伸长生长通过红光与远红光的比例来控制，相对而言红光量较多的话，就会抑制伸长生长，相反远红光量多的话，促进伸长生长。草莓的电照处理使用的光源与普通的白色荧光灯相比，白热灯泡的效果更好。这是因为与荧光灯相比白热灯泡含有比例更高的远红光。但是，近年来，白热灯泡已停止生产，所以将具有较高比例远红光的荧光灯或LED作为电照用具更好。

第五节 日本高手莓农的育苗经验

日本莓农的精耕细作举世闻名，有很多值得借鉴的智慧和经验。在此介绍两位高手莓农根据自己的栽培目标所采用的不一样的育苗方法。

一、枥乙女的三种夜冷模式大苗育苗法

上野忠男是枥木县上三川町农业大户，经营 3 hm² 水稻和 0.7 hm² 草莓。种植草莓 40 年以上，用以下 3 种模式进行枥乙女的夜冷育苗，确保其每公顷产量稳定在 72 t 以上。其育苗程序如下：

（1）每年 10 月下旬购入脱毒种苗露地定植，以避免春季与果实采收的劳力冲突及增加繁苗数量；

（2）冬季用无纺布保温和适当少量灌水防止冷冻和干燥引起的母株短缩茎褐变空洞化或裂纹；

（3）7 月上旬取太郎苗以外的子苗扦插入 35 穴穴盘，依大小分别进行液肥管理；

（4）为错开定植期及收获期，进行以下 3 种模式的夜冷短日处理（图 9 - 19）。

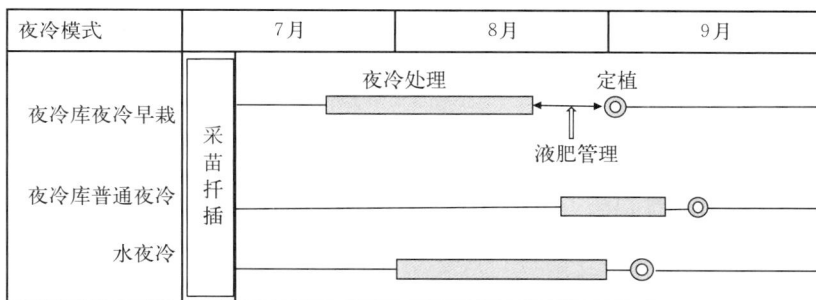

夜冷模式		7 月	8 月	9 月
夜冷库夜冷早栽	采苗扦插	夜冷处理	定植 液肥管理	
夜冷库普通夜冷				
水夜冷				

图 9 - 19 枥木县莓农上野忠男的 3 种夜冷育苗模式

① 夜冷库夜冷早栽模式。

处理期间：7 月 23 日—8 月 23 日；

处理时间：16:00—翌日 8:00；

库内温度：前 3 d 17 ℃，以后 14～15 ℃。

② 夜冷库普通夜冷模式。

处理期间：大约在 8 月 24 日—9 月 5 日；

处理时间：16:00—翌日 8:00；

库内温度：前 3 d 17 ℃，以后 12 ℃。

③ 水夜冷模式（用自然水传导进行冷却）。

处理期间：8 月 1 日—8 月 31 日；

处理时间：16:00—翌日 8:00；

库内温度：19 ℃。

夜冷处理期间进行促根、促进花芽分化的以磷肥为主、氮肥为辅的追肥，同时注意预防炭疽病和白粉病，最后将苗育成短缩茎粗度在 1 cm 以上的健壮大苗。

二、1 叶 1 心小苗育苗法

爱媛县鬼北町的井上七郎也是一位有 40 年草莓种植经验的 80 岁老人，年轻时草莓每公顷产量也达 60 t 以上，随着年龄增大而改变策略为不追求高产，但求每公顷产量稳定在 40.05 t 左右即可，并由此摸索出了与此相适应的 1 叶 1 心小苗育苗法（图 9-20）。

图 9-20　1 叶 1 心小苗育苗法

1. 引插压苗时的状态　2. 育苗期间也保持 1 叶 1 心进行管理

此方法是用小营养钵引插压苗，让子苗一直与母株相连，用剪刀剪除母株老叶的同时，子株也用剪刀剪除老叶保持 1.5 叶管理。直到 8 月末才将母株与太郎苗分剪开来，其他子苗仍保持与太郎苗相连，让太郎和二郎苗为其之下小苗提供养分水分。且在与母株分离时给三郎和四郎苗钵内施 1 粒 IB 化的颗粒肥，保证定植时三郎、四郎苗能长得与太郎、二郎苗同样大小。

此育苗法的关键点是通过剪叶控制母株及子苗的生长量，控制子苗短缩茎的粗度，达到减少花序内的小花数及果实数量，由于定植的是健康小苗，定植后也不易徒长，不会出现第 2、3 花序分化延迟而导致断档。

由于定植的是小苗，花序内的花数减少，顶果也会稍小，但连续开花性好，能保证持续不断地收获。收获期不会大起大落，对于老莓农的体力适应，夫妇二人维持较小规模的经营来说非常适宜。

以上两位日本莓农均有 40 年以上草莓种植经历，一位是较大规模经营，雇用工人，尽可能地育成健壮大苗，获得高产；另一位是老夫妇的小规模经营，目标是育成健康小苗，调节草莓果实稳量均匀上市，减轻体力负担。两者均体现出日本莓农的匠心和智慧。

日本是一个农业从业人口少和极度老龄化的社会，而草莓栽培、育苗是劳动密集型产业，高架育苗、小型营养钵育苗、穴盘育苗、1叶1心小苗育苗、种子品种实生苗育苗等等，无不围绕着省力、轻便、降低成本的变革在进行着。

我国也同样面临了农业从业人员极度减少和老龄化的问题。草莓育苗的自动化、机械化、规模化、规范化是我们面对的课题和挑战。愿"草莓人"沉下心来踏踏实实地苦干和钻研，变挑战为机遇，创造新的未来。

三、从结果株采苗的低成本方法

降低草莓生产成本是一个很大课题。在日本当前经济不景气，草莓价格低迷的年份，莓农为降低成本，探索出了从结果株采苗的方法。山口县农业试验场将此法做了较为系统的总结。

1. 技术特点　从结果株采苗，不需要培育专用母株，除减少购母株的成本外，还具备以下优点：

（1）从成本上看，不需专用场地，节约场地费；节约土壤消毒费；节约除草（除草剂或者地膜）所需的成本；节约耕地等使用的拖拉机的燃料费与折旧费；减少肥料费；节约灌水设施费。

（2）从工作量方面看，减少土壤消毒；减少施肥、做床、耕地工作；减少母株定植；减少铺地膜、喷除草剂工作；减少母株管理工作。所以可大幅度减少劳力。

（3）若能在避雨状态下采苗，炭疽病的患病率下降，防治次数也随之减少。

综合来看，这种方法不仅可以削减成本及缩短工作时间，还可以减少农药使用量和施肥量，也可以定位为循环型农业的一种技术。另外，此方法的产量性、苗质、植株的连用年限、棚内叶螨等害虫发生等有一定不足。

2. 从结果株采苗的子苗的特性

（1）匍匐茎发生数大大低于专用母株（表9-8）。

表9-8　母株与匍匐茎发生数（山口农试，2002）

品　种	母　株	匍匐茎发生数（条/株）
丰香	专用母株	15.5
	结果株	3.1
幸香	专用母株	24.9
	结果株	5.8

注：专用母株定植日11月30日；调查日6月24日。

从结果株上最多采集各匍匐茎的第二级子苗，若每株发生3条匍匐茎，即可确保当年的数量。因此，无论是丰香还是幸香，通过栽培株发生的匍匐茎，都可以充分确保所需数量的子苗。

（2）子苗易出现过早现蕾株。由于结果株不经受冬季的低温，处于半休眠状态，所以即便其子苗植株小的状态下，也容易分化花芽，从而导致子苗过早现蕾。幸香的该趋势表现得比丰香还强（表9-9）。但是，这种意外出蕾几乎都发生在6月，若尽早摘除，对以后植株生长或花芽分化影响不大。另外，要注意幸香还会出现少量自封顶植株。

表9-9　不同母株异常株发生比例（山口农试，2003）

品　　种	母　　株	过早现蕾株（％）	自封顶株（％）
丰香	专用母株	0.0	0.0
	结果株	9.4	0.0
幸香	专用母株	0.0	0.0
	结果株	15.6	3.1

注：调查日7月20日；试验株数32株。

　　（3）结果株子苗的年前产量还略多。结果株子苗无论是低温暗处理栽培模式还是普通促成栽培模式，丰香与幸香这两个品种的产量都与专用母株子苗相当，年前产量还略多。

　　（4）需有计划地进行更新脱毒母株。草莓栽培为了防止病毒污染致使产量下降，需积极导入脱毒母株。若连续用结果株采苗，就容易被病毒污染，导致产量下降，需有计划地更新为脱毒母株。

　　（5）注意病虫防治。从结果株上采苗繁殖，有传病的风险。要彻底从无病无虫的结果株上采苗，同时要加强病虫害的预防和治疗。

第十章
韩国草莓育苗技术特点

第一节 韩国草莓育苗基本情况

一、韩国草莓育苗技术的发展过程

草莓育苗根据苗质的不同，对移植后的生长和数量起决定性作用，可以说，使用好苗是草莓种植成功的关键。随着韩国草莓的种植方式从半促成逐渐转变为促成栽培，其草莓育苗技术也经历了相应的变化过程（表10-1）。目前，草莓育苗的主要方式有：露地育苗、温室育苗、单体钵育苗和穴盘育苗（图10-1）。

表 10-1 韩国草莓育苗方式的变化

育苗环节	1970—2000 年	2000 年以后
种植方式	半促成、促成	促成（92%，2015）
育苗形态	露地、温室	温室（防雨育苗）
子苗生产量	50 株/个（母株）	30 株/个（母株）
子苗完成期	9 月下旬至 10 月中旬	8 月下旬至 9 月上旬
育苗钵形态	单体钵	穴盘
母株移植间距	30~50 cm	15~20 cm
子苗灌水方法	上方灌水	滴灌、底面灌水

图 10-1 韩国草莓主要育苗方式
A. 露地育苗 B. 温室育苗 C. 单体钵育苗 D. 穴盘育苗

二、草莓育苗整体过程

草莓育苗过程主要包括准备期和子苗增殖期，需要长达 10 个月的时间。首先要从前一年的 11 月开始准备母株，12 月至翌年 2 月需要通过 5 ℃以下，1 000 h 的低温，打破母株的休眠。3 月初移植母株，5 月至 6 月末进行匍匐茎子苗抽生，7 月和 8 月通过引导子苗的生根，形成 60～70 d 的苗木之后，9 月初才能移植到生产区中定植（图 10 - 2）。

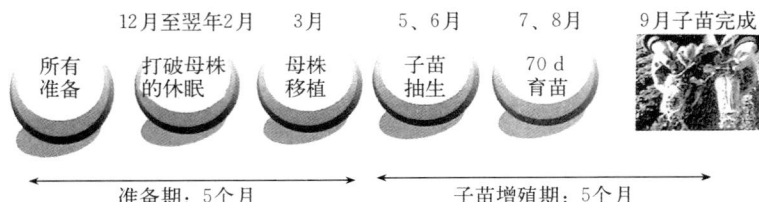

| 12月至翌年2月 | 3月 | 5、6月 | 7、8月 | 9月子苗完成 |

| 所有准备 | 打破母株的休眠 | 母株移植 | 子苗抽生 | 70 d 育苗 |

准备期：5个月　　　　子苗增殖期：5个月

图 10 - 2　草莓的育苗过程

三、种植方式和育苗方式选择

草莓是通过匍匐茎进行营养繁殖的作物，所以不仅是生产区管理，育苗也需要投入相当的时间和精力，苗质成为了移植后决定草莓产量和品质等的关键因素。

用红珍珠品种进行半促成栽培的农户还在进行露地育苗；但随着以雪香品种为中心的促成栽培的普及，为了子苗的早期生产和预防炭疽病，防雨大棚内的育苗面积正急速地增加。同时，为了省力化育苗，高架钵育苗方式也逐渐增加。不管采用哪种方法，草莓育苗的最大目标是在短时间内生成最多的匍匐茎，在必要的时间内确保更多的好苗木。所以，在进行育苗时，在了解不同种植方式和育苗方法优缺点的基础上，选择符合农户实际情况的育苗方式是非常必要的。

第二节　韩国草莓主要育苗技术

育苗方法按照子苗发生场所主要分为露地育苗和避雨育苗；按子苗发生所用的土质可分为土耕育苗和钵育苗（图 10 - 3）。以下分为露地育苗和避雨育苗（以钵育苗为主）进行详细技术说明。

育苗方式分类：露地育苗、避雨育苗（大棚内临时采苗、隔断根围育苗、钵育苗等）。

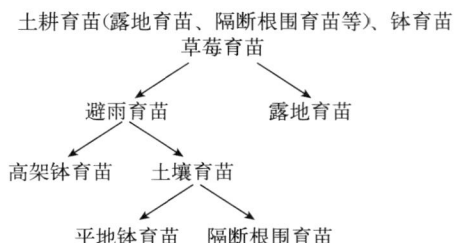

图 10 - 3　草莓育苗方式分类

一、露地育苗

露地育苗是适合半促成育苗的方式，多用于对炭疽病有一定抵抗力的红珍珠品种的育苗上。过去，韩国国内大部分采用这种育苗方式，但随着红珍珠品种的种植面积减少，露地育苗方式的占比也大幅下降。露地育苗除了需要设置灌水设施之外，不需要其他特别的设施，但因为管理面积大，所以在除草方面需要投入相当多的精力和费用。而且，因为韩国高温多湿的夏季环境，炭疽病等病虫害经常发生，对其进行防治也需要很多精力。露地育苗生产出的苗木一致性较差，育苗的稳定性及效率都很低（图 10 - 4）。

图 10 - 4 韩国草莓露地育苗情况

1. 育苗地准备 要选择没有病虫污染，没有水淹危险，排水性能好，地力和保水力好的地方作为育苗地。前一年种植过草莓或当作育苗地使用过的地方要进行土壤消毒。相对于生产区 0.1 hm² 的栽培面积，大概需要母株苗床 0.03 hm² 左右，母株数量大概为 2 000 株，预计可生产的子苗数量约为 60 000 株。

建造 1 m 左右的垄，如果单行定植，按 30 cm 的间隔定植母株；如果双行定植，按 50 cm 间隔进行定植。母株定植时期晚时，最好进行双行定植，这样既能加快子苗的形成，也有利于抵抗与杂草的竞争（图 10 - 5）。

单行定植

双行定植

图 10 - 5 母苗定植方式

关于肥料，在定植前，如果土壤 pH 为 6 以下，就喷洒 100 kg 石灰后进行混合；如果没有盐类堆积，在定植前 10 d，每 0.1 hm² 面积使用堆肥 3 000 kg、氮素 8 kg、磷酸

10 kg、钾 8 kg，并进行旋耕。如果是灌水设施较好的育苗地，则采用追肥为主的育苗，可以减少或不使用底肥。

近期，由于韩国露地地力变好，所以很多时候不使用底肥进行育苗。

2. 育苗管理 3 月下旬至 4 月上旬作为母苗定植时期最为合适，为了早日培育健康的子苗，注意不要延迟定植。为了防治病虫害，先在防治炭疽病等药剂中进行消毒后种植更好；如果有花芽或干枯的叶子，先清除后再进行定植。

定植后，通过充分的灌水促进成活。在单体钵中临时栽种之后再进行种植，更有利于早期的成活及管理。

低温期要用小型塑料拱棚覆盖进行保温，如果出现花芽要尽快清除。定植成活后，喷洒 10～20 mg/kg 赤霉素 2 次左右。关于追肥，在葡匐茎生成初期，每 0.1 hm² 的面积，喷施 2 kg 左右的氮素，或将 500 倍液的液肥以 10 d 为间隔，进行 2～3 次的喷施，但要注意氮素不能过多。

灌水时，要将水管安装在靠近母株的地方，采用滴灌方式，少量多次为宜，尽可能避免洒水、在垄沟灌水和在过湿的状态下灌水。

将早期生成的、生长势较强的 1 号葡匐茎引插到母株和母株之间，将其作为母株发子苗也是有效的方法。

如果生成 3 节左右的子苗，就要用剪子进行葡匐茎的整理，同时整理老叶，确保通气性。只有整理好老叶，才能得到粗壮的子苗。一般情况下，进行 3 次左右的老叶整理就可以。如果葡匐茎生成过多，有可能变得混杂时，需要对葡匐茎进行适当的摘除，清除细弱的葡匐茎，保留强势的葡匐茎，并进行合理的安排。发完所需的子苗之后，要进行子苗分离。

3. 病虫害管理 传染病毒的蚜虫一般从 3 月下旬开始增加，4—5 月会变得最多。所以，这期间需要防治蚜虫和螨虫。6 月中旬开始，需要进行炭疽病的药物防治。特别是雪香、梅香、锦香、章姬等品种对炭疽病的抵抗力较弱，有可能会引起苗木的不足，要进行预防为主的防治。

露地育苗的最大问题就是炭疽病的预防，从持续降雨开始前到 9 月初为止，需要进行定期的药物防治。清除老叶和进行子苗分离后必须要做炭疽病的防治，实际中 8 月末以后农户往往会忽视炭疽病的防治，但由于整体气温的上升，8 月末以后发病的情况也很多，所以必须注重预防观察和防治。

露地也有利用营养钵繁育子苗的情况，但因为灌水困难和炭疽病发生多，因此如果不是高冷地区，不推荐使用此方法。该方法与钵育苗类似，所以按钵育苗操作即可。

二、避雨育苗

所谓避雨育苗是指不在露地，在大棚内进行育苗的所有方法，营养钵育苗也属于避雨育苗。

避雨育苗的主要目的是预防降雨造成炭疽病，与露地育苗相比可有效减少药物喷洒次数以及炭疽病的发生，有利于培育健康的苗木。同时，因大棚内具有灌水设施，水分和施肥管理非常容易，有利于在更短的时间内繁育子苗。但大棚内温度较高，易发生白粉病、螨害等，需要定期开展药物防治，而且苗木可能会出现徒长现象，长得细弱。从 5 月开始，使用遮阳网覆盖，抑制白天高温造成的苗木本身温度上升，保证花芽分化不延迟。

避雨育苗时，如果使用喷灌，则与在露地淋雨情况相同，病菌易通过草莓叶和茎上的伤口感染苗木，也会造成大棚内湿度过高，加速病害的发生和传染，所以更要关注换气和排水。

进行施肥管理时，将育苗的复合肥与灌水一同实施即可，选择氮素的含量高于磷酸含量或钾含量的肥料，必要时进行灌注即可。

露地育苗时，母苗的定植最早也要在 4 月上旬才能进行，但避雨育苗可以将育苗期提前到 3 月上旬。随着新品种的普及和种植，促成栽培占比增加；并随着生产区的定植期提前，苗龄越来越重要，因能够延长育苗期、提早确保多数苗木的避雨育苗也越来越得到重视。

避雨育苗时需要注意以下几点：第一，大棚内的温度比露地高，育苗过程中可能会出现高温伤害。第二，大棚内高温干燥，白粉病和螨发生的可能性很高。特别是 4—6 月，为白粉病的高发期。第三，因遮光等原因造成苗木徒长时，会加重病害发生。因此以 30%～50% 左右的轻度遮光为好。第四，如果发生白粉病、螨、蚜虫等病虫害，要在发生初期就进行全面防治。

1. 避雨土耕育苗 避雨土耕育苗就是在避雨大棚内的土壤中定植母株繁育子苗的方式。此方式适合半促成栽培，育苗后可以将大棚用作结果大棚，有利于提高大棚的利用率。缺点是，育苗期的持续性水分管理，造成土壤夯实，通气性不足；又因为对母株进行持续的养分管理，可能会造成土壤内的盐分堆积。育苗结束以后，还需要进行子苗移植和土壤干燥处理；如用作结果大棚，经常发生不能及时定植的情况。如果 2～3 年连续作为结果大棚和育苗大棚使用，由于土壤质量的下降，可能会造成结果数量的减少。

2. 隔断根围育苗 隔断根围育苗是指用塑料、无纺布等水能通过的薄膜覆盖土壤，然后在上面铺上 5 cm 以上的土或基质、膨软粗糠等，再诱发匍匐茎生成，使得根系被隔断在一定范围内的育苗方法（图 10 - 6）。此方法弥补了营养钵育苗初期投资费用高和劳动力使用多的缺点，多用于促成栽培，达到提早花芽分化的目的。

其优点是根系在 5 cm 的表层土壤里

图 10 - 6 隔断根围育苗

分布，容易隔断根围和氮素吸收，在大棚内可防止徒长，子苗移植后因为根部损伤少，比土耕中培育的子苗成活率高，而且移植期充足，可以分时间段进行移植。

但是，如果灌溉的水不能很好排出，就会造成根部损伤，发生腐蚀根部的疫病或枯萎病等病害，特别是高温期土壤的温度上升，需要更精细的水分管理。隔断根围的苗木在移植时要确保 7 cm 左右的长度；同时移植期紧急切断匍匐茎，可能会造成枯萎，所以建议在移植前 20 d 切断匍匐茎，最晚也要在 10 d 前完成切断。

3. 营养钵育苗　所谓营养钵育苗是指在花盆、泡沫栽培槽或土壤中直接定植母株，促进匍匐茎抽生形成子苗，在单个营养钵或穴盘中放入基质，诱发根部生成，实现子苗增殖的育苗方式。根据培育子苗的位置，可分为高架营养钵育苗及平地营养钵育苗。

营养钵能够实现子苗同时生根，苗木的一致性会得到提升；同时能够充分保留一次根等根部，所以移植后成活率高；育苗后期通过有效调整子苗体内的氮素水平可促进花芽分化，实现年内收获。

平地营养钵育苗为了防止根部溢出向土壤伸展，一般会用无纺布覆盖地面，再将营养钵放在上面引发子苗，到了一定时期，诱导子苗生根。地面不平或排水不良时，根部会因为潮湿受伤害，需要引起注意。高架营养钵育苗利用高架设备承托营养钵。使用高架时，人工作业姿势舒适，作业效率提升，因此高架育苗正在逐渐增加。但高架育苗时，如果塑料大棚高度不够，会造成通气不畅，使种植环境形成高温，要引起注意（图 10 - 7）。

高架钵育苗　　　　　　　　　　　　　　　平地钵育苗

图 10 - 7　避雨大棚营养钵育苗形式

4. 扦插育苗　扦插育苗是指不从母株直接引插匍匐茎子苗，而是切断子苗后插入到基质中直接生根的育苗方法。扦插时，使用根茎粗壮的子苗会更有利，一般在生成 2 片叶之后进行采集，并至少留下 1 片叶进行扦插。采集子苗以后，在 3 ℃ 条件下可以储藏 20 d，因此可以将多次采集的子苗进行低温储藏，达到一定数量后，一次性进行扦插。为了提升成活率，可用覆盖遮光网或无纺布等措施来避免直射光线，保证扦插床的温度不超过 30 ℃，待扦插 10 d 左右后，根据苗木的成活情况，逐渐解除。

在常规的育苗过程中，如果预计子苗不足，可在 5 月中旬终止结果苗的果实生产，诱发匍匐茎，6 月下旬进行子苗扦插，培育 60 d 左右后，可以用作促成栽培的生产苗。使用扦插育苗时，如果育苗期在 50 d 以下，繁苗数量会比常规育苗方法少。由于母株感染枯萎病和炭疽病的可能性高，应从健康的母株采集匍匐茎，在育苗期间要进行定期的防治管理。6月下旬之前，持续降雨期的高温多湿条件有利于生根，因此适宜扦插，但这以后因为高温，生根率会下降。

5. 利用结果苗育苗　草莓在冬季通过持续花芽分化进行收获，到春季高温长日条件时，就会逐渐生成匍匐茎。结果苗育苗就是利用这一特点，在收获株上接新的子苗，这种方式比起低温处理的母株，子苗生成量少，苗弱，所以使用的情况不多。但是，在没有足够数量的母株或没有额外育苗大棚的情况下，可以采用这种方式。

利用结果苗育苗的大棚，需要间隔一个垄沟对垄进行翻耕，使其能够在两边抽生子苗。此时，如果采用隔断根围育苗，地面上要先进行覆盖，然后放上3~4 cm厚的土，再诱发子苗。也可在翻耕后的垄上覆盖黑色膜布，放置营养钵进行子苗繁育。

需要注意的是，结果苗有可能会出现持续开花的现象，当花出现要立即摘除；如果已经经历很长的收获期，结果苗感染病虫害的概率很高，作为母株要将花和老叶全部摘除，只留下2~3片新叶，同时通过药物进行病虫害防治，确保育苗期不受病虫害的侵染。

结果苗上会有很多腋芽，应清除多余的腋芽；同时，根部老化严重，需要进行培土促进新根生成。生成的匍匐茎中，清除弱势的匍匐茎，保留健壮子苗；为防止出现徒长现象，随时进行摘叶，也要保持子苗之间的空气畅通，只有做到了这些才能生产出好的苗木。

第三节　韩国草莓营养钵育苗技术流程

营养钵育苗是目前草莓种苗繁育的主要技术。其优点是能够有效控制养分吸收，促进花芽分化，使开花及收获期提前，增加早期的产量和总产量；环境可控，能够减少病害发生；苗木生产均匀一致。但是，该方法也有一定的缺点：进行高架育苗，初期需要设施投资费用；在高度不足的塑料大棚安装架式，容易造成通气不良，产生高温伤害。

一、母株的移植和促进匍匐茎的生成

一般在前一年的11月上中旬，将母株定植在母苗床。或者将母株临时栽种并过冬，翌年2月再栽种到单体钵中培育一个月左右，3月中下旬进行移植，利用覆盖或拱棚进行保温。营养钵育苗中，要在6月末至7月初完成子苗抽生，才能得到符合苗龄的子苗，因此在早春定植母株，促进匍匐茎增殖非常关键。

成活后，向母株喷洒10~20 mg/L赤霉素1~2次，清除生成的花芽，充分使用液体肥并进行灌水，即可促进匍匐茎的生成。

二、穴盘及育苗土

一般使用直径为5 cm的草莓专用穴盘。穴盘的种类有15穴、24穴、28穴、32穴等，但为了生产健康的苗木，最好使用28穴以下的穴盘。

所用的育苗土，一般采用草莓专用基质、风化土、膨软粗糠等，但育苗土的种类影响并不大，可以综合费用、劳动力等因素后考虑决定。

三、灌水方法

利用喷灌进行灌水时，无法让水分很好地渗透到营养钵内部，且会形成高温高湿的条件。同时，炭疽病菌会与水滴一起，从感染的苗木向健康的苗木扩散，加速病害传播。因此，目前主要推行地表灌水和营养钵底部灌水。

1. 地表灌水 地表灌水是指安装地表灌水型育苗托盘，并在灌水槽中安装点滴水管，向子苗的根部直接灌水的方式。与顶部灌水相比，可明显减少炭疽病的发生，且用水量最高可以减少到62％。

育苗托盘安装时要设置好水平角度，水才能均匀地进入各个钵中，子苗的生长也才能均匀。灌水槽上铺设有一定的土壤，会使灌水更为均衡，所以建议先装入育苗土再安装点滴水管更好。子苗分离后，要特别注意增加灌水次数及灌水量（图10-8）。

图10-8 地表灌水方式

2. 底部灌水 底部灌水是在安装育苗托盘的地方，安装水槽型的泡沫底座，在底座中灌满水以后，通过穴盘底部的孔进行吸水的灌水方式。一般是在泡沫底座内部铺上防水塑料，前面开供水口，后面开排水口。如果苗床长度很长，一个供水口供水，会造成供水时间过长，苗根部褐变老化，因此，可在中间多设置几个供、排水口，缩短灌满水的时间。

从6月下旬至7月上旬开始向子苗供水。根据育苗土的种类不同，水分的状态也不同，通常以3～7 d为间隔进行灌水，灌水时底座的水位要达到3～5 cm。灌水一定时间以后，要同时排水，灌水时间原则上是30 min。如果底座中的水保留超过1 h，根部的呼吸就会变得不良，可能会出现褐变（图10-9）。

按底部灌水、滴灌、顶部灌水的顺序，炭疽病发病率依次下降。

3. 子苗引插及生根 引插子苗时，按子苗从母株抽生的顺序，用匍匐茎夹子固定，或者在生出3节左右的子苗之后，一次性引插到营养钵中。如果不提前固定，匍匐茎会因为风或防治病虫害农事操作缠绕在一起。一般是先向土壤中灌水，在子苗生成一次根后用匍匐茎夹子进行固定。前期只在固定子苗时进行灌水，当引插完所有子苗之后，从移植前60～70 d开始进行同时灌水，使苗木生成根，苗龄才能相近。

图 10-9 底部灌水育苗方式

引插完所有子苗之后，要及时清除母株的叶子，确保与子苗的空间，保证通气和通风良好，这样可以防止子苗徒长，也可以减轻白粉病和螨等病虫害。

整体灌水以后生成的子苗，过于弱小，无法作为促成栽培的生产苗木使用，所以要果断清除。

4. 子苗引插方法 营养钵育苗时，与将子苗引插到钵中央相比，引插到钵的边缘会增加子苗的一次根数、干重、根茎直径、根长、根重等，地下部生长更好，能够提高优良苗的生产比例（图 10-10）。

5. 育苗期内老叶的清除 育苗期中，子苗除了 3 片完全展开的叶之外，其余的要定期清除。但老叶不要一次性清除，每次清除 1 片左右，就能助长一次根的生成，

图 10-10 向钵边缘引插子苗

减少白粉病和螨。而且，清除老叶可以有效抑制子苗徒长，减小冠根比，提升苗质；还可以降低苗内的氮素，使顶花芽的分化比不摘叶提前 2～3 d，增加早期产量。由于病菌容易通过清除老叶时的伤口侵入，因此在作业当天必须预防喷洒防治炭疽病的药剂。

6. 匍匐茎的切断时机 从母株分离子苗的匍匐茎切断作业，是将子苗作为生产苗的最后一步，是重要的作业环节。通常匍匐茎的切断时机越早，子苗的独立时间就越长，会增加根部重量，促进花芽分化，改善苗质。但在夏季高温期，过早切断匍匐茎，会增加灌水次数，造成大棚多湿的条件，加上切断伤口，会增加炭疽病的发生。一般要在定植日 30 d 前切断匍匐茎。与摘叶一样，匍匐茎切断以后，必须及时喷洒炭疽病防治药剂。

7. 育苗期施肥管理 草莓的生产苗中如果氮素浓度低，花芽分化就会加快；移植后苗木越健康一级花的数量就越多。以雪香为例，在育苗过程中，如果施肥量多，就会造成顶花芽分化延迟，个体间的差异大，结果数量减少。研究表明，雪香育苗期的氮素施肥量为每棵子苗 500 mg 以下为宜。育苗期施肥量越多，根茎直径、叶面积、干重等都会增加，

但花芽分化和收获开始时机会显著延迟，到 2 月以后数量才能恢复。

在高架营养钵育苗方式中，3 月下旬将母株定植到育苗栽培架后，营养液管理按 EC 值 0.6～1.0 mS/cm 进行；当确保 2/3 的子苗之后，EC 值要下调到 0.6 mS/cm 进行管理。

8. 抑制子苗徒长　目前，草莓育苗大都在避雨大棚内进行。从 5 月中旬开始，设施内的温度就会上升，高温、遮光及小型穴盘密植都会造成光照不足，子苗徒长。同时，含氮素肥料过多也会造成徒长的现象。徒长后，根茎、叶和茎变得细弱，苗质变坏，影响移植后的产量。抑制子苗徒长的方法是：7 月上旬进行摘叶，母株的摘叶在完成子苗引插后进行，子苗只留下 2～3 片叶后全部摘除。施肥时，要将磷酸钾、硅酸剂、钙剂等肥料以 10 d 为间隔，进行 2～3 次叶面喷洒。

研究发现，将三唑系农药叶菌唑可湿性粉剂按 4 500 倍稀释后，从 7 月上旬开始，以 15 d 为间隔进行 3 次叶面喷洒，能防止子苗徒长，促进花芽分化，提前收获，增加早期产量。但需要注意的是，叶菌唑处理会抑制子苗生成，最好在确保子苗数量后，进行叶面喷洒。当稀释倍数不足，或 8 月之后处理，药效就会长期留在子苗中，影响后续生长。此外，戊唑醇是在草莓种植中未登记的药剂，使用后会出现持续 2 个月的矮化现象，在育苗期禁止使用（图 10 - 11）。

图 10 - 11　子苗徒长现象及戊唑醇处理引起的矮化现象

第十一章
美国草莓育苗技术特点

第一节 美国草莓育苗的流程

美国的草莓产业经过上百年的发展，如今在育种、育苗、生产草莓果的各个方面均处于世界领先地位。草莓育苗体系在美国有着严格的流程和认证系统，目前较大的几家草莓苗圃均位于加利福尼亚州境内，认证标准和标志由加利福尼亚州食品和农业局检验检疫和发放。总的来说，美国的草莓育苗是四代种苗、五年生产的体系。详细介绍如下（图11-1）：

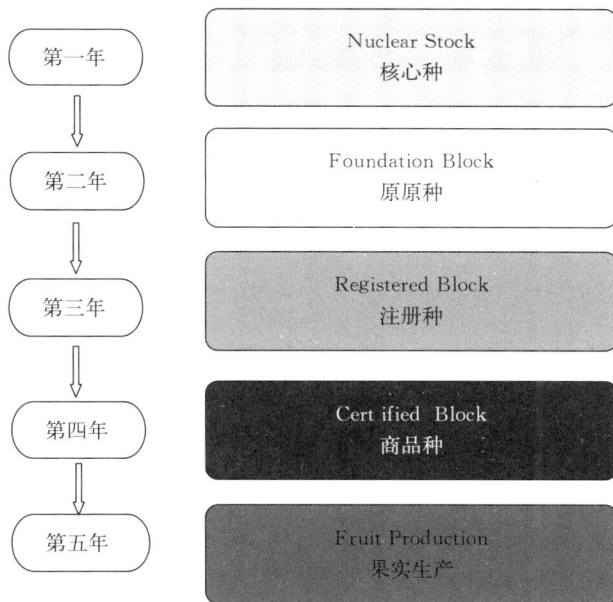

第一年	Nuclear Stock 核心种
第二年	Foundation Block 原原种
第三年	Registered Block 注册种
第四年	Cert ified Block 商品种
第五年	Fruit Production 果实生产

图 11-1 美国草莓育苗流程图

第一年：核心种（也就是常说的试管苗）（彩图 11-1）来自茎尖的分生组织生长点。取茎尖的母株需要提前在 37 ℃的热处理室中生长 3 周以上，这样能保证茎尖不带有病毒。经过处理后取茎尖，马上到实验室中做分生组织培养，每个茎尖只能繁殖一棵试管苗，不能扩繁，防止变异。该试管苗称为核心种。

第二年：在远离草莓种植的地方建立网室（彩图 11-2），把驯化后的试管苗栽种在隔离的网室中，该网室可以隔绝任何昆虫，特别是蚜虫等，防止携带病毒感染。每个大培养箱只能种植一棵试管苗。而且有专人，经过消毒处理才能进入管理。这个过程每棵试管苗可以繁殖 100～200 棵子苗。每个培养箱都要取一定数量的苗到实验室检测病菌、病毒，以及 DNA。该网室生产出来的草莓苗称为网室原种。网室原种的后代会继续在低海拔完全隔离的苗圃，每 100 棵种植一个区域，继续繁育，生产出来的草莓苗成为大田原种。

第三年：低海拔苗圃，海拔高度在 200 m 以下。土壤以沙性地为主，夏季雨水少，气温高，种苗收货前一个月左右有足够低温的气候。这个过程每棵种苗可以繁殖 100 棵左右的子苗，适当抽取一定数量的草莓苗到实验室做病菌、病毒，以及 DNA 的检测。该低海拔苗圃生产出来的草莓苗称为注册种（彩图 11-3）。

第四年：高海拔苗圃，海拔高度在 1 500 m 左右。土壤以沙性地为主，夏季雨水少，同时昼夜温差大，气候凉爽，保证种苗收货前有一定的需冷量，并且花芽分化完成。这个过程每棵注册种可以繁殖 50 棵左右的子苗，适当抽取一定数量的草莓苗到实验室做病菌、病毒，以及 DNA 的检测。该高海拔苗圃生产出来的草莓苗称为商品种（彩图 11-4）。

第五年：商品种可以直接用于种植户在日光温室、春秋大棚、露地进行草莓果实的生产（彩图 11-5）。

第二节　美国草莓脱毒苗（核心种）生产流程

一棵用于工业化生产流程的脱毒苗，倾向于从茎尖分生组织点取材料，通过组织培养的方法来生产。脱毒苗的主要目的是要去除从母株带来的任何病原体，另外恢复植株本来的强壮长势。脱毒苗可以比常规繁殖的母株繁育更多的子苗。

一、茎尖植株的生产

茎尖植株指的是来自一个茎尖经组织培养长成一棵植株，生产茎尖植株为的是脱除植物材料中的病毒并复壮。与传统繁殖的植株相比，茎尖植株可以产生更多的子苗。

一个茎尖由茎尖组织和 1～2 个叶原基组织构成，大小为 0.4～0.5 mm，茎尖组织位于幼嫩的生长点处，幼嫩的生长点可以不断分裂，但尚未分化成叶、茎或其他器官。

下面的步骤介绍了草莓茎尖植株的培养过程（图 11-2），从母株到营养钵中的茎尖植株大约需要一年的时间。

1. 母株　加利福尼亚大学育种者在推出其品种成为母株之前，需要重复试验多年，而且需要把最初的草莓植株材料提供给美国植物科学基金会（FPS），母株在全年采用传统的葡匐茎方式生产。

2. 每年的病毒检测　为了保证苗木具备认证时的性状，每个品种的母株每年都需要进行病毒检测，按照加利福尼亚州食品和农业局注册和认证程序，采用草莓指示植物和草本寄主的方法检测，通过 PCR 技术对病毒和其他致病菌进行检测。

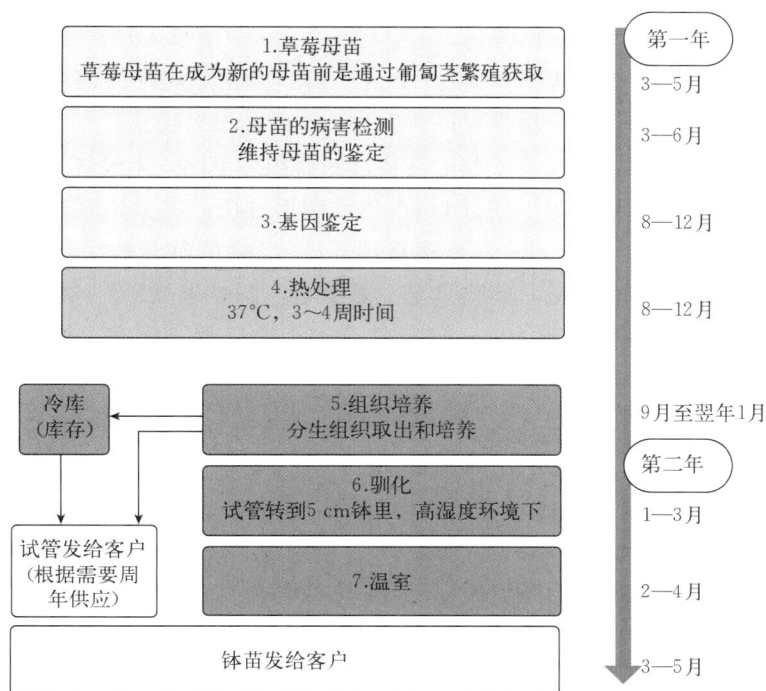

图 11-2 美国草莓茎尖植株的培养过程

3. DNA 鉴定 为了保证纯度，用 DNA 指纹标记技术检测需要取茎尖母株的品种纯度。

4. 热处理 把长有子株的母株放到热处理室，在 37 ℃恒温，70%相对湿度，日长 16 h 条件下至少放置 3 周，这种条件下只有根系良好的健壮植株才能成活。

5. 组织培养 从根茎的顶芽和侧芽上切下茎尖，如果去除外围叶片时仔细，表面可以不消毒。用 8～100 倍变焦立体显微镜在层流气流罩下，无菌环境用手术刀片和镊子切下每个茎尖，刀片和镊子通常用火焰消毒，茎尖取下后轻轻地放到 1/2 MS 培养基（1/2 MS，2%蔗糖，1 mg/L IAA，0.6%琼脂，pH 5.8）上，在培养基上可以长出茎和根系。发根后外植体大约 1 cm 高时，将试管苗转移到不含生长激素的保存培养基（MS，3%蔗糖，2%琼脂，pH 5.8）上，隔 4～8 周将幼苗转移到新鲜培养基上。

发往加利福尼亚州以外和其他国家的植株常采用离体（试管）运输方式，苗圃可以选择购买试管苗，或把试管苗种在 FPS 的田里并安排采苗。植株可以在 MS 培养基上贮存，用封口膜（Parafilm），包裹 4 ℃下保存 1～2 年。

在 1/2 MS 培养基上，我们发现植株不产生或产生很少的愈伤组织。这使产生变异植株的风险降低到最小。Sobczykiewicz（1979）在类似培养基上得到相似结论。如果在试管里或田地中生长的小苗出现花斑或白条纹，要把这些小苗扔掉。

茎尖能否成功成苗取决于品种和技术人员的技能及其他因素。平均成功率为 30%～

50%，海景品种的成功率只有 10%，而卡姆罗莎和阿尔宾品种可高达 90%～100%。

由于每个子株一般有 3～6 个茎尖，一个母株有 30 个子株，这样一个母株可以提供 100 多个茎尖。FPS 组培程序是一个茎尖只产生一株试管苗，这样会使产生变异类型的概率降至最低，因此可以预计每个母株可以产生大约 100 株试管苗。

母株保存在日光温室中，在换气孔上安装过滤器和防虫网，未经许可禁止人员入内。

每个母株的叶片样品需要烘干进行 DNA 指纹图谱分析，用于品种纯度鉴定。

6. 驯化 整齐排列的植株从试管里移栽到 5 cm 口径的营养钵里，钵里装有混合基质，在湿润的气候箱里进行驯化，驯化是至关重要的，需要花费 2～3 周时间。

7. 日光温室 试管苗移栽到 10 cm 口径的营养钵中后移入温室，用户购苗前需由加利福尼亚州食品和农业局检测认证。

二、草莓病毒

有 30 多种病毒和植原体危害草莓，其中许多病毒会显著降低产量，在田间迅速蔓延，但并不表现明显症状。草莓斑驳病毒（SMoV）、草莓皱缩病毒（SCV）、草莓轻型黄边病毒（SMYEV）是草莓中最常见的病毒。

SMoV 严重发生时能减产 30%。当一种病毒侵染时植株可能不表现症状，但多个病毒混合侵染时，生长失调，叶变红，植株变弱，也可能死亡。

在敏感的指示植物上病毒侵染的症状可能表现得很轻或很严重，包括叶片扭曲皱缩、出现花斑或斑点。SMoV、SCV 和 SMYEV 由蚜虫传播；其他病毒包括与甜菜隐黄化病毒有关的草莓灰白症由白粉虱传播；其他类包括番茄环斑病毒（ToRSV）、草莓潜隐性环斑病毒（SLRSV）和甘蓝花叶病毒（ArMV）由线虫传播。

把因病毒侵染造成的损失降到最低的最佳方式之一是种植由加利福尼亚州农业和食品局或类似政府部门认证的健康母株。

三、为什么采用组织培养生产草莓健康母株

在 FPS 采用组织培养法脱除病毒和其他致病菌，同时可以复壮草莓植株和增加葡萄茎发生量，组培过程中最大限度地避免增殖以降低出现变异体的概率。

20 世纪 60 年代首次报道了通过组培方法脱除草莓病毒，在许多作物上这是一个常用的成功技术。结合热处理，采用组织培养法草莓可以很成功地生产出健康母株。多年来 FPS 病毒呈阳性的植株经热处理后经检测都转为阴性。

研究和经验表明，即使不做病毒检测，经热处理和组培的植株长势更壮，比传统方法生产出更多的子株。有一种解释是组培后的苗木获得更多的童性，营养生长比生殖生长旺盛，可以预计组培苗比传统苗多出 50% 的子苗。

一株 FPS 繁殖的试管苗在隔离温室中一个季节能繁出 300～800 株子苗，这取决于品种和生长环境；也有报道一株试管苗可繁出 2 000 株子苗，这和传统葡萄茎繁殖相比差异显著，传统苗一个季节只能繁殖 100 株子苗。

草莓组培扩繁有人接受也有人反对，在 FPS 不进行扩繁。随着代数的增加它的优点会越来越少，对病虫的抗性会降低。尤其是变异问题，特别是花变异特性已有文献报道（Jemmali）。通过减少继代培养次数、降低培养基中激素的浓度、组培苗无性繁殖植株的结果试验来防止这一问题的出现。

四、病毒鉴定

每年对每个品种和优系进行 15 个致病菌的检测（表 11-1）。采用三种常规的方法检测：嫁接鉴定、草本寄主检测和 PCR 技术。这些方法相互补充、互作对照。嫁接和草本寄主能够检测各种病毒，相对便宜。PCR 技术速度快、高度敏感，能检测病毒的存在，但是需要昂贵的设备和试剂。

表 11-1 在 FPS 检测的草莓病毒和致病菌种类

致病菌	类 型	检测方法
甘蓝花叶病毒（ArMV）（草莓系）	病毒	PCR、草本寄主
树莓环斑病毒（RpRSV）	病毒	草本寄主
草莓皱缩病毒（SCV）	病毒	PCR、嫁接法
草莓羽叶病毒	病毒	嫁接法
草莓潜隐环斑病毒（SLRSV）	病毒	嫁接法
草莓卷叶病毒	病毒	嫁接法
草莓轻型黄边病毒（SMYEV）	病毒	PCR、嫁接法
草莓斑驳病毒（SMoV）	病毒	PCR、嫁接法
草莓镶脉病毒（SVBV）	病毒	PCR、草本寄主
烟草黄化病毒（TNV）	病毒	草本寄主
烟草环斑病毒（TRSV）	病毒	草本寄主
草莓休克坏死病毒（SNSV）	病毒	PCR、嫁接法
烟草黑斑病毒（TBRV）	病毒	草本寄主
烟草丛生矮化病毒（TBSV）	病毒	草本寄主
番茄环斑病毒（ToRSV）	病毒	草本寄主

1. 嫁接鉴定 嫁接鉴定是目前唯一需要 CDFA 注册和认证的程序，每个供试植株都被看作候选植株，嫁接到两种对病毒敏感的植株上，这两种植物作为草莓病毒的指示植物：森林草莓（UC4 或 UC5）和弗吉尼亚草莓（UC10 或 UC11）。

剪下候选植株的叶片，把叶片削成楔形，去除指示植物的中心小叶，劈开叶柄，放入候选植株的小叶，在每株指示植物上嫁接三片小叶，包好叶柄，置指示植物在弥雾条件下使接口愈合。如果候选植株受病毒侵染，大约一个月后指示植物长出的新叶就表现症状。

2. 草本寄主鉴定 用草本寄主鉴定的原因是汁液传播病毒。采用四种对病毒敏感的草本植物：苋色藜、昆诺藜、小黄瓜和克氏烟，把候选植株的幼叶在缓冲液中研碎，然后把植物浸提液在指示植物上用碳化硅砂摩擦，这样可以把候选植物上存在的病毒粒子传递到指示植物上。

指示植物在温室中培养，如果候选植株受到侵染，大约 10～14 d 后症状会在指示植物上表现。

3. PCR 测定　候选植株用 PCR 检测病毒、病原体等。加入相应引物，每个小试管中含有一种植物样品和一种致病菌的 PCR 反应试剂，放在 PCR 仪中反应 3 h。

反应产物注入琼脂糖凝胶中电泳 1 h。凝胶出现明亮的条带表明测试样品对草莓病毒呈阳性。

五、草莓 DNA 指纹图谱鉴定

草莓产业中不能单靠一个品种主导市场，所以要不断引进新的草莓品种。加利福尼亚州种植的品种 70％来自加利福尼亚州大学戴维斯分校，草莓生产者依靠 FPS 提供病毒检测后的种苗，栽种最新最好的加利福尼亚大学专利草莓品种。从以往栽培试验来看，一直没有客观地、精确地区别品种的试验，依据产业和消费者的要求，FPS 专家开发了 DNA 指纹技术，可以准确地鉴定草莓品种。

指纹鉴定时，需从草莓鲜叶中提取 DNA，然后将指定的标记 DNA 采用 PCR 仪进行放大。每个草莓品种放大的标记 DNA 都是特异的，如同人的指纹一样。通过标记 DNA 的分析，比较草莓 DNA 指纹新数据结果，研究者们就能确定草莓品种的纯度。

用来生产组培苗的所有母株都需要进行 DNA 测定以确定品种的真实性。FPS 和美国农业部有机认证（USDA）联合制定了 SSR 技术方案，形成了一套有效的可靠的 DNA 指纹技术，并提供给公众。现在可以把草莓样品送到实验室来鉴定它们的纯度，并鼓励苗圃定期检查他们母株的品种纯度。

第三节　美国草莓露天苗圃的操作流程

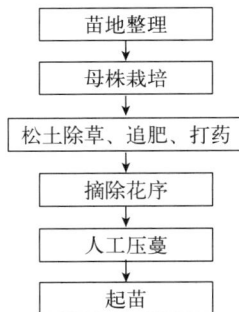

图 11-3　露天苗圃的操作流程图

一、苗地整理

将土地整平耙细，通常需要深松犁（彩图 11 - 6）、翻转犁（彩图 11 - 7）、重耙（彩图 11 - 8）等农具多次耕作。在加利福尼亚州，草莓苗圃可以继续使用溴甲烷作为土壤熏蒸剂，加利福尼亚州通常使用 67％溴甲烷和 33％氯化苦混配剂来消毒，由认证的专业公司，严格按流程来操作（彩图 11 - 9）。土壤消毒的好处是可以去除土壤中的真菌病害、线虫以及杂草种子。美国的高海拔苗圃通常需要三块地来轮作草莓苗，也就是第一块地繁育草莓苗；第二块地前半年种植苜蓿草，然后翻到土壤里增加有机质，秋天的时候进行土壤消毒，以备第二年种植草莓苗；第三块地种植苜蓿草，并收获苜蓿草。低海拔苗圃通常是两块地轮作种植草莓苗。

二、母株栽培

将提供的母株，按一定密度栽种，通常高海拔苗圃亩栽 1 300 棵左右，定植时间为 4 月，前期采用小拱棚提温措施；低海拔苗圃每亩栽 600 棵左右，定植时间 5 月下旬。栽苗要点是种苗根茎基部与地面齐平，这是种苗能否成活的关键。栽后及时浇水，经过 7～10 d 缓苗，之后再进行正常管理。要及时检查成活率，对缺苗处进行补栽。另外，同一品种要集中栽植，各品种间要有作业道间隔，以保证品种纯度（彩图 11 - 10）。

三、松土除草

草莓苗要及时松土除草，经常保持土壤疏松、干净。定期用专用的旋耕犁和深松器具操作，以便根系能很容易扎根（彩图 11 - 11）。

四、追肥、浇水、打药

在基肥不足的时候，应对草莓母株追肥。最好采用叶面喷肥；也可通过喷灌，追施专用的水溶性肥料。要经常浇水，保持土壤湿润，有利于草莓苗扎根。严格按照说明书使用化学药剂进行病虫害防治（彩图 11 - 12）。

五、摘除花序

为节省营养，促使匍匐茎尽早发出，春季应将母株抽出的花序及时摘除，这样可以获得更好、更多的优质秧苗。日中性品种应在整个生长季都及时去除花序（彩图 11 - 13）。

六、人工压蔓

在匍匐茎大量发生期间，人工引压匍匐茎，使其向各方向均匀分布，使早抽生的匍匐茎早扎根，形成匍匐茎苗。早扎根能减轻母株营养消耗，有利于母株继续抽出匍匐茎。

七、起苗

秋天定植草莓一般在 9 月采用机械起苗，起苗时注意保护根系（彩图 11 - 14）。

第四节 美国加利福尼亚大学戴维斯分校脱毒草莓苗认证方案

草莓改善计划设在加利福尼亚大学，戴维斯分校着重于加利福尼亚草莓业的品种改善。在 UC 戴维斯（加利福尼亚大学戴维斯分校），沿海地中海以及加利福尼亚的干旱亚热带地区开发了很多草莓品种。由于与其他草莓生长地带气候类似，UC 戴维斯的品种在世界各地都广泛种植。UC 戴维斯草莓品种的产量在加利福尼亚草莓业占 70%～75%，在全球商业化生产占 50%～60%。加利福尼亚大学为他们自己的品种制定了一个全球的技术转让和许可方案。以下总结了十分成功的以知识产权为基准的 UC 戴维斯脱毒草莓苗认证方案。

此认证方案在美国、欧洲、亚洲、非洲、南美和加拿大等地被广泛应用。在美国，新培育的草莓品种均受美国专利和商标局管辖的植物专利保护。美国植物专利是供无性繁殖的植物物种，而受美国农业部管辖的植物新品种保护证书是用来保护有性繁殖的物种。

在美国以外的地区，知识产权最普遍的形式是 UPOV（植物新品种保护联盟）-兼容的植物育种者权。UPOV 为以植物为基础的知识产权设置了标准。在世界许多地方，以植物为基础的知识产权是新的法律结构，并且 UPOV -兼容的保护并不可用。因此，UC 戴维斯认证方案以及它所发放的许可证在这些地区积极的拓展对植物的保护范畴。

在美国和加拿大，品种许可直接颁发给苗圃。苗圃被许可繁殖母苗并把繁殖的子苗卖给果农。草莓种植者每年栽苗，因此会被征收税款。税是以每 1 000 株植株的基础上进行评估，而非以销售为基准。

在美国和加拿大以外地区，这个脱毒草莓苗认证方案以商业伙伴形式来保护自己。这些商业伙伴指的是品种权人，在特定的领域里他们有独家的权力。品种权人被授予在他们特定的领域里发放转授许可协议给苗圃的权利。相反的，品种权人会支持知识产权的发展并强制知识产权的执行，包括应对当地法院系统。品种权人的其他职责为市场开发、技术支持以及生产技术的转让。品种权人还协助新品种的测试与评估。为此，UC 戴维斯会分出税收的一部分给品种权人。

三层税率构架是全球都适用的。加利福尼亚州种植者种植 UC 戴维斯品种缴纳的是最低的税率。加利福尼亚州以外和加拿大的种植者缴纳中等税率。美国和加拿大以外的种植者缴纳最高税率，其中会有品种权人的一部分。除了上述讲到的税收的部分，还会收取一个科研费来支持新品种开发。每 1 000 株植株收取 1 美元的科研费后会适当降低税率。

脱毒草莓苗认证方案的构架受在加利福尼亚州的 UC 戴维斯公共机构的影响。除了上述提到减少税收，加利福尼亚州的苗圃和果农通过认证方案会被给予特殊待遇。例如，加利福尼亚的苗圃许可人可在许可的苗圃市场交易。非加利福尼亚州的苗圃销售是被局限在特定的区域内。并且，在新的草莓品种最初面世后，2 年内它的种植只限制在加利福尼亚州内。这个政策是用来迁就那些担心在本地市场与 UC 戴维斯海外生长品种产生竞争的果农。

UC 戴维斯品种的草莓植株从加利福尼亚苗圃运送到世界各地。为了检测全世界草莓植株运输情况，实施了一个基于网络的电子系统，目的在于为 UC 戴维斯以及全球的品种权人提供及时的运输信息。有许可的苗圃可以电子形式在运输前申报销售。这个运输前的电子提醒使品种权人能够根据要用的植物材料估算出大致的销售情况以及收货人的授权状态。此系统希望能减少不合规的运输并保证苗圃供应商所有的运输都与 UC 戴维斯认证方案的全球架构相符合。

全球对于 UC 戴维斯草莓品种的需求造就了很可观的销售业绩以及税收。近几年的毒草莓苗认证方案的全年总收入均达 450 万美元。最大的非美国市场是西班牙、墨西哥、摩洛哥和澳大利亚（排列从大到小）。除了税收，科研费的总收入现今也达到了每年 65 万美元。

认证方案的最终成功是与不断推出具有竞争力品种息息相关的。UC 戴维斯草莓育种团队都是高技能人才并且资金也很稳定。因此，草莓育种和许可方案是成功在望的。

加利福尼亚大学的脱毒草莓认证方案提供了一个很明显的例子，即公共机构如何用经济刺激那些采用该技术的人来促进创新成果的转化并获得知识产权保护。

每年，UC 草莓种植者会把有潜力变成新品种的优系交给 FPS。这些优系会进行热处理，采用组织培养的方式来消除由于暴露在田间条件可能感染的细菌和病毒。种植者会接受每个优系分生的植株来做栽培试验。这些植株会用传统的匍匐茎繁殖方式来繁殖，并每年做病菌检测。

每当种植者决定把一个优系推出为新品种，FPS 的工作人员就会用传统的匍匐茎繁殖方式来繁殖，并把它移到母株的温室。等到这个种植者的优系变成新品种的时候，它已经在 FPS 很多年了，并且被重复多次做病菌检测。

从订购植株到收到植株大概需要一年的时间。必须先获得许可协议，这取决于目的地、进口许可证、植物检疫证书以及检疫符合性等。植株通常秋天产出春天销售。其他交货时间视库存情况是否允许。植株是根据订单定制的；但也会富余一部分。一般步骤如下：

① 拿到许可来繁殖。FPS 的大部分草莓品种都是通过加利福尼亚大学（UC）批准专利的，并且只能提供给那些有 UC 戴维斯 TTS 颁发许可的苗圃。申请许可过程需要大概 4～6 个月。UC 的品种中非专利品种可以随意在美国销售，但在美国以外仍受限制。

② 提交签名的订单连同正确的预付款，需注明想要收到植株的具体时间。分生植物会放置在组织培养管中（体外）或放在含基质的营养钵中（土壤）。需注明"体外"或"土壤"。运送到其他州或国家的植株只限于"体外"。

③ 对于目的地为美国以外的订单，需获取进口许可并参考检疫条规。

④ 当接近提货或运输的日期时 FPS 会联络买方。

⑤ 当买方收到植株时发现任何问题可以联络 FPS。

第十二章
欧洲草莓育苗技术特点

欧洲利用不同气候区，采用不同类型的苗木和配套栽培方式，结合适宜的品种，已实现鲜食草莓周年供应。南部地区通常从事冬季草莓生产，供果期从11月至翌年3月，西班牙南部，尤其是韦尔瓦周边的安达卢西亚地区是冬草莓最重要的产区，能供应欧洲需要量的70%。此段时间，意大利、希腊和土耳其也生产草莓鲜果，摩洛哥、埃及和突尼斯也有草莓生产。其他中非国家（肯尼亚）也开始生产草莓，希腊和土耳其产的草莓大多供给东部国家（主要是俄罗斯）。意大利北部、法国和德国南部采用保护地和露地生产4—7月可生产草莓果，夏季草莓主要由德国、波兰和部分北欧国家生产，包括意大利的山区可实现草莓的秋季生产。与欧洲其他国家不同的是比利时和荷兰采用的是高度专业化的无土栽培方式，可实现草莓的周年生产。

欧洲全年累计供应的草莓总量高达120万t，在过去几年草莓种植面积保持稳定，2015年达到10.7万hm^2。西班牙产果最多，达30万t，其次是波兰20万t、德国17万t、意大利12万t、英国和法国在5万～10万t，位于地中海盆地的土耳其35万t、埃及25万t、摩洛哥15万t。意大利每年草莓种植面积稳定在2 500 hm^2左右，但是意大利南部和北部有差异，南部面积在增加，北部在下降（图12-1）。

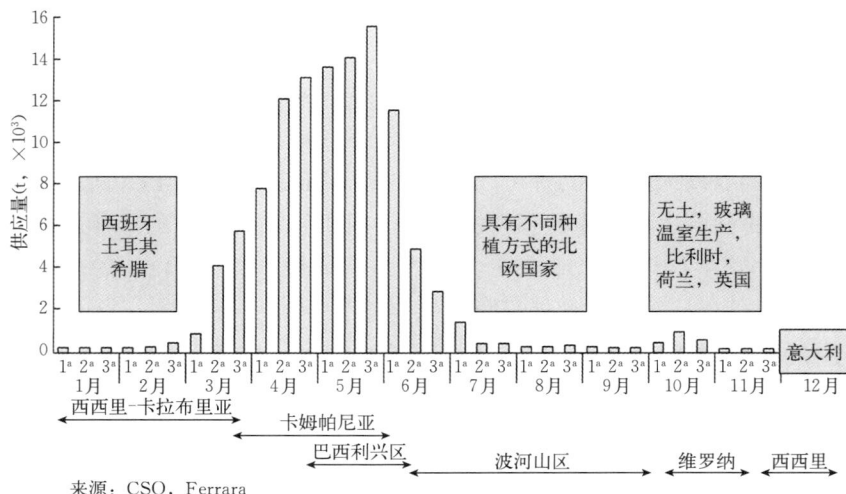

图 12-1 欧洲草莓周年供应动态

202

完善的草莓种苗繁育认证体系和多元的苗木类型对欧洲鲜食草莓的周年供应起到了决定性作用，下面分别介绍。

第一节 欧洲草莓种苗繁育认证体系

欧洲草莓育苗以荷兰、西班牙、意大利和法国等国为主，其中荷兰 80％ 苗木出口到其他国家，以荷兰的 NAK、意大利的 CAV 和法国 TIFL 等脱毒中心为核心，形成了国际公认的、稳定的组培、脱毒、检测和认证体系，支撑了欧洲约 5 000 hm² 的认证苗圃的发展。

一、核心种质库

以荷兰为例，新品种和优系都要通过 NAK 检验和认证服务，进入认证系统的核心种质库。在过去的 20 多年里，核心种质库引进保存的新品种和优系发生了巨大变化。1994 年筛选了 35 个草莓品种，2010 年筛选了 140 多个品种和优系，之后始终保持增长趋势。

品种的候选植株保存在隔离温室中，在一年内，对所有相关病虫害进行严格测试，如线虫、细菌和真菌等。此外，还要检查品种纯度，并确定其 DNA 指纹图谱。

所有植株都要经过叶片嫁接到指示植株（UC4、UC6）上进行病毒鉴定，并通过 PCR 进行进病毒确认。如有必要，感染病毒的植株可通过热处理去除病毒。对经过认证的草莓进行组培在大多数国家是非常常见的。然而，在荷兰，经过认证的材料几乎完全是基于自然繁殖。如发生病毒感染，则采用热处理去除。只有在特殊情况下，为了清理母株病毒和履行进口规定时，才会使用组培等体外增殖法。

如果在这个测试计划结束时，候选植物完全没有病虫害，它们将被用于进一步的繁殖和保存。

二、认证

F_0 繁殖种群的材料来于核心种质库。可以通过微繁殖和匍匐茎繁殖两种方式实现。

（1）微繁殖。包括体外繁殖，从分生组织、顶端或腋芽开始。根据 Boxus（1992）开发的方法，分生组织的大小应该在 0.2～0.4 mm 之间，以确保它没有病毒。这种分生组织培养系统也被用于获得不受真菌、细菌和其他病原物影响的植物，并使植物恢复活力。分生组织植物产生的子苗比传统繁殖的子苗要多得多。在体外培养条件下，分生组织在国家规定允许下，可以进行微繁殖，或者采用"一个分生组织，一个母苗"的方法。在这个阶段利用微繁殖增加植物数量从而降低成本，为了避免体细胞无性系变异的问题，繁殖周期的上限为 10。在这个阶段，获得了 F_0 材料。

（2）匍匐茎繁殖。核心种质的匍匐茎小苗被固定在装有消毒基质的独立花盆中，且花盆摆放的位置要高于母苗，以避免土壤或根系病原体通过浇水传播到子苗上，F_0 小苗生根后，就从母苗上分离出来。

荷兰采用的是匍匐茎繁殖，制定了一个多步骤繁育的认证程序，以确保草莓种植者获得无病和真实类型的品种（图 12-2）。在 NAK 繁育中心，在防虫网隔离的筛选网室中，通过热脱毒和检测的核心种质候选植株作为母苗繁育 F_0（荷兰称为 Super Extra Elite，即 SEE）。繁育过程中每株草莓种植在单独花盆中，基质均经过消毒。在生长季节，严格检查匍匐茎的所有病原体，100%

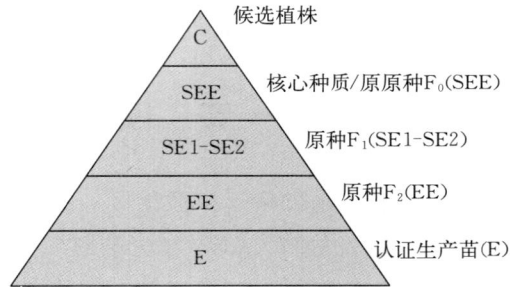

图 12-2 荷兰草莓多步骤繁育的认证程序

检测，一经检出，立即销毁。在 11 月底生长季结束时，植株进入休眠状态的 F_0，通过 NAK 供应给荷兰苗圃。一部分 F_0 作为核心种质保存在 NAK 核心种质库。

F_0 材料，被移植到有防蚜虫的隔离网室中，利用基质栽培繁殖原种 F_1。每个母苗种植在一个单独的、装有无菌基质的栽培箱（$1 m \times 1 m$）中。在这些条件下，繁殖系数为 $60 \sim 100$。这个过程需要一个生长季，约 $8 \sim 9$ 个月。

苗圃将在第 2 年通过 F_0 繁育原种 F_1（荷兰称为 Super Elite，即 SE）。F_1 阶段（或 SE1 和 SE2）的繁育将在无蚜虫的温室和拱棚中，通过基质和土壤繁殖。基质或土壤需经过彻底熏蒸，确保苗圃生产出健壮、无土传病虫害的草莓苗。NAK 的检验员实行严格的净苗规程和"认证"的植物检疫控制。

F_1 在冬天收获，处于休眠状态。一直保存到春天，并直接定植到田间繁殖 F_2（荷兰称为 Extra Elite，即 EE）。虽然这一阶段是在没有隔离条件下进行的，但仍有必要与其他草莓植株保持距离，无论是在苗圃还是鲜果产地。在这些条件下，繁殖系数为 80 左右。

下一个多级扩繁阶段，通常在露地进行。苗圃利用种苗 F_2 繁育多种类型的生产苗 E，供应给草莓种植者，包括鲜苗（裸根苗、匍匐茎小苗或穴盘苗）和休眠苗（裸根冷藏苗，frigo plants）、假植苗（waiting bed plants）、多花芽穴盘苗（tray plants）。只有根据 NAK 的繁育规程通过 F_2 繁育的后代才是经过认证的生产苗 E。法定检查是根据欧盟销售条例的规定进行的，包括植物健康要求条例。生产苗 E 的检查标准是由 NAK 和 EPPO（欧洲和地中海植物保护组织）委员会共同制定的，荷兰苗圃自愿执行。未达到以上标准，但达到最低要求的草莓苗木等级将被降为 CAC 级别（Conformitas Agrarias Comunitatis，图 12-3）。

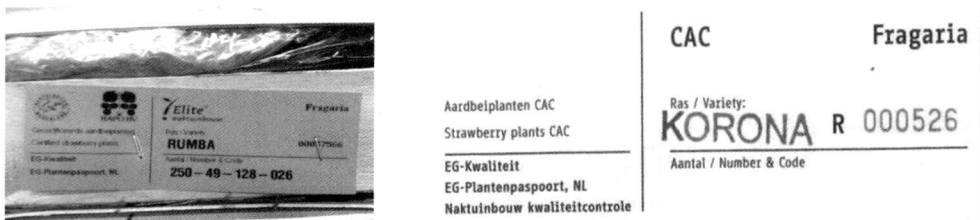

图 12-3 符合认证标准的优良生产苗 E 和未达标的 CAC 标识

表 12-1 显示了 21 世纪以来荷兰各类苗木繁育面积的变化趋势概况。从 1980 年到 2010 年，SEE 和 SE1 的面积从 0.6 hm^2 增加到 20 hm^2。同时，更多的 SEE 和 SE1 材料通过基质繁育。

表 12-1　21 世纪以来荷兰 NAK 认证的各类草莓苗木繁育面积概况

年份	SEE-SE (F_0-F_1)	EE（F_2）	E	CAC	假植苗	多花芽穴盘苗	总量
2003	4	150	576	66	458	67	1 322
2004	6	183	646	63	477	65	1 441
2005	9	245	600	74	555	74	1 554
2006	12	261	582	80	462	88	1 486
2007	14	286	498	100	435	85	1 418
2008	16	276	614	82	476	116	1 581
2009	21	277	649	84	537	125	1 693
2010	20	417	576	47	591	132	1 783

总的来说，欧洲的认证系统是由官方机构控制，基于精确的技术标准，确保种苗健康的多环节过程。尽管欧洲各国的认证系统类似，但每个国家都有自己的认证规则。然而，由于苗圃行业在过去十年中经历了巨大的变化，现有的法规必须不断地更新，以便适用于目前市场上的不同类型的苗木。在繁殖过程的每个阶段都必须满足种苗认证规则，涉及各方面技术，如：基础材料的使用和处理、隔离、基础设施适用性、基质的使用和土壤处理、工具处理、植物鉴定和标签，以及特定的植物检疫限制。专业的检查员，通过定期访问、监督所有这些技术环节，以检查是否符合所有规定。表 12-2 列出了以上环节需要确定的每个繁殖阶段的法规要求。表 12-3 和表 12-4 分别列出了病毒、类病毒和植原体的检测方法以及不同认证阶段草莓害虫目测检查的建议。

表 12-2　每个繁殖阶段的认证要求

阶段	主要特点	隔离条件	植物检疫的强度和遗传鉴定控制	植物类别和标签
F_0 核心种质	母苗种植在筛选温室内的单独栽培箱中	周边 100 m 无任何其他草莓栽培	100% 植物检疫、病毒和实验室控制，遗传学鉴定控制	"Pre-base" 类别，白色标签与紫色条纹
F_1	母苗种植在筛选温室内的单独大号仓式栽培箱中	周边 100 m 无任何其他草莓栽培	实验室病理分析：2% 细菌检测、30% 真菌检测。100% 遗传学鉴定	"Base" 类别，白色标签
F_2	母苗种植在筛选拱棚内或露地，要求土壤经过消毒，且至少轮作 5 年	周边 500 m 无任何其他草莓栽培	实验室分析：0.2% 病毒和植原体分析；30% 真菌检测。遗传学鉴定：2%	"Base" 类别，白色标签
认证材料	露地栽培，4 年未种过草莓的土地（或土壤消毒后 2 年）	周边 250 m 无任何其他草莓栽培，距离其他苗圃 5 m 以上	实验室分析：0.02%。遗传学鉴定：0.02%	"认证" 类别，蓝色标签

表 12-3 病毒、类病毒和植原体的检测方法（OEPP/EPPO，2008）

病　　源	品种症状	机械接种至草本寄主	叶片嫁接	其他方法
对 EPPO 区域发生的病毒和类病毒检测采用此方案				
蚜虫传播（SCV，SMYEV，SMoV，SVBV）			＋	＋
叶蝉传播	＋			
线虫传播（ArMV，RpRSV，SLRV，TBRV）		＋		
在 EPPO 地区不存在的病毒和类病毒对这类病毒检测意义较小				
SPMYEV			＋	＋
草莓潜隐环斑病毒			＋	
叶蝉传播病毒	＋			＋
线虫传播（ToRSV）		＋	＋	
StCFV			＋	＋
卷叶和丛枝（病毒）	＋		＋	
簇生病毒	＋			
羽叶病毒	＋		＋	
SPaV			＋	＋
SNSV		＋	＋	＋
BPYV，FCICV，CILV，ApMV				＋

注：StCFV，褪绿斑点病毒；SPaV，草莓白化病毒；SNSV，草莓坏死休克病毒；BPYV，甜菜伪黄化病毒；FCICV，智利草莓隐秘性病毒；CILV，智利草莓潜隐性病毒。

表 12-4 不同认证阶段草莓害虫目测检查的建议（OEPP/EPPO，1994）

微生物	检查项目	发生率（%）			
		F_0 核心种质	F_1	F_2	商业苗圃
细菌	黄单胞菌属碎片	0	0	0	0
卵菌	恶疫霉	0	0	0	1
	脆弱疫霉菌变种	0	0	0	0
真菌	炭疽菌	0	0	0	0
	大丽花黄萎菌和白曲霉	0	0	0	2
	脆丝核菌	0	0	0	1
节肢动物	钉蚜传播草莓病	0	0	1	1
	苍白植物线虫	0	0	0	0.1
线虫类	滑刃线虫属	0	0	0	0
	双盘线虫续断传播	0	0	0	0

苗圃中草莓种苗的生产是基于植物产生匍匐茎的能力，匍匐茎形成新的芽，从而产生子苗的根茎。在保证足够的光周期和温度的苗圃中，有利于生产匍匐茎。认证材料的生产系统包括 4 个基本阶段：收集核心种质的健康母苗并验证品种、在隔离环境通过微繁殖或匍匐茎繁殖繁育原原种、通过隔离设施或露地繁育原种和商业苗圃认证繁殖生产苗。在商业苗圃中，各种繁殖技术导致生产不同类型的苗木（裸根或穴盘），实现了生产周期的延长。在建立草莓园时，苗木必须具有特定的生理状态（适当的花芽分化和碳水化合物含量）、发育和经过认证的健康特征。认证体系遵循每个国家的具体认证规则，基于技术标准，确保繁殖过程每一步的苗木健康。

第二节　英国草莓种苗繁育认证体系

一、英国的种苗健康繁育体系（Plant Health Propagation Scheme，PHPS）

PHPS 是自发、自愿的认证计划，目的是推动健康、保真种苗的生产，为商业种植者提供无病害、健康植株。在欧洲国家，立法规定种苗繁育要有植物护照（plant passport）。获得植物护照需要通过检测，包括检测检疫性有害生物，但实际操作中，仅单纯靠目测进行外观检验，并且不包括品种认证、纯度检验和蚜线螨、黄萎病、炭疽病、根腐病等病虫害检测。而与植物护照相比，经 PHPS 认证的种苗可以保证品种无误、无病害，除了检测病毒和其他草莓病原体，还要对苗圃进行额外检查。认证过的种苗具有健康状况好、来源清楚可追溯、品种真等优点。病虫害检测包括由蚜虫和线虫传播的病毒、红中柱根腐病、冠腐病、黄萎病、草莓黑斑病、叶茎线虫、蚜线螨、角斑病等。

凡是英格兰和威尔士的育苗者，只要能达到准入标准和符合相应的特殊条件，都可以申请进入 PHPS 体系。每年在环境、食品和农村事务部（Department for Environment，Food and Rural Affairs，DEFRA）下属的食品和环境研究机构（The Food and Environment Research Agency，FERA）网站上进行育苗者和植物材料的注册。由 FERA 进行认证，并成立专门的专家队伍来负责检测，检测的频率和时间会依据申请的种苗等级来定。

二、英国的草莓种苗认证制度

来自英国东茂林研究所（East Malling Research，EMR）的 David Taylor 博士制定了英国种苗认证制度，为种植者和家庭生产提供了额外的保护。

目前，生产者种植进口种苗的数量越来越大，对英国浆果产业造成的潜在威胁也受到越来越多的关注。最新的例子是角斑病，一种草莓细菌性病害。在欧洲大陆的几个区域都已经发现了草莓角斑病，而且 2004 年在进口到英国的种苗上首次检测到这种病害。这种病害能引起减产，主要的防控措施就是使用健康种苗。

随着 1993 年欧盟针对种苗健康建成了单一市场（single market），英国和其他成员国之间种苗流动的自由度越来越大。植物护照系统（plant passport system）就是单一市场的固有组成部分，获得护照的种苗可以在欧盟内部任一地方流动。但是，这一系统对植株健康和英国的浆果种植者来说，有什么特殊含义呢？

下面将重点阐述英国种苗认证在草莓生产中的潜在优势。

1. 植物护照/EC 质量材料 在单一市场内部，植株健康状况检测主要集中在产地进行，但在欧盟国家之间运输时，并没有执行边界检查。对包括草莓、树莓在内的有限数量作物来说，植物护照是运输时必需的。这是法定要求，所有草莓和树莓植株在获得植物护照后才能销售。植物护照保证了植株不携带严重检疫的病虫害。

除了需要植物护照，包括草莓在内的特定属的果树作物还受到《果树植物材料营销规定 1995（*Marketing of Fruit Plant Material Regulations 1995*）》的约束。在这些规定中，果树种苗必须符合"EC 质量"标准，除了不携带检疫病虫害，也不能携带任何有害生物和显著影响品质的病害，否则会降低植物材料的实用性。

特别是，植物材料禁止携带该规定中列出的特定病原体，还要表现健壮，整齐度和纯度也要符合标准。

为了获得植物护照和销售资格，种苗繁育者被要求在植物健康和种子检测组织（Plant Health and Seeds Inspectorate，PHSI）注册。为协助商业平稳运行，种苗繁育企业可以获得授权以 PHSI 的名义发放植物护照（因为植物护照是官方文件）。为了获得发放植物护照的授权，种苗企业必须每年申请，提交年度种植计划，并任命一位负责人，该人要充分了解病虫害问题，负责所有植物护照的发放。

PHSI 每年会对植物护照的发放能力进行评估，包括评估种植地植株健康状况、在特定生长时期对全部植株进行检测确认是否存在检疫对象、检验运输销售过程中是否携带检疫对象以及确保植物护照发放无误等。另外，与植物护照相关的商业记录也在检查之列。所有作物在销售前的最后一个完整生长周期内都要接受至少一次肉眼检测。当条件不符合要求时，植物护照授权可以被撤销。

2. 核心种质协会 核心种质协会（The Nuclear Stock Association，NSA）成立于 1954 年，是种植者间的非盈利性质的合作组织，受政府的监督，其主要目标是为英国种植者尽可能提供最健康的种质。

NSA 确保定期推出病原体检测，提供高健康水平的亲本材料，这是下一步繁育经认证种苗的基础。认证过的所有种苗分成"A—H"等级，可以追溯到 NS（Nuclear Stock，核心种质）等级的材料。

NSA 资助 NS 草莓种质的生产、保存和繁育，该系统的总部从建立伊始就设在东茂林试验站，也就是现在的东茂林研究所。位于 EMR 的 NSA 机构会对核心种质植株进行检测，确保不携带 20 种侵染草莓的病毒和类病毒病害，并将其保存在防虫室内。另外，也会检测其他严重病虫害，包括：黑斑病、冠腐病、红中柱根腐病、蚜线螨和叶、茎线虫等。

考虑到检测步骤的潜在技术改良和在英国新出现的病虫害，NS 的生产规程会定期评估、升级。草莓角斑病就是新病害的一个例子，另一个相关病害是细菌性叶枯病，已经在法国和意大利报道过。

中央科学实验室（Central Science Laboratory）正在研究针对这两种病害的可靠、灵敏的测试方法，然后用于无症状植株的检测。可靠的方法一旦建立，就会被添加到 NS 生产的标准检测程序中。

3. 种苗认证——PHPS 计划 英国的种植者得益于能够使用"种苗健康繁育计划"（Plant Health Propagation Scheme，PHPS）认证的苗木。除了 A/H 分级，PHPS 认证的种苗还会获得一个证书，说明其健康状况。依据母株的来源和健康状况以及特定生长环境的分级，草莓种苗会在相应等级下获得认证。由上而下，PHPS 的等级为：Foundation（F）；Super Elite（SE）；Elite（E）；Approved（A）；Approved-Health（A-H）。

PHPS 计划受英国环境、食品和农村事务部（Department for Environment，Food and Rural Affairs，Defra）下属的植物卫生部门控制，而必要的植株检查和证书发放则由 PHSI 执行。

除了最低等级 A-H，进入 PHPS 计划的植物材料都必须世代清楚。所有植株都必须在特定条件下种植，栽培地点与其他作物隔离，并符合全部等级所要求的最低种植标准。

整个年度内，PHSI 成员会对种苗的健康、长势和品种真实性进行 2～3 次检查，检查频率根据认证等级而定。对病虫害的评估通常基于肉眼检查，但会依据特定等级酌情取样进行实验室检测来确诊。

根据认证等级的不同，对特定病虫害的存在设置了不同的可容忍公差。表 12-5 列出了"E"、"A"和"A-H"等级的公差。

表 12-5 PHPS "E"、"A"和"A-H"等级对病虫害的可容忍公差

病虫害名称	"E"	"A 和 A-H"
病毒病①	0	0
其他病毒病②	0.2%	0.5%
红中柱根腐病	0	0
冠腐病	0	0.5%
黄萎病	5%	5%
黑斑病	0	0
茎线虫	0.5%	2%
叶线虫	0	2%
跗线螨	0	0
其他病虫害③	基本没有	基本没有

注：①南芥菜花叶病毒、树莓环斑病毒、番茄黑环病毒、草莓皱缩病毒、草莓潜伏环斑病毒、草莓轻型黄边病毒；②草莓绿色花瓣植原体等；③白粉病、蚜虫、二斑叶螨等。

"E"、"A"和"A-H"等级在生长季要接受 2 次检查，而更高级别的"F"和"SE"需接受 3 次检查，并且对表 12-5 中列出的病虫害要求是零检出。2004 年 PHPS 认证过的各级别草莓种苗总数超过了 320 万株。

4. 认证还是植物护照 为什么种植者应该在尽可能的情况下购买英国的认证种苗？

依据的底线依然是作物自身的价值和投资回报。

病虫害引起的作物损失和果实品质降低，会带来收入减少。在大多数的严重案例中，检疫病原体的侵染会导致植株的大范围毁坏和随后的潜在收入损失。PHPS 认证种苗的使用减少了发生此类经济损失的风险。而植物护照特异地覆盖了检疫对象，但没有包括跗线螨、黄萎病和冠腐病等，却包含了草莓红中柱根腐病、草莓黑斑病和角斑病等持久性和破坏性病害，草莓皱缩病毒等病毒病以及芽线虫等害虫。

获得植物护照的种苗来源广，可能比认证过的种苗价格便宜，而且生产过程中不需要隔离和轮作。生产此类苗木不需要检测任何病虫害，也不需要以经过检测的植株为母株。不同于认证种苗，针对非检疫类的病虫害，除了"基本没有"的要求，发放植物护照也不需要设置可容忍公差。

实际上，PHPS 认证的种苗也不能确保完全不携带病虫害。但是繁育种苗是在严格条件下进行的，PHSI 工作人员的官方检查能保证生产环境符合规定。这就为种植者提供了有关经认证种苗健康状况的有力保障。

最终，对种植者来说，健康母株的使用是获得健康、有利可图种苗的基础。使用英国繁育、经认证的种苗为种植者提供了实现这个目标的最好机遇。

第三节　欧洲草莓苗木类型

欧洲应用多元化的生产系统，实现了草莓周年供应。每个种植系统都需要适当的苗木类型和种植技术。因此，在建立草莓园时，苗木的生理、健康和发育特征必须与生产系统匹配，同时，要具有高含量的碳水化合物，适宜的花芽分化状态。这些特征是草莓生产能否取得成功的关键。

大多数草莓苗圃都位于具有非常特殊地形地势的地区。需要大面积平整土地，土层深，沙质，排水良好，pH 6～7，并有良好的供水系统。苗圃必须远离草莓鲜果生产区，降低病虫害传播风险。苗圃还应考虑海拔和纬度，因为这些因素决定了植物花分化和生理成熟的时间。

最适宜匍匐茎发生的区域应在夏季具有足够长的光周期和适宜温度（25～30 ℃）。秋季的温度应该可以迅速下降，以便积累需冷量（低于 7 ℃），通常在高海拔地区（1 000 m以上）或高纬度地区可以实现。在欧洲，草莓苗圃主要位于西班牙（塞戈维亚省和瓦拉多利德省等）、意大利北部（威尼托和艾米利亚-罗马涅）和法国（阿基坦和米迪比利牛斯山脉）。波兰和罗马尼亚等国的育苗产业也很有特色。

一、裸根鲜苗

在欧洲中部，繁育露地裸根鲜苗的母苗定植期主要在 3—4 月，与我国促成栽培的育苗模式类似。然而不同的是，其匍匐茎繁殖系数较低或是必须在 7 月底之前提前起苗的短日照品种，其母苗会在前一年 9 月定植。植物密度取决于栽培品种及其繁殖能力。通常母苗定植的行距为 1.5 m，株距为 25 cm，平均需要 27 000 株/hm²。在定植时，土壤施入缓释肥。

母苗定植后，立即覆盖带孔的聚乙烯膜（彩图 12 - 1 左），促进其生长。5 月，去除聚乙烯膜，摘出新生的花枝。摘花过程由工人在专用的趴式工作架上手工完成的（彩图 12 - 1 右），这包括一个浮动可调床的结构，由拖拉机牵引或独立于履带式卡车驱动。这些工作架可以容纳 7～15 名工人，用于摘花、手工除草和固定葡匐茎。通过机械耕作来尽可能长时间地控制杂草。中耕会清除行间杂草，同时行间形成凹面，有助于保护葡匐茎不受风吹，更容易生根。葡匐茎在 6 月被固定，每 10 d 固定 2～3 次。有助于葡匐茎生根，提高间距，增加在生长季节结束时收获的子苗数量。苗圃中使用的基本除草剂有甜菜宁、敌草胺等。

通过汁液分析控制氮肥的施用，避免炭疽病和角叶斑病的发生。频繁的少量喷灌以刺激生根。为了提高移植质量，在移植前 10～14 d 将叶子的顶部割掉。中欧的鲜苗在 7 月最后 1 周（早熟品种）开始起苗，直到 8 月的第 3 周（中熟和晚期品种）。为地中海市场供应的加利福尼亚州短日品种的起苗时间从 9 月底一直持续到 10 月中旬。

欧洲中部草莓市场的苗木根据根茎直径和根系发育情况分为 2 个等级。中欧市场的草莓植株根据根茎直径和根系发育分为两种大小。它们被成捆打包，放入木箱里，洒上水，盖上湿布，以防止失水。在运输期间，温度设置在 4 ℃ 左右。新鲜的裸根苗被种植到田间用于基质促成栽培或土壤半促成栽培结果生产，或定植在假植床上待其进入休眠状态再次起出并进行冷藏，直到第 2 年春天种植用于夏季生产。

二、冷藏苗

日中性品种的母苗通常在春季种植，株距为 0.25 m 或密度为 27 000 株/hm²。有时会喷施赤霉素促进葡匐茎发生（Dale et al.，1996）；短日品种的母苗在 3 月或 4 月种植，密度约 18 000（波卡、卡罗娜、哈尼）～21 000 株/hm²（艾尔桑塔、索纳塔、达塞莱克特）。根据气候条件和品种的不同，每公顷可繁殖 40 万～80 万株子苗，在 12 月至翌年 1 月起苗后，装筐储存，约 5 000 株/m³，之后进行修剪，并根据根茎直径分为 A⁺⁺（>20 mm，150 株/箱）、A⁺（15～18 mm，250 株/箱）、A（12～15 mm，350 株/箱）和标准苗（9～12 mm，600 株/箱）4 种级别。通常情况下，A⁺ 植株平均产生 3 个花枝（25～35 个果实），A 植株产生 2 个花枝（15～20 个果实），标准苗只有 1 个根茎，其直径小于 12 mm，通常用作母苗材料。

通常繁育艾尔桑塔冷藏苗的苗圃每公顷可繁殖 50 万株子苗，其中包括 25% 的 A⁺⁺ 和 A⁺ 级苗，40% 的 A 级苗和 35% 的标准苗。然而，荷兰的苗圃会应用很多技术提高根茎直径。为给发育的植株创造足够的生长空间，8 月 1 日和 8 月 15 日左右会用金属圆盘将母苗进行 2 次机械去叶。有些苗圃会把母苗挖出移除。苗圃切叶（彩图 12 - 2）和切除多余的葡匐茎（彩图 12 - 3）可以提高子苗质量和生产力（Lieten，1995）（表 12 - 6）。8 月中旬对子苗进行轻微去叶，减缓了营养生长。行间按 45° 角度排列葡匐茎，可为子苗生长提供更大空间。为了防止形成太多的小葡匐茎，并限制最终的子苗数量，会在 8 月底和 9 月中旬左右用圆盘机械切断匍匐茎，前提是预先估算有足够生根子苗。当每平方米有约 50 个匍匐茎小苗生根时，匍匐茎会被 4 个间隔 30 cm 的圆盘切断。可实现 50% 的 A^{++} 级苗和 A^+ 级苗，25% 的 A 级苗和 25% 的标准苗。如果目的是繁殖更多高级别的冷藏苗，可在每平方米有 35~40 个子植物生根时，切断匍匐茎。通常在中间还会增加第五个圆盘，用来阻止较小的匍匐茎植株生根，可实现 A^{++} 和 A^+ 植株的产量为 65%。

表 12 - 6　9 月切叶和去匍匐茎对冷藏苗的影响（Lieten，1995）

分组	根茎直径/mm	每株果数/个	每株产量/g	单果重/g
对照	11.8 a	24.6 a	315 a	13.0 a
切叶和去匍匐茎	12.7 b	30.6 b	408 b	13.7 b

三、假植冷藏苗（waiting bed plants，简称 WB）

WB 植株相对较大，根茎直径为 15~24 mm，往往有 4~7 个花序，通常产生 40~65 个果实。通常从 4 月底至 7 月中旬定植 WB，之后 8 周左右开始采收，收获期通常为 4 周，从而实现了短日草莓夏天和秋天结果。在荷兰和比利时，WB 也会在 12 月或 1 月定植，春季结果。其缺点是培育周期较长。

WB 技术最初是在 60 年代后期在荷兰发展起来的，目的是实现草莓市场空白的高价期和竞争力较弱的产区生产鲜果，后来推广至其他国家，如比利时、加拿大、法国、意大利和西班牙。尝试过很多品种，如 Sivetta、Rainier、哈尼、肯特，产量 6 000~25 000 kg/hm² 不等。在南欧，为了提高夏季和秋季草莓产量，人们尝试了加利福尼亚州的短日品种，在法国常得乐的产量显著高于其他品种（单株产量 305 g，24 000 kg/hm²）；在西班牙，常得乐和派扎罗的单株产量高达 723 g，几乎是鲜苗的 2 倍。该技术还有望在温暖的亚热带地区应用，从而实现秋季高产。

该类型苗木的生产需要 20 个月时间（图 12 - 4），第 1 个月，在冬末将母苗定植到苗圃中进行子苗繁殖，第 11 个月，即第 2 年冬末将处于休眠状态的、具有 1 个根茎的子苗挖出放在 -2~-1 ℃ 条件下冷藏，第 16 个月，即第二年夏天，将冷藏的休眠植株定植在假植床上，去除花和匍匐茎，第 20 个月，即第二年秋末，该植株会形成多个根茎分枝，将被定植到生产田结果，或冷藏用于翌年生产，通常定植后 5~8 周开始结果，具体时间取决于品种、定植日期和环境条件。

第1个月至第一年冬末 母苗定植	→	第11个月至翌年冬末 休眠子苗起苗和冷藏	→	第11个月至第三年初夏 休眠苗假植	→	第20个月至第三年秋末 WB苗起苗和冷藏

图 12 - 4　WB 苗的生产流程

为了缩短培养周期，该技术已发展为利用鲜苗直接假植培养，7 月底至 8 月中旬，将露地苗圃的草莓鲜苗移植到大约 1 m 的假植苗床中，按间隔 25 cm 行距定植 4 行，株距为

25~30 cm（90 000~110 000 株/hm²）。在移栽时，土壤施入缓释肥。

这些植株在 9 月要进行多次去除匍匐茎（彩图 12 - 4 右）。9 月初，有些苗圃试图通过稍微抬起土壤苗床和用 30 cm 深的金属刀片断根来限制生长（彩图 12 - 4 左）。假植苗秋末定植到田间用于鲜果生产或放入冷库保存（彩图 12 - 5）。假植苗根据根茎直径分为不同大小：大于 22 mm（80~100 株/箱）、18~22 mm（120~150 株/箱）和 15~18 mm（200~250 株/箱）（彩图 12 - 6）。

四、根茎苗（C 苗）

C 苗是秋末冬初从苗圃采收的进入休眠状态的裸根母苗，这类苗根系发达、拥有巨大的根茎（彩图 12 - 7）和高产的潜力，但由于苗龄较长，储存时间较短，需要在冬季或早春定植。它们可以用于 60 d 栽培系统，但最适合在 6 月底和 7 月生产，需要非常精细的管理。

21 世纪以来，基质栽培繁殖匍匐茎技术被广泛应用，不仅用于 SE 和 EE 植物材料的生产，而且用于经过认证的 E 植物材料繁殖。匍匐茎主要采用露地基质培养。母株种植在基质中，行距为 1.5 m，株距 25~30 cm。土壤被平整好，用无纺布和稻草覆盖，以防止匍匐茎被土壤病原体污染。近年来，温室基质繁殖的规模正在扩大，主要用于提早生产和认证植物材料。母株种植在悬挂的栽培槽中，离地面 2~3 m，行间距 1.25 m。夏天可以多次采收其繁殖的悬挂在空中的匍匐茎小苗。该系统用于短日品种和中性品种。

1. 穴盘苗（plug plant） 在中欧的一些地区，很难应用裸根鲜苗，主要应用穴盘苗或匍匐茎小苗。同时，有些品种的穴盘苗较裸根鲜苗结果更早。6 月至 7 月初，从苗圃剪下多余的匍匐茎小苗，扦插到 60 cm×40 cm 的多孔穴盘中培养 6 周，穴盘每孔直径为 5 cm。8 月中旬前定植，用于翌年春季结果，其植株状态、产量和春季提早结果性均高于 WB 和托盘苗。欧洲这类穴盘苗与亚洲的穴盘苗培育方法类似，但品种不同，欧洲的品种需冷量较高，故主要用于春季结果。

另外，9 月会从 SEE 或 SE 母株中采收匍匐茎小苗，扦插培育穴盘苗，用于生产第二年用的母苗。这些植物生长在 16 个孔的穴盘（60 cm×20 cm 的穴盘）中，每孔容积为 135 mL。

匍匐茎扦插的关键环节：匍匐茎小苗剪下来立即扦插，或在 45 min 内放入 0~1 ℃冷库冷藏，95% 相对湿度，不要超过 1 周。采集匍匐茎小苗时留约 1.3 cm 匍匐茎作为锚用于扦插固定，扦插时毛根和锚点正处于基质表层下，扦插后轻压周边基质以固定小苗（彩图 12 - 8）。扦插后，要防止风干并保湿直至新的根系形成。通过喷雾保持叶片湿度，通常需要 7~12 d。最开始的 3~4 d，喷雾频率较高（每 5 min 喷 10 s）；之后每 12 min 喷 30 s；随着根系生长，喷雾间隔时间仍是 12 min，每次喷雾时间逐渐缩短。同时，需要防风、控温和遮阳处理。在雾化制度结束后，在温室中炼苗培养 1~2 周，再转移至田间或拱棚中培养。一般来说，一个匍匐茎小苗大约 4 周内长成

草莓育苗的基本原理及关键技术

根系良好的穴盘苗。

另一种喷雾处理的替代方法是将喷施的穴盘苗放在密封的、轻微穿孔的白色塑料袋中。白色的塑料会阻挡一些辐射热，并保持高湿度。一旦匍匐茎小苗长出根系，就可以移到一个开放的温室苗床上炼苗培养。虽然该方法成本较低，但不稳定且只适用于小规模生产。

2. 托盘苗（Tray plants，简称 T 苗）　20 世纪 90 年代，能够长期贮存的 T 苗（彩图 12-9）开始受到种植者的青睐。T 苗主要品种是艾尔桑塔，从 7 月中旬开始在托盘中开始培养，直至 12 月结束后，放入冷库进行冷藏。这是目前草莓基质育苗的主要类型。2010 年，荷兰苗圃种植了超过 5 000 万株经过认证的 T 苗，这还不包括苗圃种植的苗木和种植者自育的苗木，且至今持续增加。

7 月，将来自露地或温室苗圃生长的母苗繁殖的匍匐茎小苗，直接扦插在装满基质的多孔穴盘中生根培养。托盘类型通常包括 9 或 10 孔的 60 cm×20 cm 的穴盘，或 16 孔的 100 cm×20 cm 的托盘。每个锥形孔 9 cm 深，直径 8 cm，容积 255～300 mL。托盘间距为 20 cm，植株密度为 40～35 株/m² （图 12-5）。

图 12-5　10 孔（左）和 16 孔（右）的 T 苗托盘
（10 孔托盘，单孔容积 250 mL；16 孔托盘，单孔容积 230 mL）

8 月中旬前后，对 T 苗进行去叶处理，留 2～3 片新叶，以便促进更多一致的花芽分化。9—10 月利用特殊设计的修剪工具去除新的匍匐茎。扦插时间、密度、穴盘颜色、匍匐茎小苗分级、基质中缓释肥释放速率（2.5～5.5 kg/m³）和 9—10 月的施肥管理，都对植株的形态和成花数量有影响。

秋末冬初植株进入休眠状态，转移至冷库中保存，第二年任意时间出库定植，通常 60 d 后开始采收果实，该技术也被称为 60 d 栽培系统。

荷兰和比利时 95％秋季定植的温室基质栽培生产用的是 T 苗。其优点如下：行距 25 cm，30～35 株/m² 的种植密度最适合艾尔桑塔。托盘的植物与传统的土壤植物相比，托盘植物有一定的优势，因为收获会延迟 3～5 d，从而提高果实的大小。托盘植物比裸根等植物多生产 10％～20％的大果实，而且往往比 A⁺ 分级植物更高产。通常托盘植物的冠大小为 12～18 mm，可以产生 35～50 个果实（Lieten，1998）。

T 苗、WB 和 A⁺ 苗都曾被用于 60 d 栽培系统，但由于 T 苗的以上优点，21 世纪以来，在荷兰和比利时，T 苗越来越受欢迎，已逐步替代 WB 和 A⁺ 苗。

3. 小型托盘苗（mini - Tray plants，简称 m - T 苗）　近年来，m - T 苗发展非常迅速，与 T 苗相比，其孔容积更小，不但节约了基质用量，还降低了冷藏空间需求。与 T 苗类似，m - T 苗主要用于玻璃温室或高架栽培。可以再夏天结果，茎尖采集和扦插时间为 6—8 月，因品种和目的而异，可在温室育苗，也可在露地进行，起苗和装箱时间为 11—12 月，装箱后放入冷库保存，可从 12 月底一直保存至翌年 7 月底。

高脚 m - T 托盘，单孔容积 135 mL，从孔底面到地面的脚高 5～7 cm，材质为 PP。其优点如下：可用于地面不平的苗圃，确保根系与土传病隔离，不积水，悬空后有助于根系透气（图 12 - 6）。

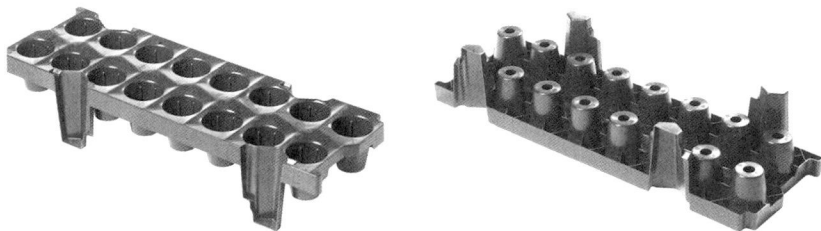

图 12 - 6　16 孔 m - T 苗托盘

成花诱导：9 月初对 T 苗、鲜苗和 WB 苗的生长点进行剥离，镜检花芽分化阶段。在苗圃中，在 8 月份控制施肥量，以诱导花芽分化。T 苗每周施氮肥量不要超过 3～4 kg/hm²。叶柄汁液的硝酸盐分析浓度值控制在 1 200 mg/L 左右。土壤中的矿化氮含量保持在 40 kg/hm² 以下。艾尔桑塔和索纳塔品种的 T 苗花芽分化时间通常在 9 月 5 日至 10 日开始，鲜苗在 9 月 15 日之后开始，WB 苗要再晚 5 d。

花芽分化一旦诱导启动，即开始增施氮肥，9 月和 10 月的提高植株营养水平可以加强花芽发育，从而影响生产模式，土壤含氮量应保持在 70 kg/hm² 以上。T 苗每周施用氮肥 15～25 kg/hm²，连续施用 5～6 周。

起苗前，在 11 月花芽分化结束时再次剥离植物的生长点，以估计花序的数量和主芽的高度。这些信息被草莓种植者用来决定植物密度并作为早期与后期生产周期的植物材料的选择。

五、冷藏苗

冷藏是为了草莓苗安全越冬，也可以补需冷量的不足。最初，冷藏苗只用于早春生产。但现在该技术现在已经成为中欧种植者在夏季和秋季生产的常规方法。起苗和冷藏的时间因品种和气候而异。秋季的起苗时间决定了草莓植株的营养储存状态。在起苗之前，植物必须处于完全休眠状态。挖掘日期因品种而异。在中欧北部（荷兰、德国、英国和比利时），从 11 月下旬起苗进行短期储存（1～3 个月）到 12 月中旬起苗进行长期储存（3～9 个月），都取得了良好的效果。在 11 月中旬之前起苗的植物通常成活率和产量较差，而且更容易受到霜冻损伤和真菌侵染而腐烂。12 月中旬之后的气候条件通常不利于起苗。在南部地区（意大利和法国），最佳时间是从 12 月底至 1 月底。草莓植物在起苗前必须在积累足够的田间需冷量，并处于休眠状态。

对艾尔桑塔品种的连续试验表明，秋季积累的田间需冷量与草莓根系总可溶性糖含量与贮藏后死苗率呈显著正相关。当草莓植株在 7 ℃以下积累 1 000～1 200 h 时，根系中的糖积累和产量最大。因此，为了成功冷藏，推荐最低需冷量要求为 600 h，WB 苗根系的可溶性总糖含量至少达 100 mg/g（干物质），T 苗的干物质至少达 140 mg/g（干物质）。

在最佳冷藏条件下，植物可保持健壮并存活 10 个月。在前 24 h 内使用强制空气冷却，将植株快速预冷，然后转移到常规冷冻冷藏室。在商业操作中，苗木去除根系土壤，切除匍匐茎和叶子，捆成捆，放在聚乙烯袋中。它们在 0～1 ℃下短期保存（4～6 周），－2～－1 ℃下长期保存（3～10 个月）。

六、周年供应

利用欧洲现有不同类型的苗木和生产技术可以实现草莓周年供应。种植时间因区域、品种和生产技术而异，决定了结果情况。在欧洲南部，西班牙和意大利从 12 月开始生产草莓，最早是在西西里岛保护地条件下种植，随后是在坎帕尼亚和巴西利卡塔的保护地生产。种植从 8 月中旬开始使用冷藏苗，并持续到 10 月上旬使用穴盘和裸根鲜苗。现在广泛使用的鲜苗，利用低需冷量的品种，在初秋种植，并在保护地条件下（拱棚）生长，能够在种植后大约 2 个月开始提早结果，并持续到 6 月，延长了结果期，这种方式与亚洲的促成栽培一样。4 月中旬，在威尼托、艾米利亚-罗马涅和马尔凯的保护地栽培开始收获，大约 15 d 后在露地栽培的冷藏苗开始生产。6 月中旬，在皮埃蒙特（Piedmont）的山区开始种植 T 苗进行 60 d 栽培的程序化生产，然后在特伦蒂诺（Trentino），6 月和 7 月在中欧国家，甚至以后在斯堪的纳维亚（Scandinavian）地区陆续进行。四季品种在夏秋两季（7 月初至 10 月进行多次淡季种植；Lieten，2005），一般在春季（3—5 月）在田间种植冷藏苗。在秋天，维罗纳（Verona）地区开始种植草莓，利用塑料拱棚进行春季生产。在荷兰和比利时，保护地和促成栽培系统从春季到冬季开始（Lieten，2 005），利用 T 苗和 WB 苗进行 60 d 栽培的程序化基质栽培，实现了草莓的周年化生产。草莓苗圃的发展支撑了欧洲的周年化生产，通过冷藏苗的应用，即使在不太适合草莓种植的地区和季节，也可以实现草莓生产。尤其是，利用冷藏的花芽分化苗木（WB、A$^+$和 T 苗）进行 60 d 栽培的程序化生产实现了夏季种植和夏秋收获。总的来说，中欧地区已能够实现草莓鲜果周年供应。

七、欧洲不同类型苗木植株结构对比

欧洲草莓按根系外形可以分为裸根苗和基质苗，按生理状态可分为鲜苗和冷藏苗，植株形态与其生理状态直接相关，表 12－7 汇总了各类型苗木的株型结构和对应的生产系统。

表 12-7 各种类型苗木植物分类

商品名	生理状态	起始状态 裸根	起始状态 基质	冷藏	根茎分枝和花序数量（定植时的株型结构）	生长/结果期	根茎直径/mm	根茎的节数	侧花芽数	每株苗的花数	植株结构图（数字代表花期，括号中数字代表花数）
裸根鲜苗（去叶和留叶）	裸根鲜苗，葡匐茎小苗，花芽未分化	是	否	否	1个根茎，0个花序	传统春夏露地生产/1个月	9~13	9~14	0	0	
高海拔裸根鲜苗（去叶和留叶）	裸根鲜苗，葡匐茎小苗，花芽未分化	是	否	否	1个根茎，1个花序	冬春生产/2~3个月	9~13	9~14	0	5~10	(6) 1~5
冷藏苗（A，AA+, A+, AA+ 3个级别）	裸根鲜苗，冷藏，花芽分化	是	否	是，7个月	1~2个根茎，3~4个花芽	春—夏/1个月	A, 8~12; A+, 12~15; AA+, 15~18	A, 7~11; A+, 9~13; AA+, 12~17	A, 3~5; A+, 4~6; AA+, 6~8	A, 15~25; A+, 25~35; AA+, 35~45	

（续）

商品名	生理状态	起始状态			根茎分枝和花茎数量（定植时的株型结构）	生长/结果期	根茎直径/mm	根茎的节数	侧花芽数	每株苗的花数	植株结构图（数字代表花期，括号中数字代表花数）
		裸根	基质	冷藏							
假植冷藏苗（WB）	大的裸根苗、冷藏、裸根冷藏苗、穴盘苗花芽分化	是	否	是，3～9个月	3～4个根茎、4～6个花芽	淡季、春季、一秋季/1个月	13～19	8～17	6～10	40～70	
穴盘苗	鲜苗、花芽、匍匐茎小苗分化	否	是	否	1个根茎，1个花芽	冬-春/3个月	8～10	5～8	0～3	15～20	
托盘苗（T苗，Tray plant from frigo plant）	大穴盘苗、冷藏、花芽冷藏苗分化	否	是	是，4～9个月	2～3个根茎、4～6个花芽	淡季、春季、一秋季/1个月	14～18	8～17	5～10	30～60	
小托盘苗（m-T苗，cold minitray plant）	穴盘苗、冷藏、花芽分化	否	是	是	1个根茎、2～3个花芽	淡季、春季、一秋季/1～2个月	10～13	8～12	4～5	15～35	

第四节 欧洲认证体系发展新趋势

在不久的将来，为了满足市场对匍匐茎需求的增长、植株形态和生产潜力提高的需求，育苗技术，特别是母苗和 T 苗的基质育苗技术将变得更加精细。为了控制草莓生产过程的病害，有必要将草莓苗圃与生产区域分开。

为了将病虫害风险降到最低，将在隔离筛选室内种植更多高质量的无病 SEE 和 EE 植物材料，从而缩短草莓繁育时间。然而，这并不能从根本上解决病虫害风险问题，意大利等欧洲国家的草莓种苗繁育认证体系与荷兰类似，但在原原种组培脱毒扩繁环节稍有差异，欧洲现行的草莓种苗繁育认证体系可以追溯到 20 世纪 70 年代，要求经过热处理、检测、组培脱毒的原原种，必须在田间进行至少 3 个苗圃生产周期，再将这些植物出售给种植者。这一限制是由于在某些品种的组培苗具有较高的表型不稳定性，以及在增殖阶段不正确使用较高浓度的细胞分裂素，从而导致变异风险。大多数变异被定义为表观遗传，因为变异特征在 2～3 年后消失。

这种繁育认证体系的生产系统周期较长、成本较高，且苗木需经历多次温室或露地扩繁，仍然存在较高的病虫害侵染风险。随着组培技术的发展和更高遗传稳定性新品种的研发，许多欧洲的科研人员和企业正在试图开发组培苗直接用于生产的新脱毒繁育体系。其优点如下：①可以有效防治病虫侵染，从源头控制苗木质量。②组培离体扩繁可以快速实现新品种的推广应用，满足市场需求。

害虫和疾病控制：

2008 年以前，荷兰草莓母苗消毒的标准程序是溴甲烷熏蒸。2009 年，Van Kruistum 等人发现了一种溴甲烷的替代方案，控制大气和温度处理（CATT）。在 48 h 内以 35～38 ℃和高 CO_2 处理。该方法对植物活力有轻微的负面作用，与标准的溴甲烷熏蒸相当。该方法不但可以有效控制茶黄螨，还杀死红蜘蛛和线虫。CATT 处理在过去的几年中不断优化，现在已经应用于荷兰所有的 EE（和部分 SE2）种苗处理。起苗后，将母苗堆叠在没有塑料袋的板条箱中，放在一个特殊的容器中 48 h，调节 CO_2 和 O_2 气体浓度。这些植物在 6 h 内迅速升温到 35 ℃。并结合喷雾系统控制湿度，避免失水。

荷兰苗圃中最主要的土壤病虫害有红中柱根腐病、冠腐病、枯萎病和线虫。但是，关于土壤消毒的规定是非常严格的。荷兰的土壤熏蒸只允许每 5 年进行一次。非常常见的熏蒸剂是聚氨酯钠和棉隆。很少用绿肥和黑麦草进行生物熏蒸。在种植 SE1 和 SE2 的苗圃中，筛选室内的土壤通过蒸气消毒，控制线虫和根系病害。在苗圃中，种植前在田间取样检测枯萎病和线虫。针线虫是一种病毒载体，受到特别关注，被列入欧盟检疫名单。金盏花被用作覆盖作物，以减少根腐线虫的侵害。对于受根结线虫侵染较轻的土壤，将休耕一年。荷兰的苗圃试图通过在苗圃中添加堆肥来维持土壤微生物的平衡。其目标是保持土壤的有机质和微生物活性在足够的水平上，以保持其肥沃。为了促进根系的发育，田间在生长季节定期喷腐殖酸和黄腐酸。

在过去的十年里，苗圃报告的角叶斑病发生率不断增加。由于 2010 年角叶斑仍被欧盟列为检疫疾病，因此采取了非常严格的预防措施，必须遵守规程。有效控制灌溉，可避免角叶斑病、白粉病和根部病害的发生，并获得健壮的生产苗，为鲜果生产提供保障。

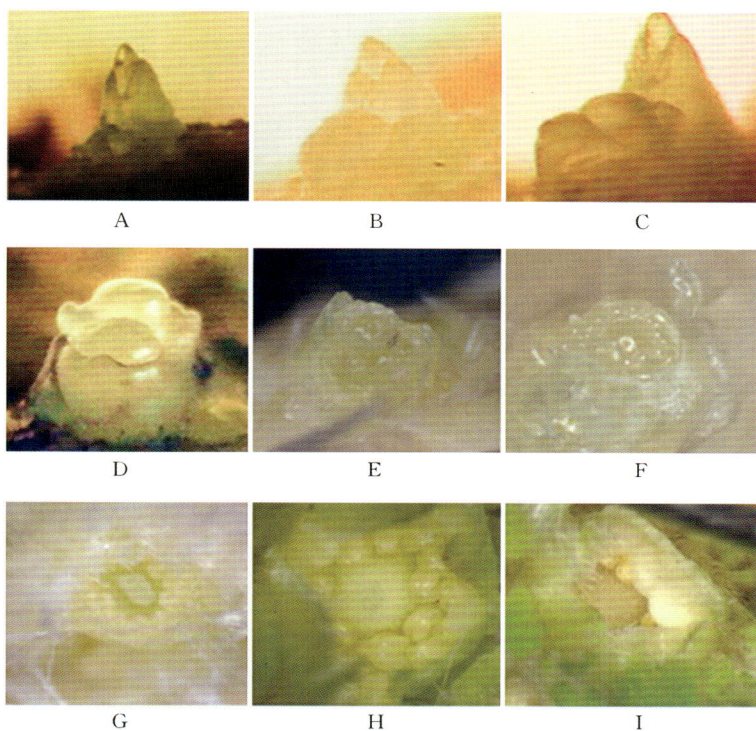

彩图3-1 花芽分化时期的形态学观察

A. 未分化时期　B. 分化初始期　C. 花序原基分化期　D. 萼片原基分化期

E. 花瓣原基分化初始期　F. 雄蕊原基分化期　G. 雌蕊原基分化期　H. 大量雌蕊原基形成期

I. 花芽形成

彩图3-2　结果苗结果后引插繁殖穴盘苗

彩图3-3　悬挂式育苗采摘匍匐茎

彩图 3-4　高山育苗

彩图 5-1　露地育苗单垄密植（哈尔滨）

彩图 5-2　露地育苗（牡丹江）

彩图 5-3　露地育苗引插钵苗

彩图 5-4　塑料大棚地面栽培引插穴盘苗（宾县）

彩图 5-5　温室定植母苗，铺好园艺地布

彩图 5-6　塑料大棚地面栽培引插匍匐茎苗

彩图 5-7　塑料大棚穴盘栽培的匍匐茎苗

彩图 5-8　塑料大棚草莓母苗高架栽培
（哈尔滨）

彩图 5-9　塑料大棚草莓高架栽培基质扦插育苗
（哈尔滨）

彩图 5-10　穴盘扦插苗

彩图 5－11　营养钵扦插苗 10 d
　　　　　生根效果

彩图 5－12　玻璃智能温室高架草莓育苗

彩图 5－13　黑河日辉农业科技有限公司玻璃
　　　　　温室草莓种苗繁育

彩图 5－14　工人正在修剪匍匐茎苗

彩图 5－15　修剪好的匍匐茎苗待扦插

彩图 5－16　扦插穴盘苗长势

彩图5-17　可出圃的穴盘苗

彩图7-1　基质穴盘育苗

彩图7-2　高架茎尖繁育系统

彩图7-3　红叶病（左）及细菌性角斑病（右）的叶片症状

A

B

C

D

E

F

彩图7-4　草莓叶角斑病初次侵染叶片症状

A. 被侵染叶片初期呈多角形病斑，对光观察呈半透光状　　B、C. 潮湿环境下病斑背面有白色或淡黄色脓溢出
D. 发病初期在干燥条件下病斑呈鱼鳞状膜　　E、F. 溢出的脓菌干燥后呈琥珀状胶体颗粒

彩图 7-5　草莓叶角斑病二次侵染症状

A. 病原菌通过劈叶或其他因素造成的伤口侵入短缩茎，形成孔洞　B、C. 侵染短缩茎造成水烫状，并出现孔洞　D. 侵染短缩茎后植株表现出叶片没有光泽，新叶略有发黄，维管束堵塞后出现大小叶的症状，易误判为黄萎病　E. 被二次侵染的短缩茎，在湿度高的条件下病菌随着输导组织由短缩茎往上侵染，导致叶脉两侧溢出脓菌泛湿，干燥后形成像是虫卵样的琥珀状颗粒　F、G. 病原菌侵染短缩茎后随着输导组织向上侵染叶柄、叶片，叶柄呈现水烫状弯曲，进入叶脉后，叶脉泛湿，并伴随出现叶片边缘干枯的症状

彩图 11-1　试管苗（核心种）

彩图 11-2　网室（原种）

彩图 11-3 低海拔苗圃（注册种）

彩图 11-4 高海拔苗圃（商品种）

彩图 11-5 果实生产

彩图 11-6 深松犁

彩图 11-7 翻转犁

彩图 11-8 重耙

彩图 11-9　熏蒸消毒土壤

彩图 11-10　机械定植

彩图 11-11　定植旋耕犁

彩图 11-12　打药机

彩图 11-13　摘花机

彩图 11-14　起苗机

彩图 12-1　定植后覆带孔的地膜（左）和省力化整理植株（右）

彩图 12-2　苗圃母苗和子苗的切叶修剪

彩图 12-3　匍匐茎切除机械

彩图 12-4　假植床断根和机械切除多余的匍匐茎

彩图 12-5　WB 冷藏苗实物

彩图 12-6　机械起苗（左）、装筐（中）和分级（右）

彩图 12-7 C苗根系

彩图 12-8 匍匐茎小苗的毛根（左）、锚点（中）和扦插状态（右）

彩图 12-9 T苗的植株结构（左）与实物（右）